现代土力学试验教程

张晓超　裴向军　主编
崔圣华　赵卫全　王莘晴　副主编

科学出版社
北　京

内 容 简 介

近年来，土力学试验方法和试验数据处理方法等方面均得到了很大的发展。本书参考《公路土工试验规程》(JTG 3430—2020)，基于地质灾害防治与地质环境保护国家重点实验室的试验平台，总结了成都理工大学土木工程、地质工程专业教师几代人土力学试验教学的宝贵经验，反映了土力学试验领域现代试验技术及数据处理方法。全书共分 14 章，具体内容如下：土样采集和试样制备、土的基本物理性质指标试验、颗粒分析试验、渗透试验、击实试验、固结试验、直剪试验、三轴剪切试验、粗粒土剪切试验、非饱和土试验、土的三轴流变试验、动三轴试验、环剪试验、物理模型试验。

本书可作为普通高等院校土木工程、地质工程、环境工程、水利水电工程等专业及其他相关专业的专科、本科、研究生的教材，也可供有关工程技术人员参考。

图书在版编目（CIP）数据

现代土力学试验教程 / 张晓超，裴向军主编. —北京：科学出版社，2025.6

ISBN 978-7-03-076850-6

Ⅰ. ①现… Ⅱ. ①张… ②裴… Ⅲ. ①土力学-实验-教材 Ⅳ. ①TU4-33

中国国家版本馆 CIP 数据核字（2023）第 209914 号

责任编辑：任加林 张雅薇 / 责任校对：王万红
责任印制：吕春珉 / 封面设计：耕者设计工作室

科学出版社出版
北京东黄城根北街 16 号
邮政编码：100717
http://www.sciencep.com
天津市新科印刷有限公司印刷
科学出版社发行 各地新华书店经销
*
2025 年 6 月第 一 版 开本：787×1092 1/16
2025 年 6 月第一次印刷 印张：13 3/4
字数：326 000

定价：52.00 元

（如有印装质量问题，我社负责调换）
销售部电话 010-62136230 编辑部电话 010-62137026（BA08）

前　言

本书依据土木工程、地质工程及相关专业的人才培养计划，结合《公路土工试验规程》（JTG 3430—2020）及作者多年的教学经验和成果凝练而成。本书的编写立足学科发展，旨在培养学生在土工试验方面的专业知识和基本技能，指导学生开展和完成土工试验与检测的全过程。

本书共包括 14 章内容，结合实验室常用设备特点和多年的实践教学经验，在试验操作方法的叙述上简明扼要、易于理解、便于掌握。第 1 章重点叙述了试样制备方法及操作过程，是土工试验的基础部分。第2章介绍了土的基本物理性质指标测试方法，包括含水率、密度、土粒比重等试验。第 3 章详细介绍了颗粒分析的试验原理和方法。第 4、5 章分别阐述了测试土体渗透特性指标和击实曲线绘制。第 6～8 章主要对土体压缩指标和抗剪强度指标的试验进行了介绍，包含固结、直剪、三轴剪切以及无侧限抗压强度等测试方法。为了紧密结合非饱和土力学、土动力学等高等土力学知识，在第 9、10 章分别对粗粒土大型直剪、大型三轴剪切及非饱和土试验进行介绍。从第 11 章开始，对土的三轴流变特性、土动力学特性、环剪及物理模拟等试验进行介绍，包括试验目的、试验原理及方法、操作步骤及成果整理均作了详细的阐述。为便于“土工实验”“土力学基础实验”等课程的教学使用，从第8章开始辅以案例帮助初学者对比理解，同时也可供本专业研究生和其他科研教学单位的专业技术人员参考。

本书由张晓超、裴向军任主编，崔圣华、赵卫全、王莘晴任副主编，参加本书编写的人员还有耿会岭、李明俐、任国峰。全书由张晓超负责统稿。

在本书编写过程中，编者得到了成都理工大学教务处、环境与土木工程学院、生态环境学院等有关部门领导和老师的大力支持，同时得到地质灾害防治与地质环境保护国家重点实验室的支持与帮助。本书参阅了国内、外学者的大量著作和文献，在此一并表示感谢。

由于编者水平有限，书中难免存在不足和欠妥之处，敬请读者提出宝贵意见！

编　者

2024 年 8 月

目　　录

第 1 章　土样采集和试样制备

1.1　土样采集、运输和保管

1.1.1　土样采集

采取原状土样或扰动土样视工程对象而定。凡属桥梁、涵洞、隧道、挡土墙、房屋建筑物的天然地基以及挖方边坡、渠道等，应采取原状土样；如为填土路基、堤坝、取土坑（场）或只要求土的分类试验者，可采取扰动土样。冻土采取原状土样时，应保持原土样温度，保持土样结构和含水率不变。

土样可在试坑、平洞、竖井、天然地面及钻孔中采取。取原状土样时，应保持土样的原状结构及天然含水率，使土样不受扰动。用钻机取土时，土样直径不宜小于 10cm，使用专门的薄壁取土器；在试坑中或天然地面下挖取原状土时，可用有上、下盖的铁壁取土筒，打开下盖，扣在欲取的土层上，边挖筒周围土，边压取土筒至筒内装满土样，然后挖断筒底土层（或左、右摆动即断），取出取土筒，翻转削平筒内土样。若周围有空隙，采取原状土时，可用原土填满，盖好下盖，密封取土筒；采取扰动土时，应先清除表层土，然后分层用四分法取样。

土样数量按相应试验项目规定采取。

取土记录和编号：应采用韧质纸和不褪色笔记录相关内容后作为标签，贴在取土筒（原状土）上或折叠后放入取土袋内。取样记录应包含工程名称、路线里程（或地点）、记录开始日期、记录完毕日期、取样单位、采取土样的特征、试坑号、取样深度、土样号、取土袋号、土样名、用途、要求试验项目或取样说明、取样人、取样日期等。对取样方法、土样类型（扰动或原状）、取样方向以及取土过程中出现的现象等，应记入取样说明栏内。

1.1.2　土样包装和运输

原状土或需要保持天然含水率的扰动土，在取样之后应立即密封取土筒，即先用胶布贴封取土筒上的所有缝隙，两端盖上，用不褪色的记号笔写明“上、下”字样，以示土样层位。原状土样应保持土样结构不变，对于原状冻土样还应在负温下保存。

密封后的原状土样在装箱之前应放于阴凉处，冻土土样应保持温度不变。

土样装箱时，应对照取样记录，核对无误后再装入。对原状土样应按上、下部位将筒立放，木箱中筒间空隙宜以软物填紧，以免在运输过程中受振、受冻。木箱上应编号并写明“小心轻放”“切勿倒置”“上”“下”等字样。对已取好的扰动土样的土袋，在对照清点后可以装入编织袋内，扎紧袋口，编织袋上写明编号并拴上标签（如同行李签），签上注明编织袋号数、袋内共装的土袋数和土袋号。

盐渍土的扰动土样宜用塑料袋装。为防止取样记录标签在袋内湿烂，可用另一小塑料袋装标签，再放入土袋中。

1.1.3 土样接收与管理

1）土样运到试验单位，应填写“试验委托书”。

2）试验单位应核对、验收土样，以满足试验要求。

3）土样试验完毕，将余土标示并密封保存一段时间，无人查询后即可将土样处理。

1.2 试 样 制 备

1.2.1 试验仪器

1）天平：称量 10kg，感量 5g；称量 5000g，感量 0.5g；称量 500g，感量 0.01g；称量 200g，感量 0.01g。

2）台秤：称量 10～15kg，感量 10g。

3）细筛：孔径 0.5mm、2.0mm、5.0mm。

4）洗筛：孔径 0.0075～0.1mm。

5）碎土器或磨土机。

6）抽气机（包括真空测压表及真空缸）。

7）击实器（带环刀）。

8）饱和器（附真空缸）。

9）其他：干燥皿、保湿器、橡皮板、研钵、木碾、木锤、切土刀、分样器、钢丝锯等。

1.2.2 扰动土试样制备

扰动土试样根据不同的试验要求，在试验前需进行土样描述、风干、碾散、过筛、搅拌、分样（应采用分样器或四分法），并按照土的性质及工程设计要求，选用不同的饱和方法制备所需试样。制备步骤如下：

1）将土样从土样筒或土袋中取出，对土样的颜色、气味、夹杂物和土类及均匀程度进行描述，并将土样切成碎块，拌和均匀，取代表性土样测定含水率。

2）将风干土样放在橡皮板上用木碾碾散，对不含砂和砾的土样，可用碎土器碾散（碎土器不得将土粒破碎）。

3）将碾散的风干土样通过孔径 2.0mm 或 5.0mm 的筛，取筛下足够试验用的土样，充分拌匀，测定风干含水率，装入保湿缸或塑料袋内备用。

4）试样的数量视试验项目而定，一般每组试样不得少于 4 个，且应有备用试样 1～2 个。

5）根据试验所需的土量与含水率，计算制备试样所需的加水量：

$$m_{\omega}=\frac{m_0}{1+0.01w_0}\times 0.01(w_1-w_0) \tag{1-1}$$

式中：m_{ω}——制备试样所需要的加水量，g；

m_0——湿土（或风干土）质量，g；

w_0——湿土（或风干土）含水率，%；

w_1——制样要求的含水率，%。

① 称取过筛后的风干土样平铺于搪瓷盘内，将水均匀喷洒于土样上，充分拌匀后装入盛土容器内盖紧，润湿一昼夜（砂土的润湿时间可酌减）。

② 测定润湿土样不同位置处的含水率。测量位置不应少于两点，同一组试样的含水率之差不得大于±1%，同一组试样之间的密度差值不宜大于 0.03g/cm³。

6）根据环刀容积及所需的干密度，计算制备试样所需的湿土量：

$$m_0=(1+0.01w_0)\rho_d V \tag{1-2}$$

式中：m_0——湿土（或风于土）质量，g；

ρ_d——试样的干密度，g/cm³；

V——试样体积（环刀容积），cm³。

扰动土制样可采用击样法和压样法。

① 击样法。将湿化后制备好的土样分三层倒入装有环刀的击实器内，用击实方法将土击入环刀内，取出环刀擦净后称量环刀和土的总质量。

② 压样法。在装环刀的压样器内倒入湿土后抚平表面，用静压方式将土压入环刀，取出环刀刮平土面后称量环刀及土的总质量。

③ 测定试样的密度需保证一组试样之间的密度差值不宜大于 0.03g/cm³。

7）对不需要饱和且不立即进行试验的试样，应存放在保湿器内备用。

1.2.3　原状土试样制备

1）将土样筒按标明的上下方向放置，辨别土样上下和层次，无特殊要求时，切土方向与天然层次垂直。剥去蜡封和胶带，开启土样筒，取出土样。检查土样结构，当确定土样已受扰动或取土质量不符合规定时，不应制备其为变形和力学性质试验用试样。

2）用环刀切取试样时，应在环刀内壁涂一薄层凡士林，刃口向下放在土样上，将环刀垂直下压，并用切土刀沿环刀外侧切削土样，边压边削至土样高出环刀；根据试样的软硬，采用钢丝锯或切土刀整平环刀两端土样，擦净环刀外壁，称量环刀和土的总质量。从余土中取代表性试样测定含水率。

3）切削试样时，应对土样的层次、气味、颜色、夹杂物、裂缝和均匀性进行描述；对低塑性和高灵敏度的软土，制样时不得扰动。

1.3　试 样 饱 和

试样饱和实际上是土的孔隙逐渐被水填充的过程，被水充满孔隙的土称为饱和土。试样饱和应按照土的工程性质选择不同的饱和方法。室内常用的有浸水饱和法、毛细管饱和法和真空抽气饱和法三种。

砂土可直接采用浸水饱和法。当细粒土渗透系数大于 10^{-4}cm/s 时，可采用毛细管饱和法，渗透系数等于或小于 10^{-4}cm/s 可采用真空抽气饱和法。

1.3.1　毛细管饱和法

1）选用饱和器，如图 1-1 所示。在装有试样的环刀上下两面贴放滤纸和透水石。

2）将装好的饱和器放入水箱中，箱中注入清水。为使土中气体排出，水面不宜将试样淹没，关闭箱盖，浸水时间不得少于 48h。

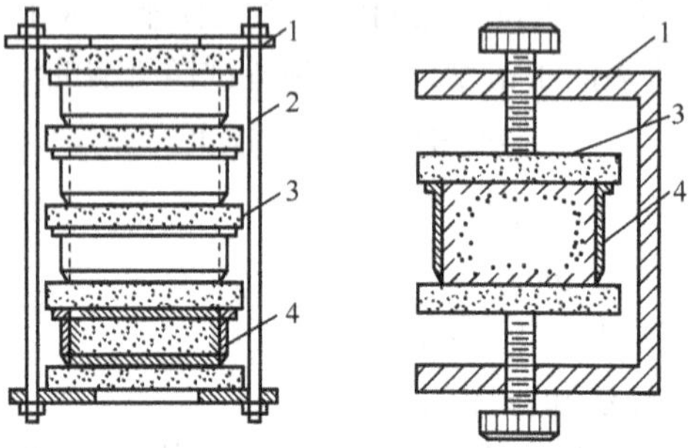

(a) 叠式　　(b) 框式

1—夹板；2—拉杆；3—透水板；4—环刀。

图 1-1　饱和器

3）取下饱和器上的环刀，擦净后称量环刀和饱和土的总质量。

4）如饱和度小于 95%时，需将试样按步骤 1)、2）继续浸水进行饱和。

试样的饱和度按下式计算：

$$S_r = \frac{(\rho_{sr} - \rho_d)G_s}{\rho_d e} \tag{1-3}$$

或

$$S_r = \frac{w_{sr} G_s}{e} \tag{1-4}$$

式中：S_r——试样的饱和度，%；

w_{sr}——试样饱和后的含水率，%；

ρ_{sr}——试样饱和后的密度，g/cm^3；

G_s——土粒比重；

e——试样的孔隙比。

1.3.2　真空抽气饱和法

1）将装有试样的饱和器放入真空缸内，如图 1-2 所示，真空缸和盖之间涂一薄层凡士林，盖紧，以防漏气。将真空缸与抽气机接通。

2）启动抽气机，当真空压力表读数接近当地一个大气压力值时（抽气时间不少于 1h），微开管夹，使清水徐徐注入真空缸，在注水过程中，调节进水量和注水速度，使真空压力表读数基本保持稳定。

3）待水淹没饱和器后，停止抽气，并使空气流入真空缸内，静止一段时间，黏性土一般宜为 10h。

4）打开真空缸盖，从饱和器内取出试样擦干环刀上水迹，称量环刀及试样的总质量，并按式（1-3）或式（1-4）计算试样的饱和度。当饱和度小于 95%时，需继续抽气饱和。

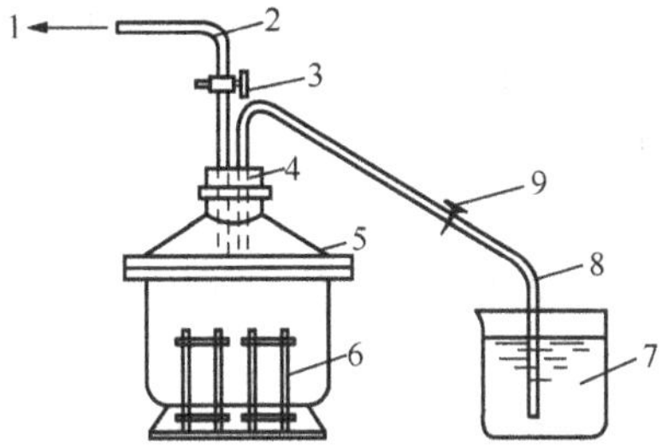

1—接抽气机；2—排气管；3—二通阀；4—橡皮塞；5—真空缸；
6—饱和器；7—盛水器；8—引水管；9—管夹。

图 1-2　真空饱和装置

第 2 章　土的基本物理性质指标试验

土是由固体颗粒、水和空气三个基本部分组成，土的物理性质是影响土的力学特性的本质因素。土的基本物理性质指标试验是土工试验的基础部分，包括含水率、密度、土粒比重、界限含水率等试验。

2.1　含水率试验

含水率反映了土的干、湿状态，其值的变化将使土的力学特性发生一系列的变化，是土的三相物质中最活跃、最不确定的一个因素。天然土层的含水率变化范围很大，它与土的种类、埋藏条件及其所处的自然地理环境有关。一般情况，当同一类土含水率增大时其强度会降低。

2.1.1　烘干法

1. 试验目的

本试验目的是测定土的含水率。土的含水率是指土在温度为 105～110℃烘干到恒量时失去的水的质量与达到恒重后干土质量的比值，以百分数表示。

2. 试验原理及方法

烘干法为室内试验的标准方法，适用于黏性土、砂类土、有机质土类及冻土等土体含水率测定。烘干法是根据加热后水分蒸发的原理，通过烘干前后试样的质量之差求得试样中水分的含量，进而计算含水率。

3. 试验仪器

1）烘箱：可采用电热烘箱（图 2-1）或温度能保持 105～110℃的其他能源烘箱。

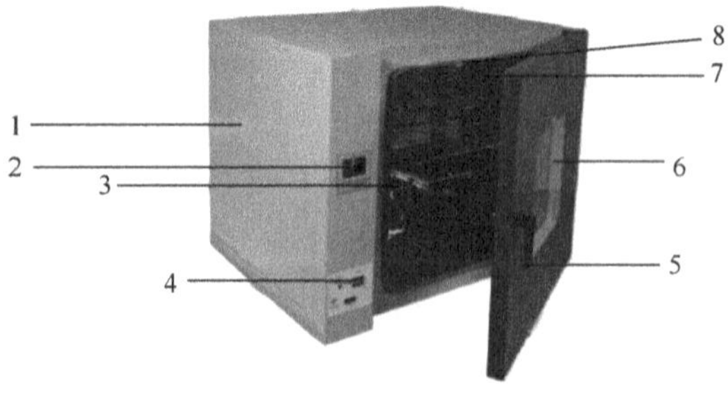

1—规范电控箱；2—大屏幕液晶显示控制器（PID 智能控温）；3—不锈钢隔板；4—电源开关；5—耐高温防烫门把手；6—双层大屏幕钢化玻璃观察窗；7—不锈钢内胆；8—耐高温硅胶密封条。

图 2-1　电热烘箱示意图

2）电子天平：称量 200g，最小分度值 0.01g；称量 1000g，最小分度值 0.1g。

3）其他：干燥器、称量盒。

4. 试验步骤

1）试样制备：细粒土为 15～30g，有机质土为 30～50g，砂类土不少于 50g，砂砾石为 2～5kg。

2）取两份代表性试样 15～30g，将试样分别放入称量铝盒内，立即盖好盒盖，称量。当使用恒质量盒时，可先将其放至电子天平上清零，再称量装有试样的恒质量盒，称量结果即湿土质量并做记录。

3）揭开盒盖，将试样和盒一起放入烘箱，在温度 105～110℃ 烘至恒量。黏性土、粉土烘干时间不得少于 8h；砂类土不得少于 6h。有机质含量超过 5%的土，应控制温度在 65～70℃，烘干时间宜为 12～15h。

4）将烘干后的试样和盒取出，盖好盒盖放入干燥器内冷却至室温，称干土质量并做记录，准确至 0.01g。

注意事项：使用称量盒前，要检查盒盖与盒身的号码是否一致；从烘箱中取出土样时，切勿使土暴露在空气中，以免吸回水分；本试验必须对两份代表性试样进行平行测定，取两个测值的平均值，以百分数表示。

5. 试验数据分析

本试验应对平行测定结果取其平均值，含水率的最大允许平行差值应符合表 2-1 的规定。

表 2-1　含水率规定的最大允许平行差值

含水率 ω/%	最大允许平行差值
＜10	± 0.5
10～40	± 1.0
≥40	± 2.0

本试验记录表见表 2-2。

表 2-2　含水率试验记录表

试验小组：＿＿＿＿＿＿　　试验人员：＿＿＿＿＿＿

试验日期：＿＿＿＿＿＿　　成　　绩：＿＿＿＿＿＿

称量盒号		
盒质量/g		
（盒+湿土）质量/g		
（盒+干土）质量/g		
水的质量/g		
十土质量/g		
含水率/%		
平均含水率/%		

成果整理参考下列方法：

1）按含水率试验记录表（表 2-2）的要求，记录数据，填写有关内容。

2）试样的含水率为

$$w_0=\left(\frac{m_0}{m_d}-1\right)\times 100 \tag{2-1}$$

式中：w_0——试样的含水率，%；

m_0——湿土质量，g；

m_d——干土质量，g。

2.1.2 酒精燃烧法

1. 试验目的

试验目的同 2.1.1 节。酒精燃烧法适用于在没有烘箱或土样较少的条件下快捷简易测定细粒土的含水率。

2. 试验原理及方法

酒精燃烧法是利用酒精在土上燃烧，使土中水分蒸发，将土样烧干，是快速简易测定且较准确的方法之一。

3. 试验材料及仪器

1）酒精：纯度 95%。

2）电子天平：称量 200g，最小分度值 0.01g；称量 1000g，最小分度值 0.1g。

3）其他：滴管、火柴、称量盒及调土刀等。

4. 试验步骤

1）试验制备：细粒土为 15～30g，有机质土为 30～50g，砂类土不少于 50g，砂砾石为 2～5kg。

2）取代表性试样，将试样放入称量盒内，立即盖好盒盖，称量。当使用恒质量盒时，可先将其放至电子天平上清零；再称量装有试样的恒质量盒，称量结果即为湿土质量并做记录。

3）用滴管将酒精注入盒内，直至出现自由液面。为使酒精在试样中充分混合均匀，可将盒底在桌面上轻轻敲击。

4）点燃盒中酒精，直到火焰熄灭为止，冷却数分钟。再重复燃烧两次。

5）第三次熄火后，盖好盒盖，称盒加干土质量并做记录。

注意事项：取代表性试样时，砂类土数量应多于黏性土。

5. 试验数据分析

试验数据分析及成果整理方法参考 2.1.1 节烘干法。

2.2 密 度 试 验

密度是土体的基本物理性质指标之一。土的密度是单位体积内土的质量。密度试验是测定物质密度的标准化方法，通过测量质量与体积的比值，评估材料的物理特性及适用性，土的密度测定常采用环刀法和蜡封法。

2.2.1　环刀法

1. 试验目的

本试验目的是测定土的密度。天然状态下土的密度变化范围较大，一般黏性土 ρ 为 1.8～2.0g/cm^3，砂土 ρ 为 1.6～2.0g/cm^3，腐殖土 ρ 为 1.5～1.7g/cm^3。测定过的土的密度可进行孔隙比、干密度等土的物理性质指标的换算。同时，该指标还可用于挡土墙土压力，地基承载力、沉降量计算及填土压实程度的控制。

2. 试验原理及方法

环刀法适用于土质较均匀的可塑黏性土。用环刀切取试样时，应在环刀内壁涂一薄层凡士林，刃口向下放在土样上，将环刀垂直下压，并用切土刀沿环刀外侧切削土样，边压边削至土样高出环刀，根据试样的软硬采用钢丝锯或切土刀整平环刀两端土样，擦干环刀外壁，称量环刀和土的总质量。求得它与环刀容积之比即为密度 ρ。环刀法简单方便，是目前最常用的试验方法。

3. 试验仪器

1）环刀：内径 61.8mm±0.15mm（面积 30cm^3）或 79.8mm±0.15mm （面积 50cm^3），高度 20mm±0.016mm。

2）天平：称量 500g，最小分度值 0.1g；称量 200g，最小分度值 0.01g。

3）其他：切土刀、钢丝锯、玻璃板、凡士林等。

4. 试验步骤

1）按工程需要取原状土样，其直径和高度应大于环刀的尺寸，整平两端放在圆玻璃片上。

2）称量环刀质量，精确至 0.01g。

3）削平土样（原状土或扰动土样）两端。将环刀的内壁涂凡士林后，刀口向下，放在土样上。

4）用切土刀（或钢丝锯）将土样削成略大于环刀直径的土柱。然后将环刀垂直下压，边压边削，直至土样伸出环刀 1cm 左右为止。

5）削去环刀两端余土，修平土样。

6）擦净环刀外壁余土，称量环刀和土的总质量，精确至 0.01g。

注意事项：试验过程中，不要挤压土样，以保持其原有状态。使用环刀切土时，要防止试样扰动，应先切成一个较环刀内径略大的土柱，然后将环刀垂直下压；工程实践中，现场利用原状土取土钻用锤击的方法取出地表下 0.5m 范围内的原状土样。

5. 试验数据分析

本试验记录表见表 2-3。

成果整理参考下列方法：

1）按试验记录表（表 2-3）要求，记录数据，填写有关内容。

2）试样的湿密度，按下式计算：

$$\rho_0 = \frac{m_0}{V} \tag{2-2}$$

式中：ρ_0——试样的湿密度，g/cm^3，准确到 0.01g/cm^3；

m_0——湿土质量，g；

V——试样体积，cm^3。

表 2-3　密度试验记录表（环刀法）

试验小组：__________　　试验人员：__________

试验日期：__________　　成　　绩：__________

土样编号	环刀号	（环刀+土）质量/g	环刀质量/g	湿土质量/g	土样体积/cm^3	湿密度/（g/cm^3）	平均密度/（g/cm^3）	含水率/%	干密度/（g/cm^3）

3）试样的干密度，按下式计算：

$$\rho_d = \frac{\rho_0}{1+0.01w_0} \tag{2-3}$$

式中：ρ_d——试样的干密度，g/cm^3；

w_0——试样的含水率，%。

本试验应进行两次平行测定，两次测定的差值不得大于 0.03g/cm^3，取两次测量值的平均值。

2.2.2　蜡封法

1. 试验目的

试验目的同 2.2.1 节。蜡封法适用于黏性土、易破裂土和形状不规则的坚硬土的密度测定。

2. 试验原理及方法

蜡封法是将已知质量的土块浸入融化的石蜡中，使试样有一层蜡的外壳，保持其外形完整，通过分别称得带有蜡壳的土样在空气中和在水中的质量，根据阿基米德原理，计算出试样体积，从而求得土的密度。

3. 试验材料及仪器

1）蜡封材料及设备：石蜡及可调节温度的熔蜡加热器。

2）天平：称量 500g，最小分度值 0.1g；称量 200g，最小分度值 0.01g。

3）其他：切土刀、烧杯、细线和针等。

4. 试验步骤

1）切取体积约 30cm^3 土样，削去松浮表土和尖锐棱角，使其成为较整齐的形状，系上细线，置于天平上称得试样的质量 m_0。

2）削平土样（原状土或扰动土样）两端。将环刀内壁涂凡士林后，刀口向下，放在土样上。

3）持线将试样徐徐浸入刚过熔点（温度为 50～70℃）的蜡中，待全部浸没后立即将试样提出，重复 2～3 次，使试样表面覆以一薄层蜡膜。注意检查蜡膜中有无气泡；若有，用烧热的针刺破，再用蜡涂平孔口。

4）将蜡封试样放在天平上称量，得该试样的质量 m_1。

5）用细线将试样吊在天平的一端，并浸没于盛蒸馏水的烧杯中，称其在水中的质量（图 2-2）。

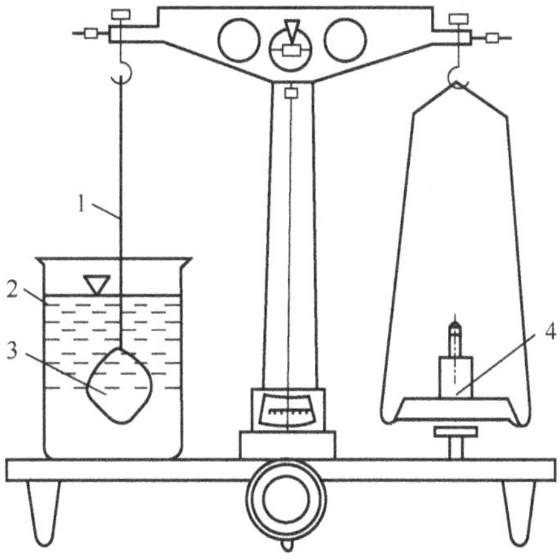

1—细线；2—盛水烧杯；3—蜡封试样；4—砝码。

图 2-2　称蜡封试样在水中的质量

注意事项：在封蜡时，应将土样徐徐浸入蜡中，并立即提上，以免蜡膜产生气泡，防止土样扰动；称蜡封试样时，应在另一砝码盘中放入一条与绑土样长度相等的细线，以平衡线的重量；在称蜡封试样在水中质量时，应注意勿使蜡封试样与烧杯壁接触，同时应排除附在其周围的气泡。

5. 试验数据分析

本试验记录表见表 2-4。

表 2-4　密度试验记录表（蜡封法）

试验小组：＿＿＿＿＿＿　　　　试验人员：＿＿＿＿＿＿

试验日期：＿＿＿＿＿＿　　　　成　　绩：＿＿＿＿＿＿

土样编号	试样质量/g	蜡封试样质量/g	蜡封试样在水中的质量/g	水温/℃	蜡封试样的体积/cm^3	蜡的体积/cm^3	试样体积/cm^3	湿密度/(g/cm^3)	平均湿密度/(g/cm^3)	含水率/%	平均干密度/(g/cm^3)

成果整理参考下列方法：

1）按试验记录表（表 2-4）要求，记录数据，填写有关内容。

2）按下式计算试样的体积：

$$V = V_1 - V_2 \tag{2-4}$$

式中：V——试样体积，cm^3；

V_1——蜡封试样体积，$V_1 = \dfrac{m_1 - m_{nw}}{\rho_{wT}}$，$cm^3$，其中 m_{nw} 为蜡封试样在水中的质量，m_n 为蜡封试样的质量，g；

V_2——蜡膜体积，$V_2 = \dfrac{m_1 - m_0}{\rho_n}$，$cm^3$，其中 m_0 为试样质量，g。

3）计算土的密度：

$$\rho_0 = \frac{m_0}{\dfrac{m_n - m_{nw}}{\rho_{wT}} - \dfrac{m_n - m_0}{\rho_n}} \tag{2-5}$$

式中：ρ_0——试样的湿密度，g/cm^3；

m_0——湿土质量，g；

m_n——蜡封试样质量，g；

m_{nw}——蜡封试样在纯水中的质量，g；

ρ_{wT}——纯水在 T 时的密度，g/cm^3；

ρ_n——蜡的密度，g/cm^3。

4）根据试验室提供的含水率，试样的干密度按下式计算：

$$\rho_d = \frac{\rho_0}{1 + 0.01 w_0} \tag{2-6}$$

式中：ρ_d——试样的干密度，g/cm^3；

ρ_0——试样的湿密度，g/cm^3；

w_0——试样的含水率，%。

2.3 土粒比重试验

土粒的比重即为土粒在 105～110℃烘至恒重时的质量与同体积 4℃时纯水的质量之比。土粒的比重主要取决于土的矿物成分。不同土类的比重变化幅度不大。

2.3.1 比重瓶法

1．试验目的

土粒比重是土的基本物理性质之一，是计算孔隙比、孔隙率、饱和度等的重要依据。因此，测得该项指标主要目的是用于评价土的工程分类。

2．试验原理及方法

对于粒径小于 5mm 的土，采用比重瓶法。

当土中同时含有粒径小于 5mm 和粒径大于等于 5mm 的土粒时，粒径小于 5mm 的部分用比重瓶法测定。粒径大于等于 5mm 的部分则用浮称法或虹吸筒法测定，并取其加权平均值作为土的比重。

比重瓶法的基本原理是通过称好质量的干土放入盛满水的比重瓶前后质量之差来计算土粒的体积，从而进一步计算出土粒比重。

3. 试验材料及仪器

1）比重瓶：容积 100mL 或 50mL，分长颈或短颈两种。

2）恒温水槽：准确度应为 ± 1℃。

3）砂浴：应能调节温度或配备可调节的电加热器。

4）天平：称量 200g，最小分度值 0.001g。

5）温度计：测定范围为 0～50℃，精确至 0.5℃。

6）真空抽气设备。

7）其他：烘箱，纯水，中性液体，小漏斗，干毛巾，小洗瓶，瓷钵及研棒，孔径为 2mm 及 5mm 的筛，滴管等。

4. 试验步骤

1）取有代表性的风干土样约 100g，碾散并全部过孔径为 5mm 的筛。将过筛的风干土样及洗净的比重瓶在 100～110℃下烘干，取出后置于干燥器内冷却至室温，称量后备用。

2）将比重瓶烘干，冷却后称得瓶的质量。

3）称烘干试样 15g（当用 50mL 的比重瓶时，称烘干试样 12g），经小漏斗装入 100mL 比重瓶内，称得试样和瓶的质量，准确至 0.001g。

4）排出土中空气，将已装有干试样的比重瓶注入半瓶纯水，稍加摇动后，放在砂浴上煮沸排气。煮沸时间自悬液沸腾时算起，砂土应不少于 30min，黏土、粉土不得少于 1h。煮沸后，应注意调节砂浴温度，比重瓶内悬液不得溢出瓶外，然后将比重瓶取下冷却。

5）将事先煮沸并冷却的纯水（或排气后的中性液体）注入装有试样悬液的比重瓶中。如用长颈比重瓶，用滴管注水恰至刻度处，擦干瓶内、外刻度上的水，称比重瓶、水和试样总质量，准确至 0.001g；如用短颈比重瓶，将纯水注满瓶，塞紧瓶塞，使多余水分自瓶塞毛细管中溢出，将瓶外水分擦干后，称比重瓶、水和试样总质量。然后立即测出瓶内水的温度，准确至 0.5℃。

6）根据测得的温度，从绘制的温度与比重瓶、水总质量的关系曲线（图 2-3）中查得各试验比重瓶和水总质量。

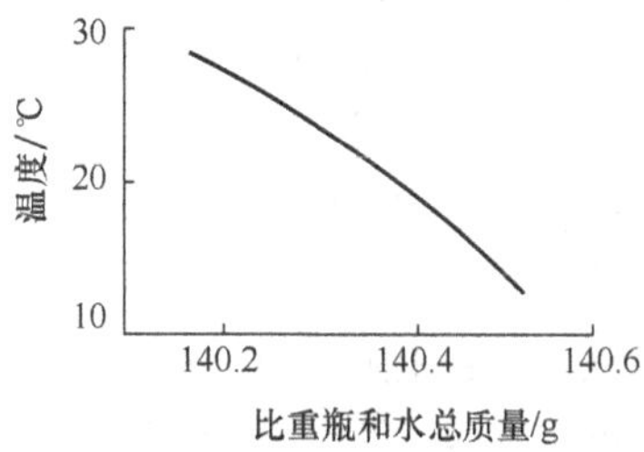

图 2-3　温度与比重瓶、水总质量的关系曲线

注意事项：用中性液体代替纯水测定可溶盐、黏土矿物或有机质含量较高的土的土粒密度时，常用真空抽气法排除土中空气。抽气时间一般不得少于 1h，直至悬液内无气泡逸出为止，其余步骤同前。

5. 试验数据分析

试验所需不同温度时水的密度见表 2-5。

表 2-5 不同温度时水的密度

水温/℃	4～5	6～15	16～21	22～25	26～28	29～32	33～35	36
水的密度/（g/cm^3）	1.000	0.999	0.998	0.997	0.996	0.995	0.994	0.993

本试验记录表见表 2-6。

表 2-6 比重试验记录表（比重瓶法）

试验小组：______________ 试验人员：______________

试验日期：______________ 成　　绩：______________

试样编号	比重瓶号	温度/℃	液体比重（查表）	比重瓶质量/g	干土质量/g	（瓶+液体）总质量/g	（瓶+液体+干土）总质量/g	与干土同体积的液体质量/g	比重	平均值

成果整理参考下列方法：

1）按试验记录表（表 2-6）要求，记录数据，填写有关内容。

2）按下式计算试样的比重（相对密度）：

$$G_s = \frac{m_d}{m_{bw} + m_d - m_{bws}} \times G_{iT} \tag{2-7}$$

式中：m_d——干土的质量，g；

m_{bw}——比重瓶、水的总质量，g；

m_{bws}——比重瓶、水、试样的总质量，g；

G_{iT}——纯水或中性液体在 T 时的比重（水的密度见表 2-5，中性液体的比重应实测，称量准确至 0.001g）。

2.3.2 浮称法

1. 试验目的

试验目的同 2.3.1 节。对于粒径大于等于 5mm 的土，且其中粒径大于 20mm 的土质量小于土总质量的 10%，测定土粒比重时，采用浮称法。

2. 试验原理及方法

根据阿基米德原理，计算出试样体积，测量质量，便可求得土的比重。

3. 试验仪器

1）铁丝筐：孔径小于 5mm，边长为 10～15cm，高为 10～20cm。

2）盛水容器：尺寸应适合铁丝筐沉入。

3）浮称天平：称量 2kg，最小分度值 0.2g（图 2-4）。

4）筛：孔径为 5mm 或 20mm。

5）其他：烘箱、温度计。

4. 试验步骤

1）取代表性试样 500～1000g。冲洗试样；直至颗粒表面无尘土和其他污物。

2）将试样浸在水中 24h 后取出，将试样放在湿毛巾上擦干表面，即为饱和面干试样；称取饱和面干试样质量后，立即放入铁丝筐，缓慢浸没于水中，并在水中摇晃，至无气泡逸出为止。

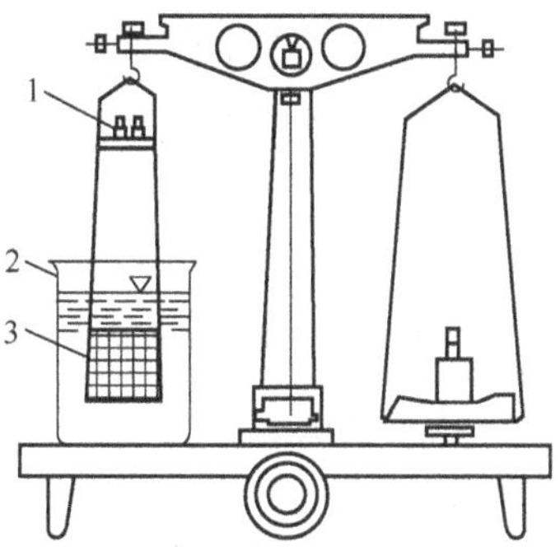

1—调平平衡砝码盘；2—盛水容器；3—盛粗粒土的铁丝筐。

图 2-4　浮称天平

3）称铁丝筐和试样在水中的总质量。

4）取出试样烘干、称量。

5）称铁丝筐在水中的质量，并应测定盛水容器内水的温度，准确至 0.5℃。

注意事项：本试验应称量准确至 0.2g。

5. 试验数据分析

本试验记录表见表 2-7。

表 2-7　比重试验记录表（浮称法）

试验小组：__________　　试验人员：__________

试验日期：__________　　成　　绩：__________

土样编号	温度/℃	水的比重 G_{wT}	烘干土的质量 m_d/g	铁丝筐和试样在水中的总质量 m_{ks}/g	铁丝筐在水中的质量 m_k/g	试样在水中的质量/g	比重 G_s	平均比重 $\bar{G}_s$

成果整理参考下列方法：

1）按试验记录表（表 2-7）要求，记录数据，填写有关内容。

2）按下式计算试样的比重：

$$G_s = \frac{m_d}{m_d - (m_{ks} - m_k)} G_{wT} \tag{2-8}$$

式中：m_{ks}——铁丝筐和试样在水中的总质量，g；

m_k——铁丝筐在水中的质量，g。

3）按下式计算土的干比重：

$$G_s = \frac{m_d}{m_b - (m_{ks} - m_k)} G_{wT} \tag{2-9}$$

式中：m_b——饱和面干试样质量，g。

4）按下式计算吸着含水率：

$$\omega_{ab}=\left(\frac{m_b}{m_d}-1\right)\times100\% \tag{2-10}$$

式中：ω_{ab}——吸着含水率，计算至0.1%。

5）浮称法比重试验应进行两次平行测定，两次测定的最大允许误差应为±0.02，试验结果取算术平均值。

6）按下式计算土粒平均比重：

$$\bar{G}_s=\frac{1}{\dfrac{P_5}{G_{s1}}+\dfrac{1-P_5}{G_{s2}}} \tag{2-11}$$

式中：$\bar{G}_s$——土粒平均比重，计算至0.01；

G_{s1}——粒径大于等于5mm土粒比重；

G_{s2}——粒径小于5mm土粒比重；

P_5——粒径大于等于5mm土粒占总质量的百分比，%。

2.3.3 虹吸筒法

1. 试验目的

试验目的同2.3.1节。对于粒径大于等于5mm的土，但其中粒径大于20mm的土质量大于等于土总质量的10%，测定土粒比重时，采用虹吸筒法。

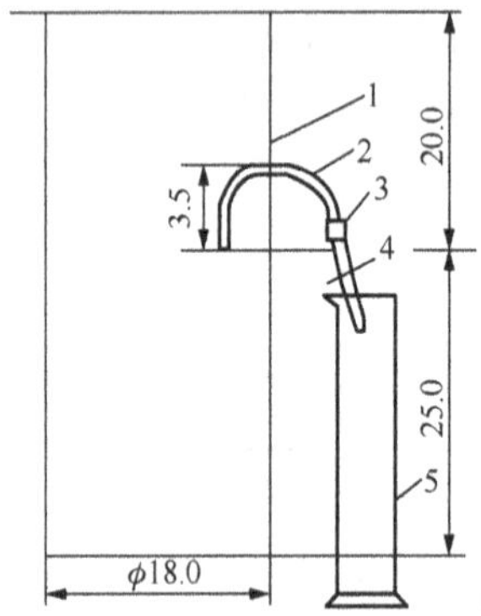

1—虹吸筒；2—虹吸管；3—橡皮管；4—管夹；5—量筒。

图2-5 虹吸筒装置（单位：cm）

2. 试验原理及方法

虹吸管里灌满水，没有气，来水端水位高，出水口用手掌或其他物体封闭住；此时管内压强处处相等。一切安置好后，打开出水口，虽然两边的大气压相等，但是来水端的水位高，压强大，推动来水不断流出出水口。

3. 试验仪器

1）虹吸筒装置：由虹吸筒和虹吸管等组成，如图2-5所示。

量筒容积应大于500mL。

2）天平：称量1000g，最小分度值0.1g。

4. 试验步骤

1）称取代表性试样700～1000g，试样应清洗干净。浸入水中一昼夜后取出晒干，对大颗粒试样宜用干布擦干表面，并称量晒干试样质量。

2）将清水注入虹吸筒至虹吸管口，有水溢出时关管夹。试样缓缓放入虹吸筒中，边放边搅拌，至试样中无气泡逸出为止，搅动时水不得溅出筒外。

3）当虹吸筒内水面平稳时打开管夹，让试样排开的水通过虹吸管流入量筒。称量量筒与水总质量，精确至 0.5g。测定量筒内水温，精确至 0.5℃。

4）取出试样烘至恒量，称量烘干试样质量，精确至 0.1g。称量筒质量，精确至 0.5g。

5. 试验数据分析

本试验记录表见表 2-8。

表 2-8　比重试验记录表（虹吸筒法）

试验小组：__________　　试验人员：__________

试验日期：__________　　成　　绩：__________

土样编号	水的比重 G_{wT}	烘干试样质量 m_d/g	晒干试样质量 m_{ad}/g	量筒质量 m_c/g	量筒与排开水总质量 m_{cw}/g	排开水质量/g	吸着水质量/g	比重 G_s	平均比重 $\bar{G}_s$

成果整理参考下列方法：

1）按试验记录表（表 2-8）要求，记录数据，填写有关内容。

2）按下式计算试样的比重：

$$G_s = \frac{m_d}{(m_{cw} - m_c) - (m_{ad} - m_d)} G_{wT} \tag{2-12}$$

式中：m_d——烘干试样质量，g；

m_c——量筒质量，g；

m_{cw}——量筒与排开水总质量，g；

m_{ad}——晒干试样质量，g。

2.4　界限含水率试验

细粒土由于含水率不同，分别处于流动状态、可塑状态、半固体状态和固体状态。塑限即塑性界限，它是细粒土呈可塑状态的上限含水率，一般采用滚搓法；液限即液性界限，它是细粒土呈可塑状态的下限含水率，现有锥式仪法和碟式仪法。

2.4.1　试验目的

本试验目的是测定土的界限含水率中的液限和塑限，进而可得到物理状态指标：塑性指数和液性指数。这些指标不仅作为细粒土工程分类的依据，也是对地基承载力进行评价的重要指标。目前，液、塑限的常规测定方法是液、塑限联合测定法。

2.4.2　试验原理及方法

从图 2-6 可见，当圆锥锥尖与试杯中土面刚好接触时，让其自由下落。对于不同含水率的土样，当下沉深度为 2mm 时，土样对应的含水率为塑限；当下沉深度为 17mm 时，土样对应的含水率为液限。

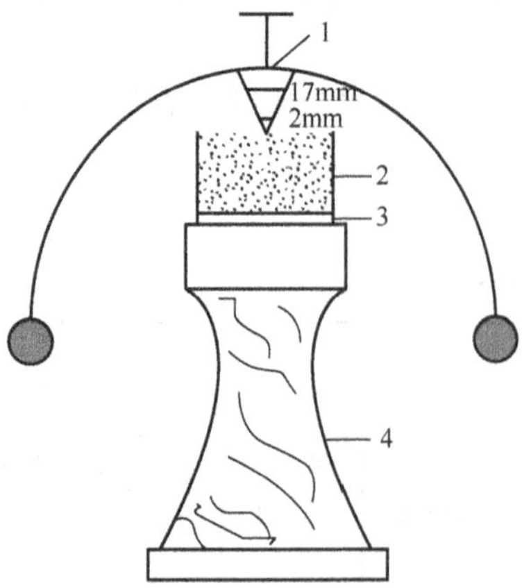

1—圆锥；2—试样杯；3—玻璃片；4—仪器座。

图 2-6　液、塑限联合测定仪示意图

因而，可以准备好一组不同含水率的同种土样。用液、塑限联合测定仪分别测定各土样对应的圆锥下沉深度，作出下沉深度与含水率之间的关系曲线，推求出下沉深度为 17mm 和 2mm 时对应的含水率，即为液限和塑限。

2.4.3　试验仪器

1）液、塑限联合测定仪（图 2-7）：包括带标尺的圆锥仪、电磁铁、显示屏、控制开关；圆锥质量 76g，锥角 30°。

2）试样杯：内径 40mm，高 30mm。

3）天平：称量 200g，精度 0.01g。

4）其他：烘箱、干燥器、铝盒、调土刀、孔径 0.5mm 的筛、凡士林等。

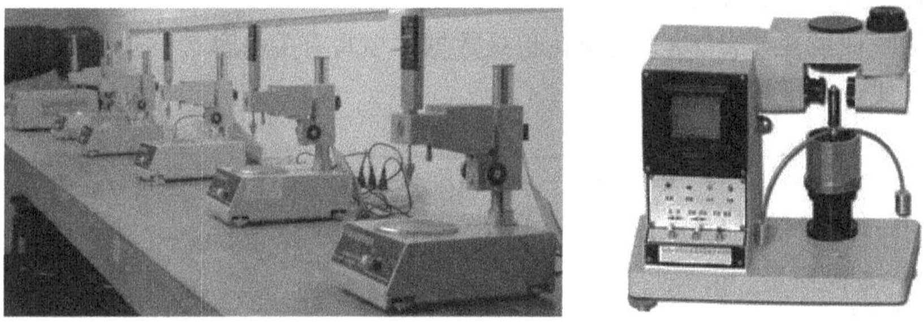

（a）数显式液、塑限联合测定仪　　（b）光电式液、塑限联合测定仪

图 2-7　液、塑限联合测定仪

2.4.4　试验步骤

1）本试验宜采用天然含水率试样，当土样不均匀时，采用风干试样；当试样中含有粒径大于 0.5mm 的土粒和杂物时，应过 0.5mm 筛。

2）当采用天然含水率土样时，取代表性土样 250g；采用风干试样时，取 0.5mm 筛下的代表性土样 200g。将试样放在橡皮板上，用纯水将土样调成均匀膏状，放入调土皿，浸润过夜。

3）将制备的试样充分调拌均匀，填入试样杯中，填样时不应留有空隙，较干的试样应充分搓揉，密实地填入试样杯中，填满后刮平表面。

4）将试样杯放在液、塑限联合测定仪的升降座上，在圆锥上抹一薄层凡士林，接通电源，使电磁铁吸住圆锥。

5）将屏幕上的标尺调在零位，调整升降座，使圆锥尖接触试样表面，指示灯亮时圆锥在自重作用下沉入试样，经 5s 后测量并读取圆锥下沉深度（显示在屏幕上），取出试样杯，挖去锥尖入土处的凡士林，取锥体附近的试样不少于 10g，放入称量盒内，测定含水率。

6）将全部试样再加水或吹干并调匀，重复步骤 3）～5）分别测定第二点、第三点试样的圆锥下沉深度及相应的含水率。液、塑限联合测定应不少于三点（注：圆锥入土深度宜为 3～4mm、7～9mm、15～17mm）。

注意事项：在试验中，圆锥连杆下落后，需要重新提起时，只需将测杆轻轻上推到位，便可自动锁住；试样杯放置到仪器工作平台上时，需轻轻平放，不与台面相互碰撞，更应避免其他金属等硬物与工作平台碰撞，有助于保持平台的平度；每次试验结束后，都应取下圆锥，用棉花或布擦干，存放于干燥处；配重块要在圆锥上面螺纹上拧紧到位，尽可能间隙小；做试验前后，都应该保证测杆清洁；如果电源电压不稳，出现“死机”现象，各功能键失去作用，请将电源关掉，过 3s 后，再重新启动即可。

2.4.5　试验数据分析

本试验记录表见表 2-9。

表 2-9　液、塑限联合测定试验记录表

工程名称：__________　　　　试验人员：__________

试样编号：__________　　　　计算人员：__________

试验日期：__________　　　　校核人员：__________

圆锥下沉深度/mm						
盒号						
盒质量/g						
（盒+湿土）质量/g						
（盒+干土）质量/g						
湿土质量/g						
水的质量/g						
干土质量/g						
含水率/%						
平均含水率/%						
液限 ω_l / %						
塑限 ω_p / %						
塑性指数 I_P						
液性指数 I_L						
土的分类						

成果整理参考下列方法：

（1）计算各试样含水率

各试样含水率按式（2-13）计算，即

$$\omega = \frac{m_1 - m_2}{m_1 - m_0} \times 100\% \tag{2-13}$$

式中：ω——试样的含水率，%，计算精确至 0.1%；

m_0——铝盒的质量，g；

m_1——铝盒加湿土的质量，g；

m_2——铝盒加干土的质量，g。

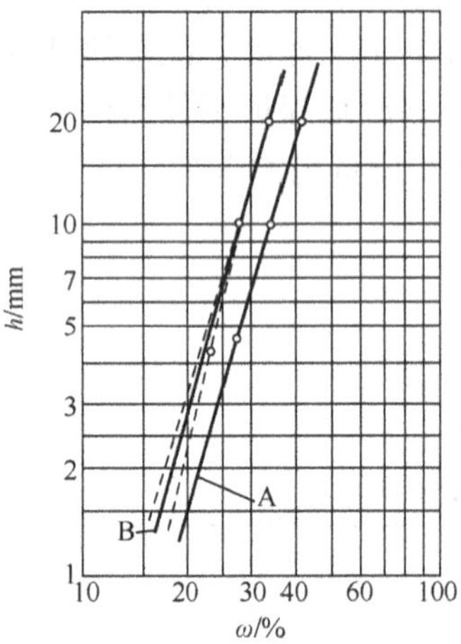

图 2-8　圆锥下沉深度与含水率的关系曲线

（2）绘制圆锥下沉深度与含水率的关系曲线

1）以含水率 ω 为横坐标，圆锥下沉深度 h 为纵坐标，在双对数坐标纸上绘制 h-ω 的关系曲线，3 点应在一条直线上（图 2-8 中 A 线）。

2）若 3 点不在一直线上，通过高含水率的点分别与其余两点连成两条直线，在圆锥下沉深度为 2mm 处查得相应的含水率，当两个含水率的差值小于 2%时，应以该两点含水率的平均值与高含水率的点连成一直线（图 2-8 中 B 线）。

3）当两个含水率的差值大于 2%时，应重做试验。

（3）确定液限、塑限

在圆锥下沉深度与含水率的关系曲线上，查得下沉深度为 17mm 所对应的含水率为液限，查得下沉深度为 2mm 所对应的含水率为塑限，以百分数表示，准确至 0.1%。

（4）计算塑性指数和液性指数

1）塑性指数按照式（2-14）计算：

$$I_P = \omega_L - \omega_P \tag{2-14}$$

式中：I_P——土的塑性指数；

ω_L——土的液限，%；

ω_P——土的塑限，%。

2）液性指数按照式（2-15）计算：

$$I_L = \frac{\omega - \omega_P}{\omega_L - \omega_P} \tag{2-15}$$

式中：I_L——土的液性指数；

ω——土的天然含水率，%。

第 3 章　颗粒分析试验

3.1　筛　析　法

筛析法是一种传统的直接分析方法，其操作简便、迅速，选择相应孔径的土工筛，经手工或振筛机的振晃并加以称量换算即可，一般能达到分析的要求，常为砂土颗粒分析时所用。

3.1.1　试验目的

本试验目的是测定土中各粒组的相对含量及组成情况，绘制颗粒级配曲线，以明确颗粒分布情况，供判别土的种类、工程性质的优劣及选料之用。

3.1.2　试验原理及方法

筛析法是将土样通过各种不同孔径的筛子，按筛子孔径将颗粒加以分组，然后再称量并计算出各粒组占总量的百分数。本试验方法适用于粒径大于 0.075mm 但不大于 60mm 的土颗粒分析试验。

3.1.3　试验仪器

1）土工筛：粗筛孔径为 60mm、40mm、20mm、10mm、5mm、2mm，细筛孔径为 2mm、1mm、0.5mm、0.25mm、0.075mm。

2）天平：称量 5000g，最小分度值 1g；称量 1000g，最小分度值 0.01g。

3）其他：振筛机、烘箱、研钵、瓷盘、毛刷等。

3.1.4　试验步骤

土样为风干松散土，筛析法取样质量应符合表 3-1 的规定。

表 3-1　筛析法取样质量

粒径尺寸 d/mm	取样质量/g
$d<2$	100～300
$2\leqslant d<10$	300～900
$10\leqslant d<20$	900～2000
$20\leqslant d<40$	2000～4000
$d\geqslant 40$	＞4000

1. 无黏性土

1）按表 3-1 规定称取试样质量，精确至 0.1g，当试样质量大于 500g 时应精确至 1g。

2）将试样过 2mm 筛，分别称出筛上和筛下的土样质量。

3）取 2mm 筛上试样倒入依次叠好的粗筛，2mm 筛下试样倒入依次叠好的细筛中筛析（可在振筛机上振晃 10～15min）。2mm 筛上土或筛下土占总土质量不足 10%者，可以省略粗筛或细筛筛析。

4）按由上而下的顺序将各级筛取下，称各级筛上及底盘内试样的质量，精确至 0.1g。各筛中试样质量的总和与试样总质量的差值不得大于试样总质量的 1%。

2. 含黏土颗粒砂性土

1）按表 3-1 规定称取试样质量，置于盛有清水的瓷盒中充分搅拌，使试样的粗、细颗粒分离。

2）将试样悬液过 2mm 的筛，取筛上试样烘干称重，精确至 0.1g，并按无黏性土的操作方法进行粗筛分析。

3）用带橡皮头的研杆研磨 2mm 筛下的悬液，过 0.075mm 的筛，并将筛上试样烘干称重，精确至 0.1g，并按无黏性土的操作方法进行细筛分析。

4）当粒径小于 0.075mm 的试样质量大于试样总质量的 10% 时，应按沉降分析法测定小于 0.075mm 的颗粒组成。

3.1.5 试验数据分析

本试验记录表见表 3-2。

表 3-2 颗粒分析试验记录表（筛析法）

试验小组：________　　　　试验人员：________

试验日期：________　　　　成　　绩：________

筛号		风干试样总质量/g	
2mm 筛上土质量/g		2mm 筛下土质量/g	
筛孔孔径/mm	累计留筛土质量/g	小于该孔径土质量/g	小于该孔径的土质量百分数/%

成果整理参考下列方法：

1）按试验记录表（表 3-2）要求，记录数据，填写有关内容。

2）按下式计算筛析法小于某粒径的试样质量占试样总质量的百分比 X，即

$$X = \frac{m_A}{m} \times 100\% \tag{3-1}$$

式中：m_A——小于某粒径的试样质量，g；

m——筛析时的试样总质量，g。

3）以粒径的对数为横坐标，以小于某粒径的土质量占总土质量的百分数为纵坐标，绘制颗粒级配曲线于图 3-1 中，并按式（3-2）、式（3-3）计算不均匀系数 C_u 和曲率系数 C_c：

$$C_u = \frac{d_{60}}{d_{10}} \times 100\% \tag{3-2}$$

$$C_c = \frac{(d_{30})^2}{d_{60}d_{10}} \times 100\% \tag{3-3}$$

式中：d_{60}、d_{10}、d_{30}——分别为颗粒级配曲线上纵坐标为 60%、10%、30%所对应的粒径。

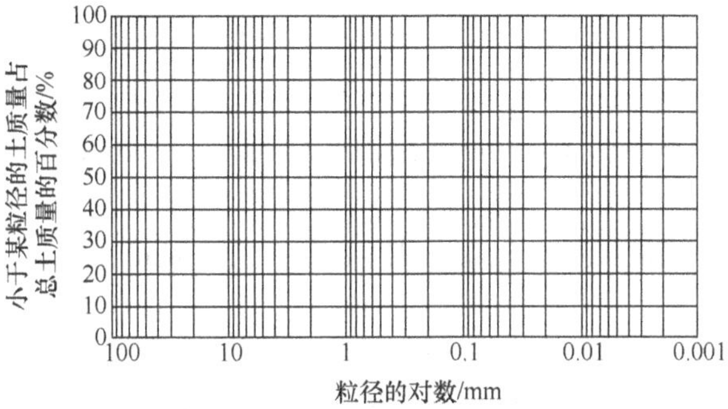

图 3-1　颗粒级配曲线

3.2　密度计法

3.2.1　试验目的

试验目的同 3.1.1 节。

3.2.2　试验原理及方法

密度计法是将一定量的土样（粒径<0.1mm）放在量筒中，加水制成一定量（如 1000mL）的土悬液。经过搅拌，使土的颗粒在水中均匀分布，成为均匀浓度的土悬液。静置悬液，让土粒沉降。在土粒下沉过程中，用密度计在悬液中测量并读取出对应于不同时间的不同悬液密度，根据密度计读数和土粒的下沉时间，计算出粒径小于某一粒径 d（单位：mm）的颗粒占土样总质量的百分数。不同的颗粒在液体内下沉的速度是不同的，单个球体在无限液体内的下沉速度可用斯托克斯定律（Stokes'law）来表示。土样颗粒的形状与球体相差颇多，所以 d 并不代表真正粒径，只是相当数值而已。用密度计作颗粒分析须作下列假定：斯托克斯定律能适用于由土样颗粒组成的悬液；试验开始时土的颗粒均匀地分布在悬液中；所采用量筒的直径较密度计直径大得多。

3.2.3　试验仪器及试剂

1. 主要仪器

1）密度计：刻度为−5～50、最小分度值为 0.5 的甲种密度计和刻度为 0.995～1.020、最小分度值为 0.0002 的乙种密度计两种。

2）量筒：内径约 60mm，高约 420mm，容积 1000mL，刻度 0～1000mL，准确至 10mL。

3）洗筛与洗筛漏斗：洗筛孔径 0.075mm；洗筛漏斗的上口直径大于洗筛直径，下口直径略小于量筒内径。

4）天平：称量 1000g，最小分度值 0.1g；称量 200g，最小分度值 0.01g。

5）搅拌器：轮径 50mm，孔径 3mm，杆长约 450mm，带螺旋叶。

6）温度计：刻度 0～50℃，最小分度值 0.5℃。

7）其他：煮沸设备、秒表、锥形瓶（容积 500mL）、研钵、木杵、电导率仪等。

2. 主要试剂

1）4%六偏磷酸钠溶液：溶解 4g 六偏磷酸钠$[(NaPO_3)_6]$于 100mL 水中。

2）5%酸性硝酸银溶液：溶解 5g 硝酸银（$AgNO_3$）于 100mL 的 10%硝酸（HNO_3）溶液中。

3）5%酸性氯化钡溶液：溶解 5g 氯化钡（$BaCl_2$）于 100mL 的 10%盐酸（HCl）溶液中。

3.2.4 试验步骤

试样宜采用风干试样。当试样中易溶盐含量大于 0.5%时，应洗盐。易溶盐含量的检验方法可用电导法或目测法。

电导法：按电导率仪使用说明书操作测定 T 时试样溶液（土水比为 1∶5）的电导率，20℃时的电导率 K_{20} 为

$$K_{20}=\frac{K_T}{1+0.02(T-20)} \tag{3-4}$$

式中：K_{20}——20℃时悬液的电导率，μs/cm；

K_T——T 时悬液的电导率，μs/cm；

T——测定时悬液的温度，℃。

当电导率 K_{20} 大于 1000μs/cm 时，应洗盐。若 K_{20} 大于 2000μs/cm 应测定易溶盐含量。

目测法：取风干试样 5g 于烧杯中，加适量纯水调成糊状研散，再加纯水 25mL，煮沸 10min，冷却后移入试管中。放置过夜，观察试管，出现凝聚现象应洗盐。

按式（3-5）和式（3-6）计算。称取干质量为 30g 的风干试样，准确至 0.01g，倒入 500mL 的锥形瓶中。加纯水 200mL，搅拌后用滤纸过滤或抽气过滤，并用纯水洗滤到滤液的电导率 K_{20} 小于 100μs/cm（或与质量分数 5%酸性硝酸银溶液和 5%酸性氯化钡溶液无白色沉淀反应）为止，滤纸上的试样按下文步骤 3）进行操作。

试样符合要求后，按如下步骤进行操作：

1）称取有代表性风干试样 200～300g，过 2mm 筛，求出筛上试样占试样总质量的百分比，取筛下土测定风干试样含水率。

2）取干质量为 30g 的风干试样，其湿土质量 m，按下式计算：

当易溶盐含量小于 1%时

$$m_0=30\times(1+0.01)\omega_0 \tag{3-5}$$

当易溶盐含量大于等于 1%时

$$m_0 = \frac{30 \times (1 + 0.01)\omega_0}{1 - \omega} \tag{3-6}$$

式中：ω_0——风干试样含水率，%；

ω——易溶盐含量，%。

3）将风干试样或洗盐后在滤纸上的试样，倒入 500mL 锥形瓶，注入纯水 200mL，浸泡过夜，然后置于煮沸设备上煮沸，煮沸时间宜为 40min。

4）将冷却后的悬液移入烧杯中，静置 1min，通过洗筛漏斗将上部悬液过 0.075mm 筛。遗留杯底沉淀物用带橡皮头研杵研散，再加适量水搅拌，静置 1min，再将上部悬液过 0.075mm 筛，如此重复清洗（每次清洗，最后所得悬液不得超过 1000mL）直至杯底砂粒洗净。将筛上和杯中砂粒合并洗入蒸发皿中，倾去清水，烘干，称量后进行细筛分析，并计算各级颗粒占试样总质量的百分比。

5）将过筛悬液倒入量筒，加入质量分数 4%六偏磷酸钠 10mL，再注入纯水至 1000mL。对加入六偏磷酸钠后仍产生凝聚的试样应选用其他分散剂。

6）将搅拌器放入量筒中，沿悬液深度上下搅拌 1min。取出搅拌器，立即开动秒表，将密度计放入悬液中，测量记录 0.5min、1min、2min、5min、15min、30min、60min、120min 和 1440min 时的密度计读数。每次读数均应在预定时间前 10～20s 将密度计放入悬液中接近读数的深度，保持密度计浮泡处在量筒中心，不得贴近量筒内壁。

7）密度计读数均以弯液面上线为准。甲种密度计应准确至 0.5，乙种密度计应准确至 0.0002。每次读数后，应取出密度计放入盛有纯水的量筒中，并应测定相应的悬液温度，准确至 0.5℃。放入或取出密度计时，应小心轻放，不得扰动悬液。

3.2.5　试验数据分析

本试验记录表格见表 3-3。

表 3-3　颗粒分析试验记录表（密度计法）

小于 0.075mm 颗粒土质量百分比/%		湿土质量/g		含水率/%	
干土质量/g		易溶盐含量/%		密度计号	
量筒号		烧瓶号		土粒比重	
土粒比重校正值 C_G		弯液面校正值 n			
试样处理说明					

试验时间	下沉时间 t/min	悬液温度 T/℃	密度计读数					土粒落距 L/cm	粒径 d/cm	小于某粒径的试样质量占试样总质量百分比/%
			密度计读数 R	悬液温度校正值 m	分散剂校正值 C_D	$R_M = R + m + n - C_D$	$R_H = R_M \cdot C_G$			

成果整理参考下列方法：

1）按试验记录表（表 3-3）要求，记录数据，填写有关内容。

2）按下式计算小于某粒径的试样质量占试样总质量的百分比：

① 甲种密度计。

$$X = \frac{100}{m_{\mathrm{d}}} C_{\mathrm{G}} (R + m_T + n - C_{\mathrm{D}}) \times 100 \tag{3-7}$$

式中：X——小于某粒径的试样质量占试样总质量的百分比，%；

m_{d}——试样干质量，g；

C_{G}——土粒比重校正值，查表 3-4；

m_T——悬液温度校正值，℃，查表 3-5；

n——弯液面校正值；

C_{D}——分散剂校正值；

R——甲种密度计读数。

② 乙种密度计。

$$X = \frac{100V_{\mathrm{X}}}{m_{\mathrm{d}}} \times C'_{\mathrm{G}}[(R'-1) + m'_T + n' - C'_{\mathrm{D}}] \times \rho_{\omega 20} \tag{3-8}$$

式中：C'_{G}——土粒比重校正值，查表 3-4；

m'_T——悬液温度校正值，查表 3-5；

n'——弯液面校正值；

C'_{D}——分散剂校正值；

R'——乙种密度计读数；

V_{X}——悬液体积，1000mL；

$\rho_{\omega 20}$——20℃纯水的密度，0.998232g/cm^3。

土粒比重校正：密度计刻度是以土粒比重 2.65 为准。当试样的土粒比重不等于 2.65 时，应按表 3-4 进行土粒比重校正。

表 3-4　土粒比重校正值

土粒比重	甲种密度计土粒比重校正值 C_{G}	乙种密度计土粒比重校正值 C'_{G}	土粒比重	甲种密度计土粒比重校正值 C_{G}	乙种密度计土粒比重校正值 C'_{G}
2.50	1.038	1.666	2.70	0.989	1.588
2.52	1.032	1.658	2.72	0.985	1.581
2.54	1.027	1.649	2.74	0.981	1.575
2.56	1.022	1.641	2.76	0.977	1.568
2.58	1.017	1.632	2.78	0.973	1.562
2.60	1.012	1.625	2.80	0.969	1.556
2.62	1.007	1.617	2.82	0.965	1.549
2.64	1.002	1.609	2.84	0.961	1.543
2.66	0.998	1.603	2.86	0.958	1.538
2.68	0.993	1.595	2.88	0.954	1.532

悬液温度校正：当密度计的刻制温度是 20℃，而悬液温度不等于 20℃时，应按表 3-5 进行校正。

表 3-5　悬液温度校正值

悬液温度/℃	甲种密度计温度校正值 m_T/℃	乙种密度计温度校正值 m'_T /℃	悬液温度/℃	甲种密度计温度校正值 m_T/℃	乙种密度计温度校正值 m'_T /℃
10.0	−2.0	−0.0012	20.5	0.1	0.0001
10.5	−1.9	−0.0012	21.0	0.3	0.0002
11.0	−1.9	−0.0012	21.5	0.5	0.0003
11.5	−1.8	−0.0011	22.0	0.6	0.0004
12.0	−1.8	−0.0011	22.5	0.8	0.0005
12.5	−1.7	−0.0010	23.0	0.9	0.0006
13.0	−1.6	−0.0010	23.5	1.1	0.0007
13.5	−1.5	−0.0009	24.0	1.3	0.0008
14.0	−1.4	−0.0009	24.5	1.5	0.0009
14.5	−1.3	−0.0008	25.0	1.7	0.0010
15.0	−1.2	−0.0008	25.5	1.9	0.0011
15.5	−1.1	−0.0007	26.0	2.1	0.0013
16.0	−1.0	−0.0006	26.5	2.2	0.0014
16.5	−0.9	−0.0006	27.0	2.5	0.0015
17.0	−0.8	−0.0005	27.5	2.6	0.0016
17.5	−0.7	−0.0004	28.0	2.9	0.0018
18.0	−0.5	−0.0003	28.5	3.1	0.0019
18.5	−0.4	−0.0003	29.0	3.3	0.0021
19.0	−0.3	−0.0002	29.5	3.5	0.0022
19.5	−0.1	−0.0001	30.0	3.7	0.0023
20.0	0.0	0.0000			

分散剂校正：密度计刻度是以纯水为准，当悬液中加入分散剂时，相对密度增大，故须加以校正。将纯水注入量筒，然后加分散剂，使量筒溶液达到 1000mL。用搅拌器在量筒内沿整个深度上下搅拌均匀，恒温至20℃。然后将密度计放入溶液中，测量、记录密度计读数。此时密度计读数与 20℃时纯水中读数之差，即为分散剂校正值。

3）颗粒粒径按下式计算：

$$d=\sqrt{\frac{1800\times10^{4}\eta L}{(G_{\mathrm{S}}-G_{\mathrm{w}T})\rho_{\mathrm{W}}gt}} \tag{3-9}$$

式中：d——试样颗粒粒径，mm；

η——水的动力黏滞系数，10^{-6}kPa·s；

L——某一时间内的土粒沉降距离，cm；

G_{S}——土粒比重；

$G_{\mathrm{w}T}$——T 时水的比重；

ρ_{W}——4℃时纯水的密度，g/cm^3；

t——沉降时间，s；

g——重力加速度，cm/s^2。

4）以小于某粒径的颗粒质量占试样总质量的百分数为纵坐标，以粒径（mm）为横坐标，在半对数坐标纸上，绘制粒径分配曲线。求出各粒组的颗粒质量百分数，并且曲线上应至少有一个不大于该值的数据点。如果与筛分法联合分析，应将两段曲线绘成一平滑曲线。

3.3 移液管法

3.3.1 试验目的

试验目的同 3.1.1 节。移液管法适用于粒径小于 0.075mm 细粒土的组成。

3.3.2 试验原理及方法

根据斯托克斯定律，当颗粒的真密度和流体的密度与黏度确定后，不同直径的球体颗粒与其沉降速度是一一对应的，可以通过沉降速度推算颗粒直径。

移液管法的基本原理：将土颗粒试样均匀的分散于沉降液中，令其自由沉降，在适当的时间，从一定高度处抽取一定量的悬浊液，烘干悬浊液并称量其中的土颗粒质量，从试样浓度的变化求出粒度分布。

3.3.3 试验仪器

1）移液管：其构造示意如图 3-2 所示，容积 25mL。

2）烧杯：容积 50mL。

3）天平：称量 200g，最小分度值 0.001g。

4）其他：煮沸设备、秒表、锥形瓶（容积 500mL）、研钵、木杵、电导率仪等。

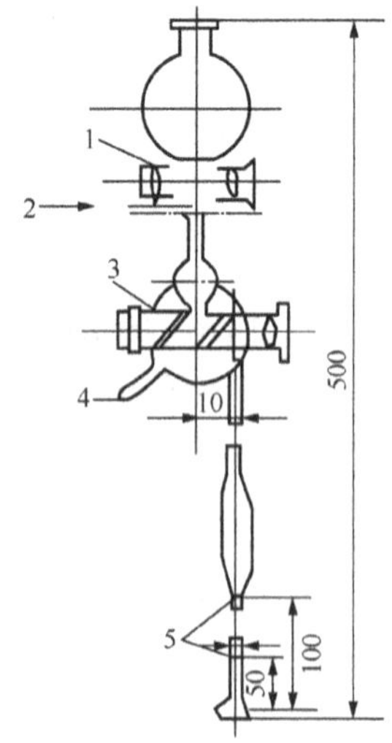

1—二通阀；2—接吸球；3—三通阀；4—放流口；5—移液管。

图 3-2　移液管构造示意（单位：mm）

3.3.4　试验步骤

1）取代表性试样（黏土 10～15g，砂土 20g），精确至 0.001g，并按密度计法的相关规定制备悬液。

2）将装有悬液的量筒置于恒温水槽中，测量记录悬液温度，准确至 0.5℃。试验过程中悬液温度变化范围为 ± 0.5℃。由式（3-10）计算粒径小于 0.075mm、0.002mm 和其他粒径下沉一定深度所需的静置时间（或查表 3-6）。

$$t=\frac{L}{\frac{2}{9}\times10^{-4}\times g\times r^{2}\times\frac{\rho_{s}-\rho_{wt}}{\eta}} \tag{3-10}$$

式中：t——某粒径土粒下沉一定深度所需的静置时间，精确至 0.01s；

g——重力加速度，m/s^2；

r——土粒半径，mm；

ρ_s——土粒密度，g/cm^3；

ρ_{wt}——t℃时水的密度，g/cm^3。

表 3-6　土粒在不同温度静水中下沉一定深度所需的静置时间

土粒比重	土粒直径/mm	沉降距离/mm	10℃	12.5℃	15℃	17.5℃	20℃	22.5℃	25℃	27.5℃	30℃	32.5℃	35℃
			h min s	h min s	h min s	h min s	h min s	h min s	h min s	h min s	h min s	h min s	h min s
2.60	0.050	25.0	2′29	2′19	2′10	2′02	1′55	1′49	1′43	1′37	1′32	1′27	1′23
	0.050	12.5	1′14	1′09	1′05	1′01	58	54	51	48	46	44	41
	0.010	10.0	24′52	23′12	21′45	20′24	19′14	18′06	17′06	16′09	15′39	14′38	13′49
	0.005	10.0	39′26	1′32′48	1′26′59	1′21′37	1′16′55	1′12′24	1′08′25	1′04′14	1′01′10	58′23	55′16
2.65	0.050	25.0	2′25	2′15	2′06	1′59	1′52	1′45	1′40	1′34	1′29	1′25	1′20
	0.050	12.5	1′12	1′07	1′03	59	56	53	50	47	44	42	40
	0.010	10.0	24′07	22′30	21′05	19′47	18′39	17′33	16′35	15′39	14′50	14′06	13′24
	0.005	10.0	36′27	1′29′59	1′24′21	1′19′08	1′14′34	1′10′12	1′06′21	1′02′38	59′19	56′24	53′34
2.70	0.050	25.0	2′20	2′11	2′03	1′55	1′49	1′42	1′36	1′31	1′21	1′22	1′18
	0.050	12.5	1′10	1′05	1′01	58	54	51	48	45	43	41	39
	0.010	10.0	23′24	21′50	20′28	19′13	18′06	17′02	16′06	15′12	14′23	13′41	13′00
	0.005	10.0	33′38	1′27′21	1′54	1′16′50	1′12′24	1′08′10	1′04′24	1′00′47	57′34	54′44	52′00
2.75	0.050	25.0	2′16	2′07	1′59	1′52	1′45	1′39	1′34	1′28	1′24	1′21	1′16
	0.050	12.5	1′08	1′04	1′00	56	53	50	47	44	42	40	38
	0.010	10.0	22′44	21′13	19′53	18′40	17′35	16′33	15′38	14′46	13′59	13′26	12′37
	0.005	10.0	30′55	1′24′52	1′19′53	1′14′38	1′10′19	1′06′13	1′02′34	59′04	55′56	53′48	50′31
2.80	0.050	25.0	2′13	2′04	1′56	1′49	1′42	1′36	1′31	1′26	1′21	1′17	1′14
	0.050	12.5	1′06	1′02	58	54	51	48	46	43	41	39	37
	0.010	10.0	22′06	20′38	19′20	18′09	17′05	16′06	15′12	14′21	13′35	12′55	12′17
	0.005	10.0	28′25	1′2230	1′17′20	1′12′33	1′08′22	1′04′22	1′00′50	57′25	54′21	51′42	49′07

3）用搅拌器沿悬液深度上、下搅拌 1min，取出搅拌器，开动秒表。将移液管的二通阀置于关闭位置，三通阀置于移液管和接吸球相通的位置。根据各粒径所需的静置时间，提前 10s 将移液管放入悬液中，浸入深度为 10cm。用接吸球吸取悬液，吸取量不少于 25mL。

4）旋转三通阀，使接吸球与放流口相通，让多余的悬液从放流口流出，收集后倒入原悬液中。

5）移液管下口放入烧杯内，旋转三通阀，使接吸球与移液管相通，用接吸球将悬液挤入烧杯中。从上口倒入少量纯水，旋转二通阀，使上下口连通，水则通过移液管将悬液洗入烧杯中。

6）将烧杯内悬液浓缩至半干，在温度 105～110℃烘至恒量，称烧杯内试样质量，准确至 0.001g。

3.3.5 试验数据分析

本试验记录表见表 3-7。

表 3-7 颗粒分析试验记录表（移液管法）

试验小组：__________　　试验人员：__________

试验日期：__________　　成　　绩：__________

试样编号		干土总质量/g	
风干土质量/g		烧杯号	
测得 25mL 悬液中干试样土质量/g		锥形瓶号	
小于 0.075mm 颗粒土质量百分数/%		量筒号	
土粒密度/（g/cm^3）			

粒径 d/mm	烧杯号	（烧杯+土）总质量/g	烧杯质量/g	接吸球内土质量/g	1000mL 量筒内土质量/g	小于某粒径试样质量占试样总质量百分比/%

成果整理参考下列方法：

1）按试验记录表（表 3-7）要求，记录数据，填写有关内容。

2）按下式计算小于某粒径试样质量占试样总质量的百分比：

$$X = \frac{m_x V_x}{V'_x m_d} \times 100\% \tag{3-11}$$

式中：m_x——吸取 25mL 悬液中的试样干质量，g；

V_x——悬液总体积，1000mL；

V'_x——吸取悬液的体积，25mL；

m_d——用来制作悬液的试样质量，g。

3）颗粒粒径分布曲线按筛分析试验的有关规定绘制。当移液管法和筛析法联合分析时，应将试样总质量折算后绘制颗粒粒径分布曲线，并将两段曲线连成一条平滑的曲线。

3.4　激光粒度仪法

激光粒度仪是通过测量颗粒群的衍射光谱经计算机处理来分析其颗粒大小、分布等特性。激光粒度仪法整合了激光技术、光电技术、精密仪器与计算机技术，其操作简单、重复性好，现已成为世界流行的粒度测量仪器。

3.4.1　试验目的

试验目的同 3.1.1 节。

激光粒度仪的测试方法可以分为干法和湿法两种。干法使用空气作为分散介质，利用紊流分散原理，导入光路系统中进行测试。湿法则是把样品直接加入到水或者乙醇等分散介质中进行分散，再经过光路系统，计算粒径分布。非常细（粒径非常小）或者有黏性的样品适合湿法测量。本节以英国产激光粒度分析仪（Mastersizer 2000E）为例，介绍土工试验粒度分析湿法操作流程。

3.4.2　试验原理及方法

激光衍射法主要应用了米氏散射理论，颗粒在激光束的照射下，其散射光的角度与颗粒的直径成反比，而散射光强度随角度的增加呈对数规律衰减。不同角度的散射光通过傅里叶透镜后汇聚到焦平面上形成半径不同、明暗交替的光环，不同半径上光环都代表着对应的粒度和含量信息。在焦平面的不同半径上安装一系列光电探测器，将光信号转换成电信号并传输到计算机中，用专用软件对这些信号进行识别和分析，可以得到样品的粒度分布，激光粒度分析仪工作原理如图 3-3 所示。

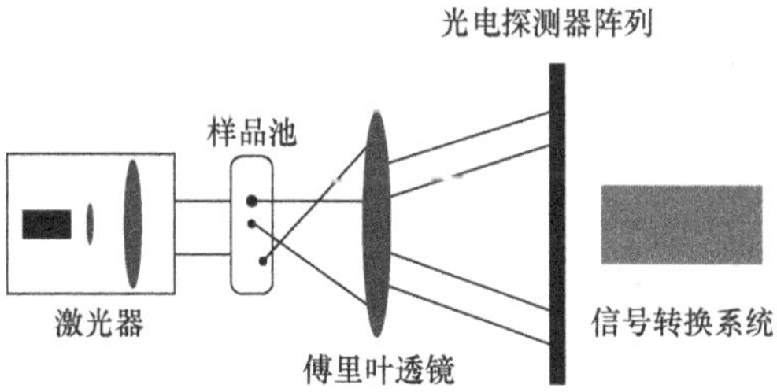

图 3-3　激光粒度分析仪工作原理

3.4.3　试验仪器

马尔文激光粒度仪（图 3-4）型号为 Mastersizer 2000E，配备 Mastersizer 2000E 分析软件，采用全自动湿法分散系统。其可测试粒度范围为 0.02～2000μm。

仪器参数：采用米氏散射理论，光学参数应根据实际测量材料选择响应折射率，常用材料折射率见表 3-8。

分析模型采用通用计算模式，灵敏度为标准。

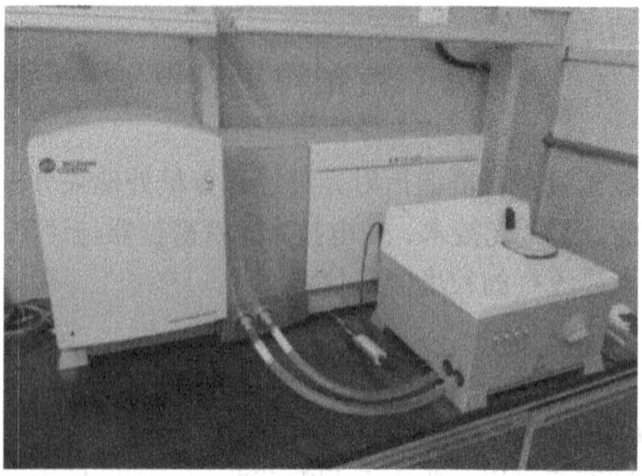

图 3-4　马尔文激光粒度仪

表 3-8　常用材料折射率（MS2009）

材料名称	折射率
钙长石	1.577～1.590
钠长石	1.527～1.538
中长石	1.544～1.563
钠微斜长石（长石）	1.523～1.529
方解石	1.486～1.740
陶土瓷土（高岭土）	1.533～1.577
碳酸镁（菱镁矿）	1.563～1.7
氟化镁（氟镁石）	1.378～1.390
氧化镁（方镁石）	1.7350
中沸石	1.506
白云母	1.552～1.616
钠云母	1.564～1.609
金云母	1.530～1.637
黑云母	1.565～1.696
锂云母	1.525～1.587
微斜长石（长石）	1.514～1.539

资料来源：英国产 Masterizer 2009 激光粒度仪使用说明书。

3.4.4　试验步骤

1）样品制备，取过筛 2mm 的试验样品，用电子天平称量取样。

2）确认仪器上次使用正常并清洗完毕。检查仪器与样品池连接是否正常，保证下端水流入样品池，上端流回进样器。

3）打开仪器主机和湿法进样器电源，使仪器预热 30min，让激光器的能量稳定。

4）依次打开计算机电源和位于主机侧面、样品处理单元的电源开关。打开设备电源后，进入软件操作系统，用户名对话框直接选择确定。

5）首次使用，单击“文件”→“新建”，建立相应文件夹及新的测量文件（.ma 文件）。如非首次使用，在目标文件夹中新建或打开测量文件即可。

6）在 1000mL 烧杯中装入约 800mL 纯净水，打开样品处理单元的泵，调节适合的泵速（最高转速一般设置为 2000～3000r/min；对于大颗粒样品的测量将泵的转速提高，才能将被测物质良好地分散于液体介质中），视情况确定是否需要打开超声。

7）单击“测量”→“手动”。进入测量显示窗体，单击其中“选项”按钮，进行软件和检测器参数设置。单击测量显示窗体中“文档”按钮，为本次测量设置相应的测量名称。

8）观察检测器信号，当检测器信号满足从小到大递减，且最大信号低于 100 时（图 3-5），可以开始测量。

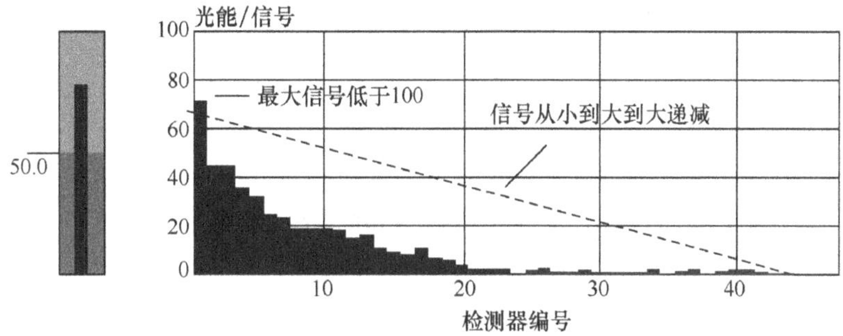

图 3-5（彩图）

图 3-5　正常的检测器信号

9）单击测量显示窗体中“开始”按钮，等待背景测量完毕。

10）背景测量完毕后，测量显示窗体中增加了“加入样品”和“测量样品”选项卡，背景测量完毕后自动进入“加入样品”选项卡，这时向样品处理单元内的烧杯中缓缓加入待测量样品，直至窗体中激光遮光度显示稳定在设定范围内（默认 10%～20%，到达后左侧条状图示中的遮光度条进入绿色部分，如图 3-5 所示）。

11）单击“测量样品”选项卡（或再次单击上方“开始”键，或计算机的空格键），进行样品粒径分布的测量（注意：一定在样品被均匀地分散到液体介质中时，测量才准确）。

12）检测完成后，在 Mastersizer 2000E 主窗体中会出现检测结果，程序自动计算颗粒粒径并形成颗粒粒径分布曲线。

13）测量结束后用干净的蒸馏水清洗样品池 3 次，依次关闭 Mastersizer 2000E 软件、样品处理单元电源和检测器电源，根据需要可关闭计算机。

注意事项：镜片上有样品颗粒残留、镜片有划痕、镜片装得过紧过松，均会导致自动对光失败。水循环不稳定、水中有气泡或杂质、水温不稳定（与室温有差异）、样品池进出水位置颠倒，都会导致激光束不能正常聚焦。有杂质附着在镜片上、蒸馏水被污染或有气泡使得测量背景差，需清洁镜片，更换清洁的蒸馏水即可。试验过程失去通信，原因是仪器受到周围电磁干扰所致，一般重启仪器或重启软件即可。

3.4.5　试验数据分析

根据激光粒度仪操作提示完成试验后，软件将自动显示出结果。激光粒度生成的分布图中横向是颗粒粒径，呈对数分布，左列是体积累积百分比，右列是某一区间的体积百分比，图形与工程及学术工作中使用的级配曲线图尚有差异，需进一步提取测量数据进行处理，建立级配曲线坐标轴，以对数坐标作为横坐标，表示不同的土壤粒径，纵坐标是各组分百分比和小于某一粒径的土质量百分比，最终可得颗粒级配曲线如图 3-6 所示。

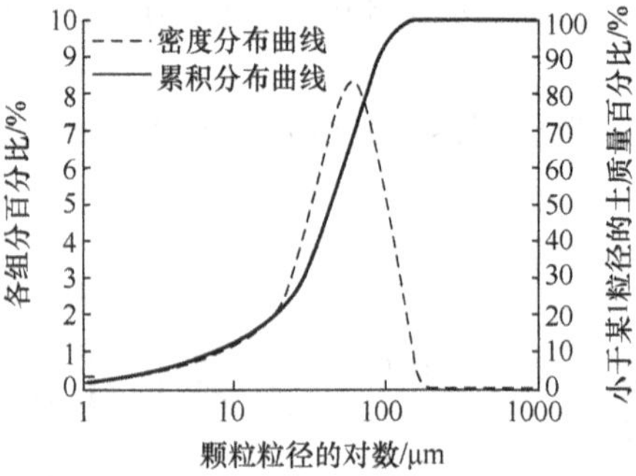

图 3-6　某地区土壤颗粒级配曲线分析图

第 4 章　渗 透 试 验

渗透是水在多孔介质中运动的现象。土体作为多孔介质，其孔隙中的自由水在重力作用下发生运动的现象，称为土的渗透性。渗透试验的目的是测量渗透系数 k。土的渗透系数的测定应根据不同的土质情况，分别采用不同的试验方法。室内常用方法有两种，常水头渗透试验和变水头渗透试验。

4.1　常水头渗透试验

常水头渗透试验是指通过土样的渗流在一定的水头差作用影响下进行渗透的。

4.1.1　试验目的

渗透试验的目的是测量渗透关系数 k。常水头渗透试验适用于渗透系数较大的粗粒土，即 10^{-2}cm/s≤k≤10^{-3}cm/s。常水头渗透试验示意如图 4-1 所示。

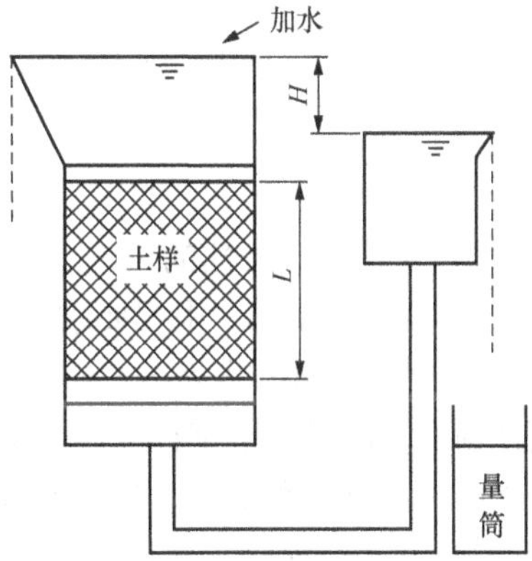

H—水位差；L—渗透长度。

图 4-1　常水头渗透试验示意

4.1.2　试验原理及方法

若渗透水流在土中呈层流状态流动，则满足达西定律，即渗流速度 V 与水力梯度 I 成正比，表达式为

$$V=k\times I \tag{4-1}$$

式中：k——渗透系数，cm/s；

V——渗流速度，cm/s，$V=Q/A$，其中 Q 为单位时间渗流量，cm^3/s，A 为垂直渗流方向的横截面积，cm^2；

I——水力梯度，表示单位渗流长度上的水头损失，$I=H/L$，其中 H 为水位差，cm，L 为渗径长度，cm。

4.1.3　试验仪器

常水头渗透仪装置：由金属封底圆筒、金属孔板、滤网、测压管和供水瓶等组成。其中，金属封底圆筒内径为 10cm，高 40cm。当使用其他尺寸的圆筒时，圆筒内径应大于试样最大粒径的 10 倍。

4.1.4　试验步骤

1）按图 4-2 装好仪器，量测滤网至筒顶的高度，将调节管和供水管相连，从渗水孔向圆筒充水至高出滤网顶面。

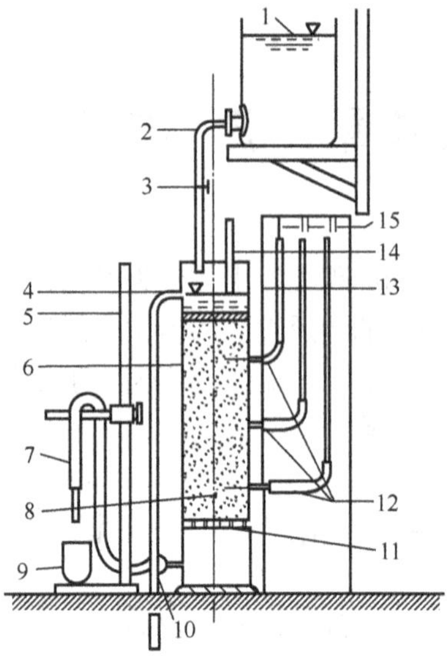

1—供水瓶；2—供水管；3—止水夹；4—溢水孔；5—滑动架；6—金属封底圆筒；7—调节管；8—试样；9—量杯；10—渗水孔；11—金属孔板；12—测压孔；13—砾石层；14—温度计；15—测压管。

图 4-2　常水头渗透装置

2）取具有代表性的风干土样 3～4kg，测定其风干含水率。将风干土样分层装入圆筒内，每层 2～3cm，根据要求的孔隙比，控制试样厚度。当试样中含黏粒时，应在滤网上铺 2cm 厚的粗砂作为过滤层，防止细粒流失。每层试样装完后从渗水孔向圆筒充水至试样顶面，最后一层试样应高出测压管 3～4cm，并在试样顶面铺 2cm 砾石作为缓冲层。当水面高出试样顶面时，应继续充水至溢水孔有水溢出。

3）量试样顶面至筒顶高度，计算试样高度，称剩余土样的质量，计算试样质量。

4）检查测压管水位，当测压管与溢水孔水位不平时，用吸球调整测压管水位，直至两者水位齐平。

5）将调节管提高至溢水孔以上，将供水管放入圆筒内，开止水夹，使水由顶部注入圆筒，降低调节管至试样上部 1/3 高度处，形成水位差使水渗入试样，经过调节管流出。调节供水管止水夹，使进入圆筒的水量多于溢出的水量，溢水孔始终有水溢出，保持圆筒内水位不变，此时试样处于常水头下渗透。

6）当测压管水位稳定后，测记水位，并计算各测压管之间的水位差。按规定时间记录渗出水量，接取渗出水量时，调节管口不得浸入水中，测量进水和出水处的水温，取平均值。

7）降低调节管至试样的中部和下部 1/3 处，按 6）、7）的步骤重复测定渗出水量和水温，当不同水力坡降下测定的数据接近时，结束本次试验。

8）根据工程需要，可改变试样的孔隙比，继续试验。

4.1.5　试验数据分析

本试验记录表见表 4-1。

表 4-1 常水头渗透试验记录表

工程名称：__________ 试验人员：__________

试样编号：__________ 计算人员：__________

试验日期：__________ 校核人员：__________

试验次数	经过时间/s	测压管水位/cm			水位差/cm			水力坡降	渗水量/cm	渗透系数/(cm/s)	水温/℃	温度校正值	水温20℃时的渗透系数/(cm/s)	平均渗透系数/(cm/s)
		Ⅰ	Ⅱ	Ⅲ	H_1	H_2	平均							

成果整理参考下列方法。

1）常水头渗透系数按下式计算：

$$K_T = \frac{QL}{AHt} \tag{4-2}$$

式中：K_T——水温为 T 时试样的渗透系数，cm/s；

Q——时间 t 秒内的渗出水量，cm^3；

L——两个测压管中心间的距离；

A——试样的断面积，cm^2；

H——平均水位差，可按（H_1+H_2）/2 公式计算，cm；

t——时间，s。

2）标准温度下的渗透系数按下式计算：

$$k_{20} = K_T \frac{\eta_T}{\eta_{20}} \tag{4-3}$$

式中：k_{20}——标准温度时试样的渗透系数，cm/s；

K_T——水温为 T 时试样的渗透系数，cm/s；

η_T——水温为 T 时水的动力黏滞系数，kPa·s；

η_{20}——20℃时水的动力黏滞系数，kPa·s，黏滞系数比 η_T/η_{20} 查表 4-2。

表 4-2 水的动力黏滞系数、黏滞系数比、温度校正值

温度/℃	动力黏滞系数 η/（10^{-6}kPa·s）	黏滞系数比 η_T/η_{20}	温度校正值 T_p	温度/℃	动力黏滞系数 η/（10^{-6}kPa·s）	黏滞系数比 η_T/η_{20}	温度校正值 T_p
5.0	1.516	1.501	1.17	7.5	1.407	1.393	1.27
5.5	1.498	1.478	1.19	8.0	1.387	1.373	1.28
6.0	1.470	1.455	1.21	8.5	1.367	1.353	1.30
6.5	1.449	1.435	1.23	9.0	1.347	1.334	1.32
7.0	1.428	1.414	1.25	9.5	1.328	1.315	1.34

续表

温度/℃	动力黏滞系数 η/（10^{-6}kPa·s）	黏滞系数比 η_T/η_{20}	温度校正值 T_p	温度/℃	动力黏滞系数 η/（10^{-6}kPa·s）	黏滞系数比 η_T/η_{20}	温度校正值 T_p
10.0	1.310	1.297	1.36	20.0	1.010	1.000	1.76
10.5	1.292	1.279	1.38	20.5	0.998	0.988	1.78
11.0	1.274	1.261	1.40	21.0	0.986	0.976	1.80
11.5	1.256	1.243	1.42	21.5	0.974	0.964	1.83
12.0	1.239	1.227	1.44	22.0	0.968	0.958	1.85
12.5	1.223	1.211	1.46	22.5	0.952	0.943	1.87
13.0	1.206	1.194	1.48	23.0	0.941	0.932	1.89
13.5	1.188	1.176	1.50	24.0	0.919	0.910	1.94
14.0	1.175	1.168	1.52	25.0	0.899	0.890	1.98
14.5	1.160	1.148	1.54	26.0	0.879	0.870	2.03
15.0	1.144	1.133	1.56	27.0	0.859	0.850	2.07
15.5	1.130	1.119	1.58	28.0	0.841	0.833	2.12
16.0	1.115	1.104	1.60	29.0	0.823	0.815	2.16
16.5	1.101	1.090	1.62	30.0	0.806	0.798	2.21
17.0	1.088	1.077	1.64	31.0	0.789	0.781	2.25
17.5	1.074	1.066	1.66	32.0	0.773	0.765	2.30
18.0	1.061	1.050	1.68	33.0	0.757	0.750	2.34
18.5	1.048	1.038	1.70	34.0	0.742	0.735	2.39
19.0	1.035	1.025	1.72	35.0	0.727	0.720	2.43
19.5	1.022	1.012	1.74				

4.2 变水头渗透试验

4.2.1 试验目的

试验目的同 4.1.1 节。变水头渗透试验适用于细粒土渗透系数的测定，即 10^{-3}cm/s ≤k≤10^{-6}cm/s。

4.2.2 试验原理及方法

变水头渗透试验是通过土样的渗流在变化的水头压力影响下进行的渗透试验。

4.2.3 试验材料及仪器

1）渗透容器：由环刀、透水石、套环、上盖和下盖组成。其中，环刀内径 61.8mm，高 40mm；透水石的渗透系数应大于 10^{-3}cm/s。

2）变水头装置：由渗透容器、变水头管、供水瓶、进水管等组成。变水头管的内径应均匀，管径不大于 1cm，管外壁应有最小分度为 1.0mm 的刻度，长度宜为 2m。

3）纯水：试验采用的纯水应在试验前用抽气法或煮沸法脱气。试验时的水温宜高于试验室温度 3～4℃。

4.2.4 试验步骤

1）试样制备应按第 1 章规定进行，并测定试样的含水率和密度。

2）将装有试样的环刀装入渗透容器，用螺母旋紧，要求密封至不漏水、不漏气。对不易透水的试样，按第1章的规定进行抽气饱和；对饱和试样和较易透水的试样，直接用变水头装置的水头进行试样饱和。

3）将渗透容器的进水口与变水头管连接，利用供水瓶中的纯水向进水管注满水，并渗入渗透容器，打开排气阀，排除渗透容器底部的空气，直至溢出水中无气泡，关排水阀，放平渗透容器，关进水管夹。

4）向变水头管注纯水，使水升至预定高度，水头高度根据试样结构的疏松程度确定，一般不应大于 2m，待水位稳定后切断水源，开进水管夹，使水通过试样。当出水口有水溢出时开始测量并记录变水头管中起始水头高度和起始时间，按预定时间间隔测量并记录水头和时间的变化，并测记出水口的水温。

5）将变水头管中的水位变换高度，待水位稳定再进行测记水头和时间变化，重复试验5～6次。当不同开始水头下测定的渗透系数在允许差值范围内时，结束试验。

4.2.5 试验数据分析

本试验记录表见表4-3。

表4-3 变水头渗透试验记录表

工程名称：＿＿＿＿　　试样面积 A：＿＿＿＿　　试验人员：＿＿＿＿
试样编号：＿＿＿＿　　试样高度 L：＿＿＿＿　　计算人员：＿＿＿＿
仪器编号：＿＿＿＿　　测压管断面积 a：＿＿＿＿　　校核人员：＿＿＿＿
试验日期：＿＿＿＿　　孔隙比 e：＿＿＿＿
成果整理过程：

试验次数	开始时间 t_1/s	终了时间 t_2/s	经过时间 t/s	开始水头 H_1/cm	终了水头 H_2/cm	水温为 T 时渗透系数/(cm/s)	水温/℃	温度校正值	水温20℃时渗透系数/(cm/s)	平均渗透系数/(cm/s)

成果整理参考下列方法。

1）变水头渗透系数，按下式计算：

$$K_T = 2.3\frac{aL}{A(t_2 - t_1)}\lg\frac{H_1}{H_2} \tag{4-4}$$

式中：K_T——水温为 T 时试样渗透系数，cm/s；

a——变水头管的断面积，m^2；

L——渗径，即试样高度，cm；

t_1、t_2——分别为测量并读取水头的开始和终了时间，s；

H_1、H_2——开始和终了水头。

2）标准温度下的渗透系数应按（4-3）式计算。

3）根据计算的渗透系数，应取 3～4 个在允许差值范围内的数据的平均值，作为试样在该孔隙比下的渗透系数（允许差值不大于 2×10^{-n}）。

4）当进行不同孔隙比下的渗透试验时，应以孔隙比为纵坐标，渗透系数的对数为横坐标，绘制关系曲线。

第5章 击实试验

土体最大干密度常用来评价土体压实度或相对密实度。压实度为现场实测干密度与实验室条件下最大干密度比值，是控制土方压实标准重要指标。土体压实度检测标准主要通过击实试验与表面振动压实仪法来衡量。根据《公路土工试验规程》（JTG 3430—2020）规定，细粒土最大干密度测定采用击实试验，粗粒土和巨粒土最大干密度试验采用表面振动压实仪法。

5.1 试验目的

本试验目的是确定扰动土在一定量击实功作用下干密度随含水率变化的关系曲线，以求得土的最大干密度和最优含水率；了解土的压实特性，为工程设计和现场施工碾压提供土的压实性资料。

5.2 试验原理及方法

击实试验分轻型击实和重型击实，一般根据工程实际情况和试样最大粒径按表 5-1 选用。当粒径大于 40mm 的颗粒含量大于 5%且不大于 30%时，应对试验结果进行校正。粒径大于 40mm 的颗粒含量大于 30%时，应采用表面振动压实仪法测定。

表 5-1 击实试验方法种类

试验方法	类别	锤底直径/cm	锤质量/kg	落高/cm	试筒尺寸		试样尺寸		层数	每层击数	最大粒径/mm
					内径/cm	高度/cm	高度/cm	体积/cm^3			
轻型击实	Ⅰ-1	5	2.5	30	10	12.7	12.7	997	3	27	20
	Ⅰ-2	5	2.5	30	15.2	17	12	2177	3	59	40
重型击实	Ⅱ-1	5	4.5	45	10	12.7	12.7	997	5	27	20
	Ⅱ-2	5	4.5	45	15.2	17	12	2177	3	98	40

5.3 试验仪器

1）标准击实仪由击实筒、击锤和导杆等组成（图 5-1 和图 5-2）。击实试验方法和相应设备的主要参数应符合表 5-1 的规定。

2）烘箱及干燥器。

3）电子天平：称量 2000g，感量 0.01g；称量 10kg，感量 1g。

4）圆孔筛：孔径 40mm、20mm 和 5mm 各 1 个。

5）拌和工具：400mm×600mm、深 70mm 的金属盘、土铲。

6）其他：喷水设备、碾土器、盛土盘、量筒、推土器、铝盒、削土刀、平直尺等。

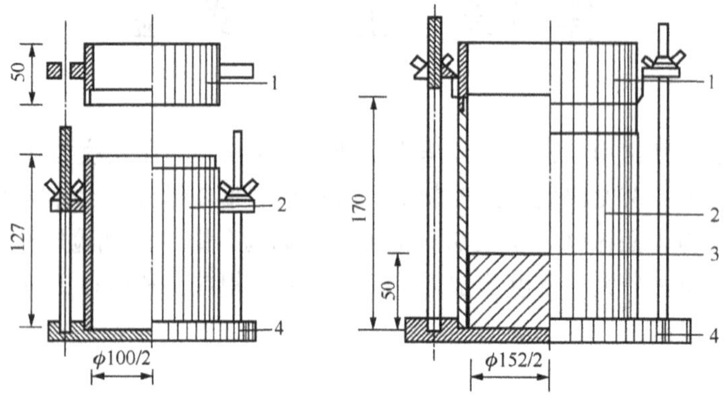

(a) 小击实筒　　(b) 大击实筒

1—套筒；2—击实筒；3—垫板；4—底板。

图 5-1　击实筒（单位：mm）

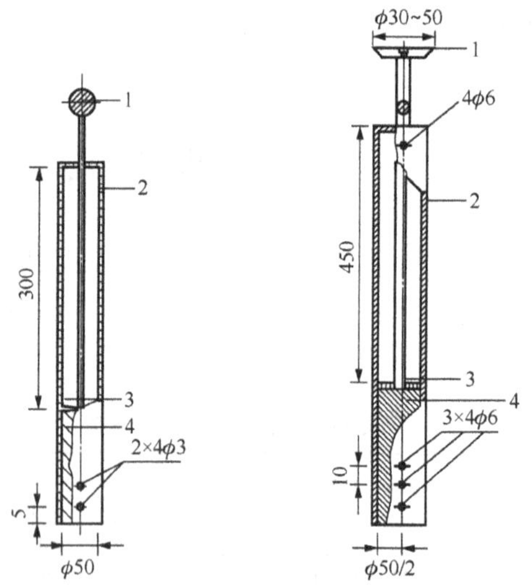

(a) 2.5kg 击锤（落高30cm）　　(b) 4.5kg 击锤（落高45cm）

1—提手；2—导筒；3—硬橡皮垫；4—击锤。

图 5-2　击锤和导杆（单位：mm）

5.4 试验步骤

试样制备，分为干法和湿法两种。

1. 干法制备试样

1）用四分法取代表性土样 20kg（重型为 50kg），风干碾碎，过 5mm（重型过 20mm 或 40mm）筛，将筛下土样拌匀，并测定土样的风干含水率。根据土的塑限预估最优含水率，制备 5 个不同含水率的一组试样，相邻 2 个含水率的差值宜为 2%。

2）根据试验所需的土量与含水率，制备试样所需的加水量按式（1-1）计算。

3）称取过筛的风干土样铺于搪瓷盘内，将水均匀喷洒于土样上，充分拌匀后装入盛土容器内盖紧，润湿一昼夜，砂土的润湿时间可酌情减少（注：轻型击实中 5 个含水率中应有 2 个大于塑限，2 个小于塑限，1 个接近塑限）。

2. 湿法制备试样

1）应取天然含水率的代表性土样 20kg（重型为 50kg），碾碎，过 5mm 筛（重型过 20mm 或 40mm），将筛下土样拌匀，并测定土样的天然含水率。

2）根据土样的塑限预估最优含水率按干法制样原则，选择至少 5 个含水率的土样，分别将天然含水率的土样风干或加水进行制备，应使制备好的土样水分均匀分布。

3）称取试筒质量，准确至 1g。将击实筒放在坚硬的地面上，在筒壁上涂一薄层凡士林，并在筒底板（小试筒）或垫板（大试筒）上放置蜡纸或塑料薄膜。取制备好的土样分 3～5 次倒入筒内。小试筒按三层法时，每次约 800～900g（其量应使击实后的试样等于或略高于筒高的 1/3）；按五层法时，每次约 400～500g（其量应使击实后的土样等于或略高于筒高的 1/5）。对于大试筒，先将垫板放入筒内底板上，按三层法，每层需试样 1700g 左右。整平表面，并稍加压紧，然后按规定的击数进行第一层土的击实，击实时击锤应自由垂直落下，锤迹必须均匀分布于土样面，第一层击实完后，将试样层面“拉毛”，然后再装入套筒，重复上述方法将其余各层土击实。小试筒击实后，试样不应高出筒顶面 5mm；大试筒击实后，试样不应高出筒顶面 6mm。

用削土刀沿套筒内壁削刮，使试样与套筒脱离后，扭动并取下套筒，齐筒顶细心削平试样，拆除底板，擦净筒外壁，称量筒和土的总质量，准确至 1g。

用推土器推出筒内试样，从试样中心处取代表性的土样测其含水率，计算至 0.1%。测定含水率所要求试样的数量应符合表 5-2 的规定。

表 5-2　测定含水率要求试样的数量

最大粒径/mm	试样质量/g	个数
<5	约 100	2
约 5	约 200	1
约 20	约 400	1
约 40	约 800	1

5.5　试验数据分析

击实试验记录表见表 5-3。

表 5-3　击实试验记录表

试验人员：________　　　　计算人员：________

试验日期：________　　　　校核人员：________

<table>
<tr><td>土样编号</td><td></td><td>筒号</td><td></td><td>落距/cm</td><td></td></tr>
<tr><td>土样来源</td><td></td><td>筒容积/cm³</td><td></td><td>每层击数</td><td></td></tr>
<tr><td colspan="2">击锤质量/kg</td><td colspan="2"></td><td>大于 5mm 颗粒含量</td><td></td></tr>
</table>

续表

<table>
<tr><td></td><td>试验次数</td><td colspan="2">1</td><td colspan="2">2</td><td colspan="2">3</td><td colspan="2">4</td><td colspan="2">5</td></tr>
<tr><td rowspan="5">干密度</td><td>（筒+土）质量/g</td><td colspan="2"></td><td colspan="2"></td><td colspan="2"></td><td colspan="2"></td><td colspan="2"></td></tr>
<tr><td>筒质量/g</td><td colspan="2"></td><td colspan="2"></td><td colspan="2"></td><td colspan="2"></td><td colspan="2"></td></tr>
<tr><td>湿土质量/g</td><td colspan="2"></td><td colspan="2"></td><td colspan="2"></td><td colspan="2"></td><td colspan="2"></td></tr>
<tr><td>湿密度/（g/cm³）</td><td colspan="2"></td><td colspan="2"></td><td colspan="2"></td><td colspan="2"></td><td colspan="2"></td></tr>
<tr><td>干密度/（g/cm³）</td><td colspan="2"></td><td colspan="2"></td><td colspan="2"></td><td colspan="2"></td><td colspan="2"></td></tr>
<tr><td rowspan="8">含水量</td><td>盒号</td><td colspan="2"></td><td colspan="2"></td><td colspan="2"></td><td colspan="2"></td><td colspan="2"></td></tr>
<tr><td>（盒+湿土）质量/g</td><td></td><td></td><td></td><td></td><td></td><td></td><td></td><td></td><td></td><td></td></tr>
<tr><td>（盒+干土）质量/g</td><td></td><td></td><td></td><td></td><td></td><td></td><td></td><td></td><td></td><td></td></tr>
<tr><td>盒质量/g</td><td></td><td></td><td></td><td></td><td></td><td></td><td></td><td></td><td></td><td></td></tr>
<tr><td>水质量/g</td><td></td><td></td><td></td><td></td><td></td><td></td><td></td><td></td><td></td><td></td></tr>
<tr><td>干土质量/g</td><td></td><td></td><td></td><td></td><td></td><td></td><td></td><td></td><td></td><td></td></tr>
<tr><td>含水率/%</td><td></td><td></td><td></td><td></td><td></td><td></td><td></td><td></td><td></td><td></td></tr>
<tr><td>平均含水率/%</td><td colspan="2"></td><td colspan="2"></td><td colspan="2"></td><td colspan="2"></td><td colspan="2"></td></tr>
<tr><td colspan="4">最佳含水率=_____%</td><td colspan="8">最大干密度=_____g/cm³</td></tr>
</table>

成果整理参考下列方法。

1）试样的干密度按下式计算：

$$\rho_{\mathrm{d}}=\frac{\rho_0}{1+0.01w_i} \tag{5-1}$$

式中：ρ_{d}——试样的干密度，g/cm^3；

ρ_0——试样的湿密度，g/cm^3；

w_i——对应试样的含水率，%。

2）以试样的干密度为纵坐标，含水率为横坐标，绘制干密度与含水率的关系曲线，曲线上峰值点的纵、横坐标分别为最大干密度和最佳含水率。如曲线不能绘出明显的峰值点，应进行补点或重做。

3）当试样中包含大于 40mm 颗粒时，应先取出大于 40mm 颗粒，并求得其百分率 p，把小于 40mm 的部分做击实试验，按下面公式（5-2）和（5-3）分别对试验所得的最大干密度和最佳含水率进行校正（适用于大于 40mm 颗粒的含量小于 30%时）。

4）最大干密度按下式校正：

$$\rho'_{\mathrm{d\,max}}=\frac{1}{\dfrac{1-p_5}{\rho_{\mathrm{dmax}}}+\dfrac{p_5}{\rho_{\mathrm{w}}+G_{\mathrm{s2}}}} \tag{5-2}$$

式中：ρ'_{dmax}——校正后试样的最大干密度，g/cm^3；

p_5——粒径大于 5mm 土的质量百分数，%；

ρ_{w}——温度 4℃时水的密度，g/cm^3；

G_{s2}——粒径大于 5mm 土粒的饱和面干比重；

$\rho_{d\,max}$——粒径小于 5mm 的最大干密度（注：饱和面干比重指当土粒呈饱和面干状态时的土粒总质量与相当于土粒总体积的纯水 4℃时质量的比值）。

5）最优含水率应按下式进行校正，计算至 0.1%。

$$w_0' = w_0(1-0.01p)+0.01pw_2 \tag{5-3}$$

式中：w_0'——校正后试样的最优含水率，%；

w_0——击实试样的最优含水率，%；

w_2——粒径大于 40mm 颗粒的吸水量，%。

第6章 固结试验

6.1 试验目的

本试验目的是测定土的单位沉降量、压缩系数、压缩模量、压缩指数、回弹指数、固结系数，以及原状土的先期固结压力等。

6.2 试验原理及方法

饱和土体受到外力作用后，孔隙中部分水逐渐从土体中排出，土中孔隙水压力逐渐减小，作用在土骨架上的有效应力逐渐增加，土体积随之压缩，直到变形达到稳定为止。土体这一压缩变形的全过程，称为固结。黏性土的压缩试验就是将天然状态下的原状土或人工制备的扰动土，制备成一定规格的土样，然后在侧限与轴向排水条件下测定土在不同荷载下的压缩变形。试样在每级压力下的固结稳定时间为24h。

固结过程的快慢取决于土中水排出的速率，它是时间的函数。非饱和土体在外力作用下的变形，通常是由孔隙中气体排出或压缩所引起，主要取决于有效应力的改变。

本试验适用于饱和的细粒土，当只进行压缩试验时可用于非饱和土。

6.3 试验仪器

1）固结仪：由环刀、护环、透水石、水槽、加压上盖等组成（图6-1）。

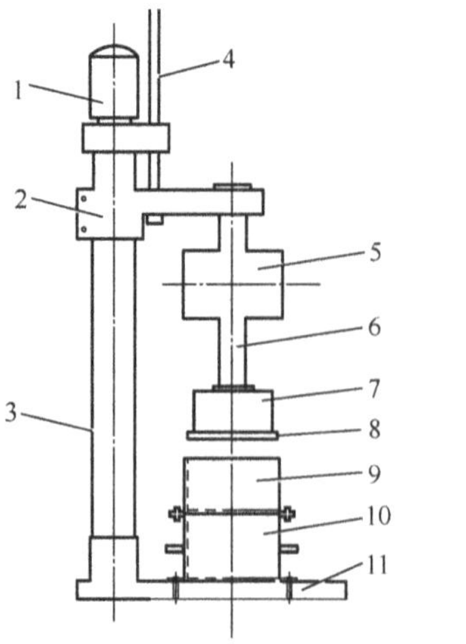

1—量表架；2—钢珠；3—加压上盖；4—透水石；5—试样；6—环刀；7—护环；8—水槽。

图6-1 固结仪示意图

① 环刀：内径为61.8mm和79.8mm，高度为20mm。环刀应具有一定的刚度，内壁应保持较高的光洁度，宜涂一薄层硅脂或聚四氟乙烯。

② 透水石：由氧化铝或不受腐蚀的金属材料制成，其渗透系数应大于试样的渗透系数。用固定式容器时，顶部透水石直径应小于环刀内径0.2～0.5mm。用浮环式容器时上下端透水石直径相等，均应小于环刀内径。

2）加压设备：应能垂直地在瞬间施加各级规定的压力，且没有冲击力。

3）变形量测设备：量程10mm，最小分度值为0.01mm的百分表或准确度为全量程0.2%的位移传感器。

6.4 试验步骤

1）将土样筒按标明的上下方向放置。剥去蜡封和胶带，开启土样筒取出土样。检查土样结构，当确定土样已受扰动或取土质量不符合规定时，不应制备固结试验的试样。

2）根据试验要求用环刀切取试样时，应在环刀内壁涂一薄层凡士林，刃口向下放在土样上，将环刀垂直下压，并用切土刀沿环刀外侧切削土样，边压边削至土样高出环刀；根据试样的软硬采用钢丝锯或切土刀整平环刀两端土样，擦净环刀外壁，称量环刀和土的总质量。

3）取切下的余土测定试样的含水率和土粒比重。当试样需要饱和时，采用抽气饱和法，按照1.3节规定的步骤进行。

4）固结容器内放置护环、透水石和薄型滤纸，将带有试样的环刀装入护环内，放上导环，试样上依次放上薄型滤纸、透水石和加压上盖，并将固结容器置于加压框架正中，使加压上盖与加压框架中心对准，安装百分表或位移传感器（注：薄型滤纸和透水石的湿度应接近试样的湿度）。

5）施加1kPa的预压力使试样与仪器上下各部件之间接触，将百分表或位移传感器调整到零位或测量并读取初读数。

6）确定需要施加的各级压力，压力等级宜为12.5kPa、25kPa、50kPa、100kPa、200kPa、400kPa、800kPa、1600kPa、3200kPa。第一级压力应视土的软硬程度而定，宜用12.5kPa、25kPa或50kPa。最后一级压力应大于土的自重压力与附加压力之和。测定压缩系数时，最大压力不小于400kPa。

7）需要确定原状土的先期固结压力时，初始段的荷重率应小于1，可采用0.5或0.25。施加的压力应使测得的 e-lg$p$ 曲线下段出现直线段。对超固结土，应进行卸压、再加压来评价其再压缩特性。

8）对于饱和试样，施加第一级压力后应立即向水槽中注水浸没试样。非饱和试样进行压缩试验时，须用湿棉纱围住加压板周围。

9）需要测定沉降速率、固结系数时，施加每一级压力后宜按下列时间顺序测记试样的高度变化。时间为6s、15s、1min、2min15s、4min、6min15s、9min、12min15s、16min、20min15s、25min、30min15s、36min、42min15s、49min、64min、100min、200min、400min、23h、24h，至稳定为止。若不需要测定沉降速率时，则施加每一级压力后24h测定试样高度变化作为稳定标准；只需测定压缩系数的试样，施加每一级压力后，每小时变形达0.01mm时，测定试样高度变化作为稳定标准，按此步骤逐级加压至试验结束（注：测定沉降速率仅适用饱和土）。

10）需要进行回弹试验时，可在某级压力下固结稳定后退压，直至退到要求的压力，每次退压后24h测定试样的回弹量。

11）试验结束后吸去容器中的水，迅速拆除仪器各部件，取出整块试样，测定含水率。

6.5 试验数据分析

固结试验记录表见表 6-1～表 6-3。

表 6-1 固结试验记录表（一）

工程名称：__________ 试验人员：__________

试样编号：__________ 计算人员：__________

仪器编号：__________ 校核人员：__________

试验日期：__________

项目	含水率试验					密度试验			
	盒号	湿土质量/g	干土质量/g	含水率/%	平均含水率/%	环刀号	湿土质量/g	环刀容积/cm^3	湿密度/(g/cm^3)
试验前									
试验后									

表 6-2 固结试验记录表（二）

经过时间/min	压力			
	50kPa	100kPa	200kPa	400kPa
	变形数值/mm	变形数值/mm	变形数值/mm	变形数值/mm
总变形/0.01mm				

表 6-3 固结试验记录表（三）

压力/kPa	加压历时/h	量表读数/mm	仪器变形量/mm	校正后试样变形量/mm	单位沉降量/mm	（固结稳定后）孔隙比	压缩系数/MPa^{-1}	压缩模量/MPa

成果整理参考下列方法。

1）试样的初始孔隙比，应按下式计算：

$$e_0=\frac{(1+w_0)G_s\rho_w}{\rho_0}-1 \tag{6-1}$$

式中：e_0——试样的初始孔隙比；

ρ_0——试样的湿密度，g/cm^3；

ρ_w——温度4℃时水的密度，g/cm^3；

w_0——试样的含水率，%。

2）各级压力下试样固结稳定后的单位沉降量，应按下式计算：

$$S_i=\frac{\sum\Delta h_i}{h_0}\times10^3 \tag{6-2}$$

式中：S_i——某级压力下的单位沉降量，mm/m；

h_0——试样初始高度，mm；

$\sum\Delta h_i$——某级压力下试样固结稳定后的总变形量（等于该级压力下固结稳定读数减去仪器变形量），mm；

10^3——单位换算系数。

3）各级压力下试样固结稳定后的孔隙比，应按下式计算：

$$e_i=e_0-\frac{1+e_0}{h_0}\Delta h_i \tag{6-3}$$

式中：e_i——第 i 级压力下试样固结稳定后的孔隙比；

Δh_i——第 i 级压力下试样固结稳定后的变形量，mm。

4）某一压力范围内的压缩系数，应按下式计算：

$$a_v=\frac{e_i-e_{i+1}}{p_{i+1}-p_i} \tag{6-4}$$

式中：a_v——压缩系数，MPa^{-1}；

p_i——第 i 级压力值，MPa。

5）某压力范围内的压缩模量，应按下式计算：

$$E_s=\frac{1+e_0}{a_v} \tag{6-5}$$

式中：E_s——某压力范围内的压缩模量，MPa。

6）某压力范围内的体积压缩系数，应按下式计算：

$$m_v=\frac{1}{E_s}=\frac{a_v}{1+e_0} \tag{6-6}$$

式中：m_v——某压力范围内的体积压缩系数，MPa^{-1}。

7）压缩指数和回弹指数，应按下式计算：

$$C_C \text{或} C_S = \frac{e_i - e_{i+1}}{\lg p_{i+1} - \lg p_i} \tag{6-7}$$

式中：C_C——压缩指数；

C_S——回弹指数。

8）以孔隙比为纵坐标，压力为横坐标，绘制孔隙比-压力的关系曲线，如图 6-2 所示。

9）以孔隙比为纵坐标，压力的对数为横坐标，绘制孔隙比与压力的对数关系曲线，如图 6-3 所示（图中仅为示意曲线）。

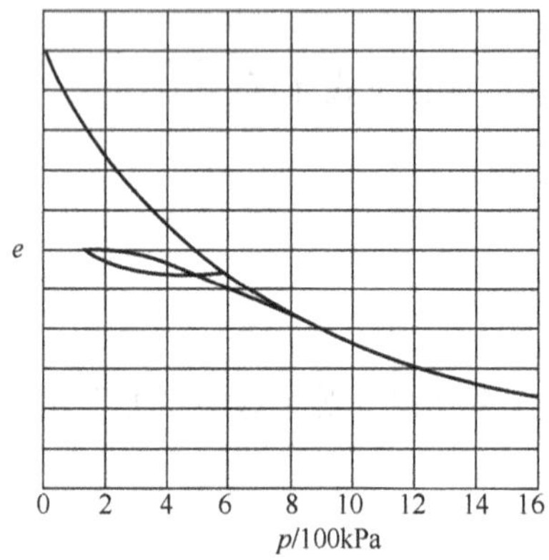

图 6-2　e-p 关系曲线

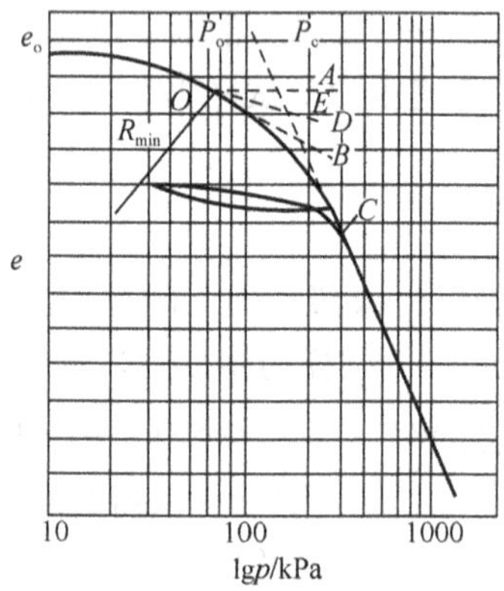

图 6-3　e-lg$p$ 曲线求 P_c 示意图

10）原状土试样的先期固结压力，应按下列方法确定。在 e-lg$p$ 曲线上找出最小曲率半径 R_{min} 的点 O（图 6-3），过 O 点做水平线 OA，切线 OB 及 $\angle AOB$ 的平分线 OD，OD 与曲线下段直线段的延长线交于 E 点，则对应于 E 点的压力值即为该原状土试样的先期固结压力。

11）固结系数应按下列方法确定。

① 时间平方根法：对某一级压力，以试样的变形为纵坐标，时间平方根为横坐标，绘制试样的变形与时间平方根关系曲线，延长曲线开始段的直线，交纵坐标于 d_s 为理论零点，过 d_s 作另一直线，令其横坐标为前一直线横坐标的 1.15 倍，则后一直线与 $d-\sqrt{t}$ 曲线交点所对应的横坐标值的平方即为试样固结度达 90%所需的时间 t_{90}（图 6-4），该级压力下的固结系数为

$$C_v = \frac{0.848h^2}{t_{90}} \tag{6-8}$$

式中：C_v——固结系数，cm^2/s；

h——最大排水距离，等于某级压力下试样的初始和终了高度的平均值之半，cm。

② 时间对数法：对某一级压力，以试样的变形为纵坐标，时间的对数为横坐标，绘制试样的变形与时间对数关系曲线（图 6-5），在关系曲线的开始段，选任一时间 t_1，查得相对应的变形值 d_1，再取时间 $t_2 = \frac{t_1}{4}$，查得相对应的变形值 d_2，则 $2d_2-d_1$ 即为 d_{01}；另取一时间依同法求得 d_{02}、d_{03}、d_{04} 等，取其平均值为理论零点 d_s，延长曲

线中部直线段和通过曲线尾部数点切线的交点即为理论终点 d_{100}，则 $d_{50}=(d_s+d_{100})/2$，对应于 d_{50} 的时间即为试样固结度达 50%所需的时间 t_{50}，某一级压力下的固结系数应按下式计算：

$$C_v=\frac{0.197h^2}{t_{50}} \tag{6-9}$$

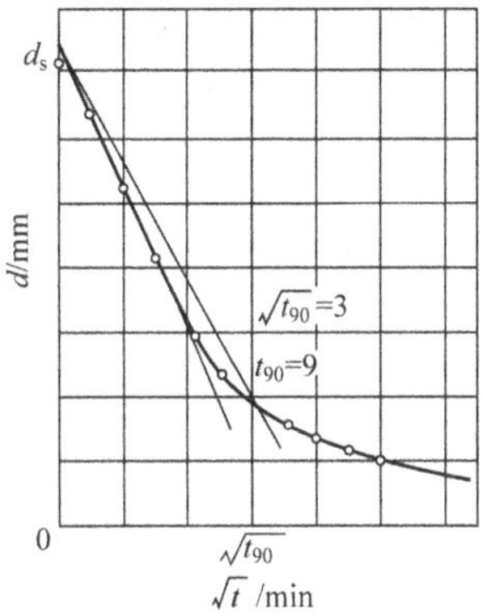

图 6-4　试样的变形与时间平方根关系曲线求 t_{90} 示意图

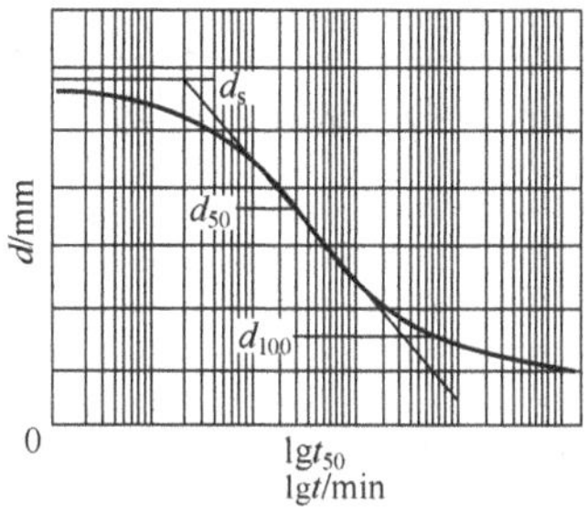

图 6-5　试样的变形与时间对数关系曲线求 t_{50} 示意图

第7章　直 剪 试 验

直剪试验具有设备简单、操作方便之优点，也存在一定缺点，如：①剪切面人为给定，并不是沿土样最薄弱面剪坏；②剪切过程中受剪面积逐渐减小，不容易准确地计算应力；③剪切过程中垂直荷载会发生偏转，应力状态复杂，应变分布不均匀；④不能测定剪切过程中孔隙水压力。

室内常用的3种直剪试验方法有：慢剪（slow shear，S）试验、固结快剪（consolidation quick shear，CQ）试验、快剪（quick sheer，Q）试验。

7.1　慢 剪 试 验

7.1.1　试验目的

本章试验目的是测定土的抗剪强度。

7.1.2　试验原理及方法

直剪试验通常对同一种土采用至少4个试样，分别在不同的法向压力σ下，施加水平剪切力，使试样发生剪切破坏，从而得到破坏时的剪应力τ_f。根据试验数据可绘制剪应力τ_f与相应法向压力σ或剪切位移ΔL的关系图，确定土的抗剪强度指标内摩擦角φ和黏聚力c。

慢剪试验是在试样上施加法向压力及剪切力的过程中均应使试样充分排水固结。慢剪试验方法适用于细粒土。

7.1.3　试验仪器

1）应变控制式直剪仪（图7-1）：由剪切盒、垂直加压设备、剪切传动装置、测力计、位移量测系统组成。

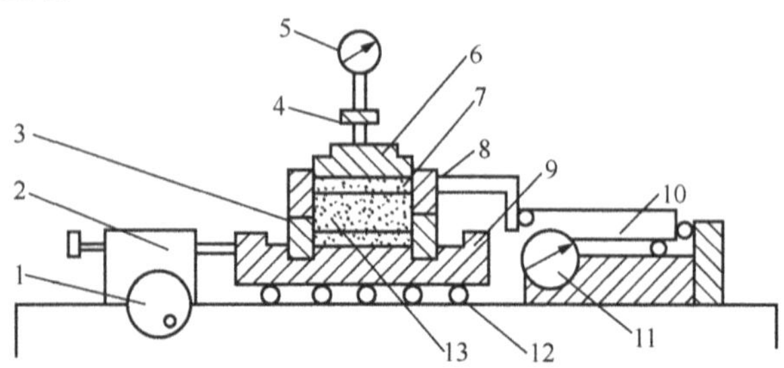

1—剪切传动机构；2—推动器；3—下盒；4—垂直加压框架；5—垂直位移计；6—传压板；7—透水板；8—上盒；9—储水盒；10—测力计；11—水平位移计；12—滚珠；13—试样。

图7-1　应变控制式直剪仪

2）环刀：内径61.8mm，高度20mm。

3）位移量测设备：量程为10mm，分度值为0.01mm的百分表；或准确度为全量程0.2%的传感器。

7.1.4　试验步骤

1）试样制备：

① 原状土试样制备：按照第1章规定的步骤进行制备。

② 扰动土试样制备：按照第1章规定的步骤进行制备。

2）当试样需要饱和时，采用抽气饱和法，按照第1章规定的步骤对试样进行饱和。

3）对准剪切容器上下盒，插入固定销，在下盒内放透水板和滤纸，将带有试样的环刀刃口向上，对准剪切盒口，在试样上放滤纸和透水板（透水板和滤纸的湿度接近试样的湿度），将试样小心地推入剪切盒内。

4）移动剪切传动装置，使上盒前端钢珠刚好与测力计接触，依次放上传压板、垂直加压框架，安装垂直位移和水平位移量测装置，并调至零位或测记初读数。

5）根据工程实际和土的软硬程度施加各级垂直压力，对松软试样垂直压力应分级施加，以防土样挤出。施加压力后，向盒内注水，当试样为非饱和试样时，应在加压板周围包以湿棉纱。

6）施加垂直压力后，每小时测量并读取垂直变形一次，直至试样固结变形稳定。变形稳定标准为每小时不大于0.005mm。

7）拔去固定销，以小于0.02mm/min的剪切速度进行剪切，试样每产生剪切位移0.2～0.4mm测量并记录测力计和位移计读数，直至测力计读数出现峰值，应继续剪切至剪切位移为4mm时停机，记下破坏值；当剪切过程中测力计读数无峰值时，应剪切至剪切位移为6mm时停机。

8）当需要估算试样的剪切破坏时间，可按下式计算：

$$t_f = 50t_{50} \tag{7-1}$$

式中：t_f——试样达到剪切破坏所经历的时间，min；

t_{50}——试样固结度达50%所需的时间，min。

9）剪切结束，吸去盒内积水，退去剪切力和垂直压力，移动垂直加压框架，取出试样，测定试样含水率。

7.1.5　试验数据分析

慢剪试验记录表见表7-1。

成果整理参考下列方法。

1）剪应力按下式计算：

$$\tau = \frac{C \times R}{A_0} \times 10 \tag{7-2}$$

式中：τ——试样所受的剪应力，kPa；

C——测力计率定系数，N/0.01mm 或 N/mV；

A_0——试样的初始断面积，cm^2；

R——测力计量表读数，0.01mm。

表 7-1 慢剪试验记录表

工程名称：________ 试验人员：________
试样编号：________ 计算人员：________
试验方法：________ 校核人员：________
试验日期：________

仪器编号	(1)	(2)	(3)	(4)	仪器编号	(1)	(2)	(3)	(4)
盒号					剪切位移/mm				
湿土质量/g									
干土质量/g					测力计量表/0.01mm				
含水率/%									
量力环系数					剪应力（C×测力计量表读数）/kPa				
试样质量/g									
试样密度/（g/cm^3）					垂直位移/mm				
垂直压力/kPa									
固结沉降量/mm									

2）绘制剪应力与剪切位移关系曲线。

以剪应力 τ 为纵坐标，剪切位移 Δl 为横坐标，绘制剪应力-剪切位移关系曲线（图 7-2），取曲线上剪应力的峰值为抗剪强度，无峰值时，取剪切位移 4mm 所对应的剪应力为抗剪强度。

3）绘制抗剪强度与垂直压力关系曲线。

以抗剪强度为纵坐标，垂直压力为横坐标，绘制抗剪强度-垂直压力关系曲线（图 7-3），直线的倾角为摩擦角 φ，直线在纵坐标上的截距为黏聚力 c。

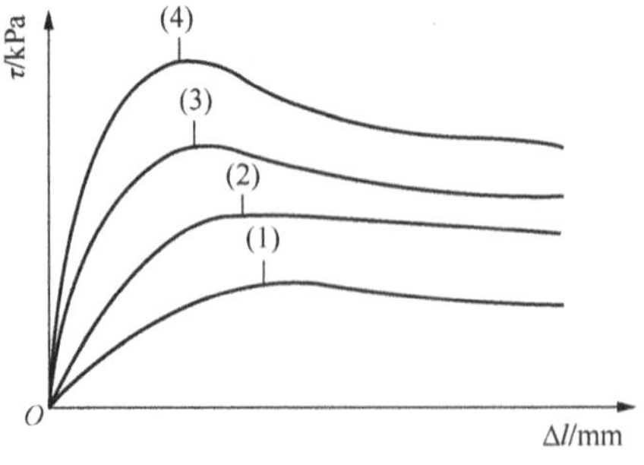

图 7-2 剪应力-剪切位移关系曲线

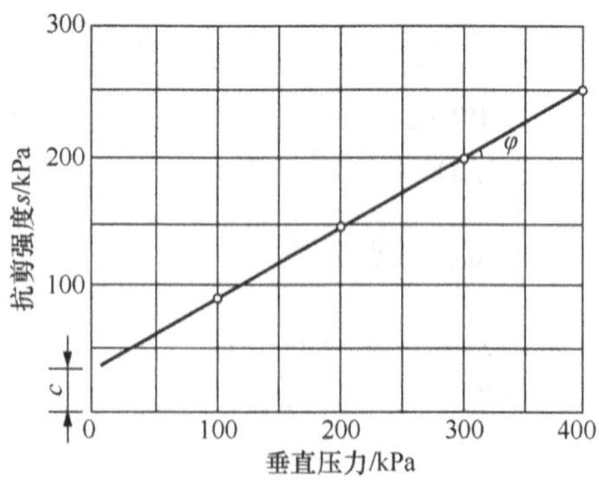

图 7-3 抗剪强度-垂直压力关系曲线

7.2　固结快剪试验

7.2.1　试验目的

试验目的同 7.1.1 节。

7.2.2　试验原理及方法

基本原理同 7.1.2 节，不同的是，固结快剪试验是在试样上施加法向压力，待排水固结结束后，再施加剪切力。固结快剪试验方法适用于渗透系数小于 10^{-6}cm/s 的细粒土。

7.2.3　试验仪器

同 7.1.3 节。

7.2.4　试验步骤

1）试样制备：原状土试样与扰动土试样的制备，与慢剪试验制样相同，每组试样不得少于 4 个；当试样需要饱和时，按慢剪试验试样的饱和步骤进行。

2）对准剪切容器上下盒，插入固定销，在下盒内放透水板和滤纸，将带有试样的环刀刃口向上，对准剪切盒口，在试样上放滤纸和透水板（透水板和滤纸的湿度接近试样的湿度），将试样小心地推入剪切盒内。

3）移动剪切传动装置，使上盒前端钢珠刚好与测力计接触，依次放上传压板、垂直加压框架，安装垂直位移和水平位移量测装置，并调至零位或测记初读数。

4）根据工程实际和土的软硬程度施加各级垂直压力，对松软试样垂直压力应分级施加，以防土样挤出。施加压力后，向盒内注水，当试样为非饱和试样时，应在加压板周围包以湿棉纱。

5）施加垂直压力后，每小时测量并读取垂直变形一次，直至试样固结变形稳定。变形稳定标准为每小时不大于 0.005mm。

6）固结快剪试验的剪切速度为 0.8mm/min，使试样在 3～5min 内剪损。其剪切步骤：拔去固定销，以 0.8mm/min 的剪切速度进行剪切，试样每产生剪切位移 0.2～0.4mm 测记测力计和位移计读数，直至测力计读数出现峰值，应继续剪切至剪切位移为 4mm 时停机，记下破坏值；当剪切过程中测力计读数无峰值时，应剪切至剪切位移为 6mm 时停机。

7）剪切结束，吸去盒内积水，退去剪切力和垂直压力，移动垂直加压框架，取出试样，测定试样含水率。

7.2.5　试验数据分析

固结快剪试验记录表同慢剪试验记录表，见表 7-1。

7.3 快剪试验

7.3.1 试验目的

试验目的同 7.1.1 节。

7.3.2 试验原理及方法

基本原理同 7.1.2 节，快剪试验是在试样上施加法向压力后，立即开始剪切。快剪试验方法适用于渗透系数小于 10^{-6}cm/s 的细粒土。

7.3.3 试验仪器

同 7.1.3 节。

7.3.4 试验步骤

1）试样制备：原状土试样与扰动土试样的制备，与慢剪试验制样相同，每组试样不得少于 4 个；当试样需要饱和时，按慢剪试验试样的饱和步骤进行。

2）对准剪切容器上下盒，插入固定销，在下盒内放透水板和滤纸，将带有试样的环刀刃口向上，对准剪切盒口，在试样上放硬塑料薄膜和透水板，将试样小心地推入剪切盒内。

3）移动剪切传动装置，使上盒前端钢珠刚好与测力计接触，依次放上传压板、垂直加压框架，安装水平位移量测装置，并调至零位或测记初读数。

4）根据工程实际和土的软硬程度施加各级垂直压力，对松软试样垂直压力应分级施加，以防土样挤出。施加压力后，向盒内注水，当试样为非饱和试样时，应在加压板周围包以湿棉纱。不需要安装垂直位移量测装置。

5）施加垂直压力，拔去固定销，立即以 0.8mm/min 的剪切速度进行剪切，使试样在 3～5min 内剪损。试样每产生剪切位移 0.2～0.4mm 测量并记录测力计和位移读数，直至测力计读数出现峰值，应继续剪切至剪切位移为 4mm 时停机，记下破坏值；当剪切过程中测力计读数无峰值时，应剪切至剪切位移为 6mm 时停机。

6）剪切结束，吸去盒内积水，退去剪切力和垂直压力，移动垂直加压框架，取出试样，测定试样含水率。

7.3.5 试验数据分析

快剪试验记录表同慢剪试验记录表，见表 7-1。

第 8 章　三轴剪切试验

三轴剪切试验又称三轴压缩试验。

三轴压缩试验可以严格控制排水条件，可根据工程施工和运用的实际情况选择不同排水条件的试验。同时可以测量土体内的孔隙水压力。根据土样固结排水条件和剪切时的排水条件，三轴压缩试验可分为不固结不排水剪切（unconsolidated undrained shear，UU）试验、固结不排水剪切（consolidated undrained shear，CU）试验、固结排水剪切（consolidated drained shear，CD）试验及不同应力路径三轴试验等。

8.1　不固结不排水剪切试验

8.1.1　试验目的

不固结不排水剪切（UU）试验的试样在施加周围压力和随后施加偏应力直至剪坏的整个试验过程中都不允许排水，这样从开始加压直至试样剪坏，土中的含水率始终保持不变，孔隙水压力也不可能消散，可以测得总应力抗剪强度指标。这种方法适用的条件是土体受力而孔隙压力不消散的情况。当建筑物施工速度快，土体渗透系数较低，而排水条件又差时，为考虑施工期的稳定，一般采用该类试验。

不固结不排水剪切试验方法适用于细粒土和粒径小于 20mm 的粗粒土。本试验目的是测定土体抗剪强度。

8.1.2　试验原理及方法

试样在某一固定周围压力下，逐渐增大轴向压力，直至试样破坏的一种抗剪强度试验，是以莫尔-库仑强度理论为依据而设计的三轴向加压的剪力试验（图 8-1）。

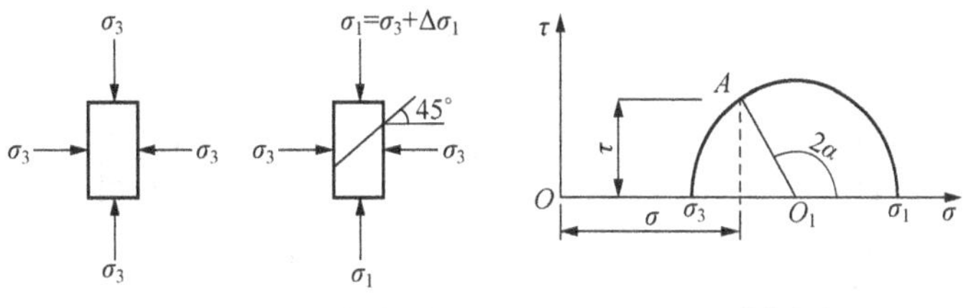

(a) 施加周围压力　(b) 轴向压缩　(c) 莫尔应力圆

图 8-1　三轴试验原理

8.1.3　试验仪器

1）应变控制式三轴仪（图 8-2）：由压力室、轴向加压设备、周围压力系统、反压力系统、孔隙水压力量测系统、轴向变形和体积变化量测系统组成（图 8-3）。

图 8-2　应变控制式三轴仪实物图

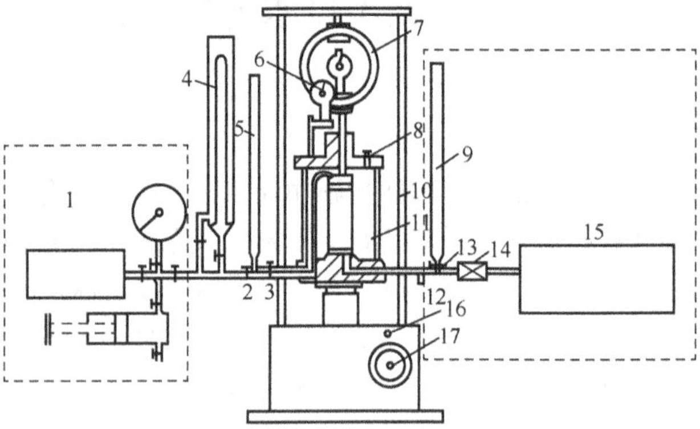

1—周围压力系统；2—周围压力阀；3—排水阀；4—体变管；5—排水管；6—轴向位移表；7—测力计；8—排气孔；9—量管；10—轴向加压设备；11—压力室；12—孔压阀；13—量管阀；14—孔压传感器；15—孔隙水压力量测系统；16—离合器；17—手轮。

图 8-3　应变控制式三轴仪

2）击样器（图 8-4）和饱和器。

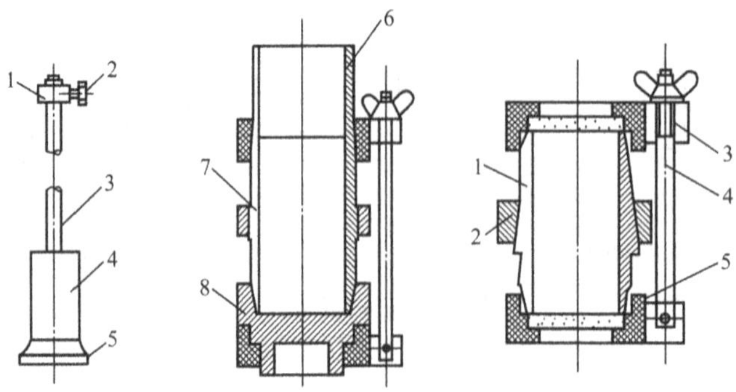

1—套环；2—定位螺丝；3—导杆；4—击锤；5—底板；6—套筒；7—击样筒；8—底座。

图 8-4　击样器

3）切土盘、切土器与切土架、原状土分样器（图 8-5）。

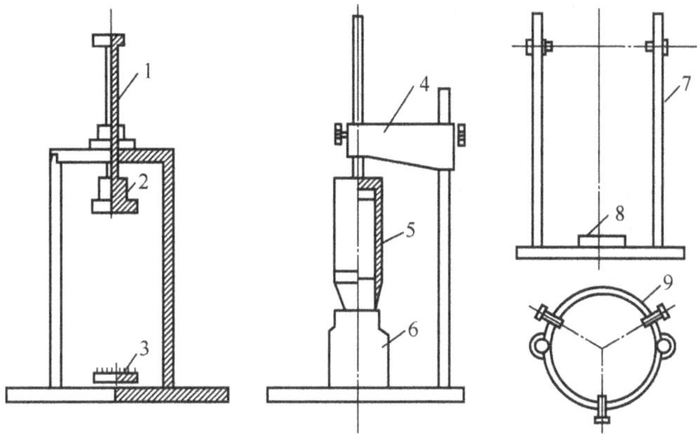

(a) 切土盘　　(a) 切土器与切土架　　(c) 原状土分样器

1—轴；2—上盘；3—下盘；4—切土架；5—切土器；6—土样；7—滑杆；8—底盘；9—钢丝架。

图 8-5　切土盘、切土器与切土架、原状土分样器

4）承膜筒（图 8-6）及对开圆模（图 8-7）。

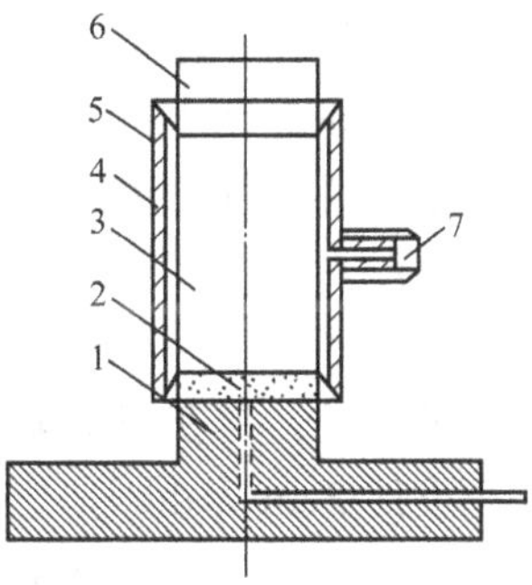

1—压力室底座；2 透水板；3—试样；4—承膜筒；5—橡皮膜；6—上帽；7—吸气孔。

图 8-6　承膜筒

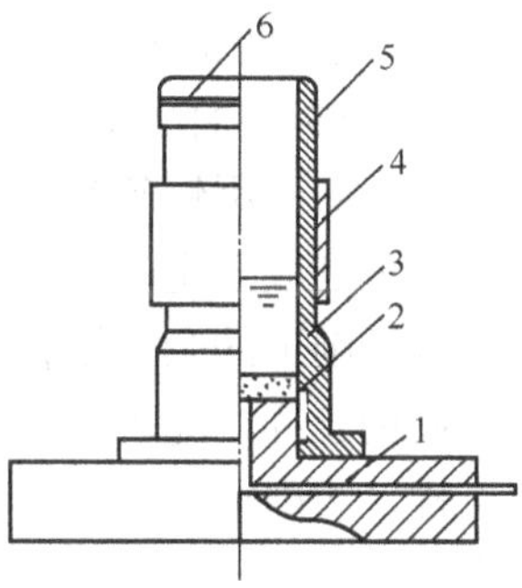

1—压力室底座；2—透水板；3—制样圆模(两片合成)；4—紧箍；5 橡皮膜；6—橡皮圈。

图 8-7　对开圆模

橡皮膜位于对开圆膜内，应采用具有弹性的乳胶膜，对直径 39.1mm 和 61.8mm 的试样，厚度以 0.1～0.2mm 为宜；对直径 101mm 的试样，厚度以 0.2～0.3mm 为宜。

5）天平：称量 200g，最小分度值 0.01g；称量 1000g，最小分度值 0.1g。

6）透水板：直径与试样直径相等，其渗透系数宜大于试样的渗透系数，使用前在水中煮沸并泡于水中。

试验时的仪器，应符合下列规定：

① 周围压力的测量准确度应为全量程的 1%；根据试样的强度，选择不同量程的测力计，应使最大轴向压力的准确度不低于 1%。

② 孔隙水压力量测系统内的气泡应完全排除。系统内的气泡可用纯水冲出或施加压力使气泡溶解于水，并从试样底座溢出。整个系统的体积变化因数应小于 $1.5\times10^{-5}cm^3/kPa$。

③ 排水管路应通畅，各连接处应无漏水，压力室活塞杆在轴套内应能滑动。

④ 橡皮膜在使用前应仔细检查，其方法是扎紧两端，向膜内充气，然后在水中检查，应无气泡溢出，方可使用。

8.1.4 试验步骤

本试验必须制备 3 个以上性质相同的试样，在不同的周围压力下进行试验（试验宜在恒温条件下进行）。周围压力宜根据工程实际荷重确定。对于填土，最大一级周围压力应与最大的实际荷重大致相等。

1）试验采用的试样最小直径为 ϕ35mm，最大直径为 ϕ101mm，试样高度宜为试样直径的 2～2.5 倍，试样的允许最大粒径应符合表 8-1 的规定。对于有裂缝、软弱面和构造面的试样，试样直径宜大于 60mm。

表 8-1　试样的允许最大粒径

试样直径	允许最大粒径
＜100mm	试样直径的 1/10
≥100mm	试样直径的 1/5

2）原状土试样制备应在满足表 8-1 的规定下将土样切成圆柱形试样。

① 对于较软的土样，先用钢丝锯或切土刀切取一稍大于规定尺寸的土柱，放在切土盘上下圆盘之间，用钢丝锯或切土刀紧靠侧板，由上往下细心切削，边切削边转动圆盘，直至土样被削成规定的直径为止。试样切削时应避免扰动，当试样表面遇有砾石或凹坑时，允许用削下的余土填补。

对于较硬的土样，先用切土刀切取一稍大于规定尺寸的土柱，放在切土架上，用切土器切削土样，边削边压切土器，直至切削到超出试样高度约 2cm 为止。

对于直径大于 10cm 的土样，可用分样器切成 3 个土柱，按上述方法切取 ϕ39.1mm 的试样。

② 取出试样，按规定的高度将两端削平，称量。并取余土测定试样的含水率。

3）扰动土试样制备应根据预定的干密度和含水率制样后，在击样器内分层击实，粉土宜为 3～5 层，黏土宜为 5～8 层，各层土料数量应相等，各层接触面应刨毛。击完最后一层，将击样器内的试样两端整平，取出试样称量。对制备好的试样，应量测其直径和高度。试样的平均直径 D_0 应按下式计算：

$$D_0 = \frac{D_1 + 2D_2 + D_3}{4} \tag{8-1}$$

式中：D_1、D_2、D_3——分别为试样上、中、下部位的直径，mm。

4）砂类土试样制备应先在压力室底座上依次放上不透水板、橡皮膜和对开圆模。根据砂样的干密度及试样体积，称取所需的砂样质量，分三等份，将每份砂样填入橡皮膜内，填至该层要求的高度，依次第二层、第三层，直至膜内填满为止。当制备饱和试样时，在压力室底座上依次放透水板、橡皮膜和对开圆模，在模内注入纯水至试样高度的 1/3，将砂样分三等分，在水中煮沸，待冷却后分三层，按预定的干密度填入橡皮膜内，直至膜内填满为止。当要求的干密度较大时，在填砂过程中，应轻轻敲打对开圆模，使所称的砂样填满规定的体积，整平砂面，放上不透水板或透水板、试样帽，扎紧橡皮膜。对试样内部施加 5kPa 负压力使试样能站立，拆除对开圆模。

5）试样的安装，应按下列步骤进行：

① 在压力室的底座上，依次放上不透水板、试样及不透水试样帽，将橡皮膜用承膜筒套在试样外，并用橡皮圈将橡皮膜两端与底座及试样帽分别扎紧。

② 将压力室罩顶部活塞提高，放下压力室罩，将活塞对准试样中心，并均匀地拧紧底座连接螺母。向压力室内注满纯水，待压力室顶部排气孔有水溢出时，拧紧排气孔，并将活塞对准测力计和试样顶部。

③ 将离合器调至粗位，转动粗调手轮，当试样帽与活塞及测力计接近时，将离合器调至细位，改用细调手轮，使试样帽与活塞及测力计接触，装上变形指示计，将测力计和变形指示计调至零位。

④ 关排水阀，开周围压力阀，施加周围压力。

6）剪切试样应按下列步骤进行：

① 剪切应变速率宜为每分钟应变 0.5%～1.0%。

② 启动电动机，合上离合器，开始剪切。试样每产生 0.3%～0.4%的轴向应变（或 0.2mm 的变形值），测记一次测力计读数和轴向变形值。当轴向应变大于 3%时，试样每产生 0.7%～0.8%的轴向应变（或 0.5mm 变形值），测记一次。

③ 剪切应进行到轴向应变为 15%～20%。

④ 试验结束，关闭电动机及周围压力阀，打开排气孔，排除压力室内的水。脱开离合器，将离合器调至粗位，转动粗调手轮，将压力室降下，拆卸压力室罩，拆除试样，描述试样破坏形状，称量试样质量，并测定含水率。

7）试样饱和宜选用下列方法：

① 抽气饱和。按 1.3.2 节真空抽气饱和法进行试样饱和，试样饱和度按式（1-3）或式（1-4）计算。

② 水头饱和。

a. 将试样按下列步骤安装于压力室内。取下压力室罩，打开孔隙水压力阀和量管阀，对孔隙水压力系统及压力室底座充水排气后，关闭孔隙水压力阀和量管阀。压力室底座上依次放上透水板、湿滤纸、试样、湿滤纸、透水板，试样周围不贴滤纸条。将橡皮膜用承膜筒套在试样外，并用橡皮圈将橡皮膜下端与底座扎紧。打开孔隙水压力阀和量管阀，使水缓慢地从试样底部流入，排除试样内和试样与橡皮膜之间的气泡，关闭孔隙水压力阀和量管阀。打开排水阀，使试样帽中充水，放在透水板上，用橡皮圈将橡皮膜上端与试样帽扎紧，降低排水管，使管内水面位于试样中心以下 20～40cm，吸除试样与橡皮膜之间的余水，关排水阀。需要测定土的应力-应变关系时，应在试样与透水板之间放置中间夹有硅脂的两层圆形橡皮膜，膜中间应留有直径为 1cm 的圆孔排水。

b. 压力室罩安装、充水及测力计调整步骤。安装压力室罩后，打开周围压力阀和排气阀，使压力室充满水。将离合器调至粗位，转动粗调手轮，当试样帽与活塞及测力计接近时，将离合器调至细位，改用细调手轮，使试样帽与活塞及测力计接触。施加 20kPa

周围压力，并提高试样底部量管水位，降低试样顶部量管的水位，使两管水位差在 1m 左右，打开孔隙水压力阀、量管阀和排水管阀，使纯水从底部进入试样，从试样顶部溢出，直至流入水量和溢出水量相等为止。当需要提高试样的饱和度时，宜在水头饱和前，从底部将二氧化碳气体通入试样，置换孔隙中的空气。二氧化碳的压力宜为 5～10kPa，再进行水头饱和。

③ 反压力饱和。试样要求完全饱和时，应对试样施加反压力。反压力系统和周围压力系统相同（对不固结不排水剪试验可用同一套设备施加），但应用双层体变管代替排水量管。试样装好后，调节孔隙水压力等于大气压力，关闭孔隙水压力阀、反压力阀、体变管阀，测记体变管读数。打开周围压力阀，先对试样施加 20kPa 的周围压力；打开孔隙水压力阀，待孔隙水压力变化稳定，测记读数，关闭孔隙水压力阀。反压力应分级施加，同时应分级施加周围压力，以尽量减少对试样的扰动。周围压力和反压力的每级增量宜为 30kPa，打开体变管阀和反压力阀，同时施加周围压力和反压力，缓慢打开孔隙水压力阀，检查孔隙水压力增量，待孔隙水压力稳定后，测记孔隙水压力和体变管读数，再施加下一级周围压力和孔隙水压力。计算每级周围压力引起的孔隙水压力增量，当孔隙水压力增量与周围压力增量之比 $\Delta\mu/\Delta\sigma_3>0.98$ 时，认为试样饱和。

注意事项：切取试样前检查切土盘直径是否符合要求，调整切土盘；3～4 个试样应尽量在同一位置上，保证试样间的均匀性；试验前检查应变控制式三轴仪是否漏气、漏水，并将排水管、孔压量管排出气泡，充满纯水；检查橡皮膜是否漏气；调整适宜的剪切应变速率。

8.1.5　试验数据分析

不固结不排水剪切试验记录表见表 8-2。

表 8-2　不固结不排水剪切试验记录表

工程名称：________　　　　试验人员：________
试样编号：________　　　　计算人员：________
试验日期：________　　　　校核人员：________

<table>
<tr><td rowspan="5">含水率</td><td>盒号</td><td></td><td></td><td></td><td rowspan="5">试样
草图</td><td rowspan="5"></td></tr>
<tr><td>湿土质量/g</td><td></td><td></td><td></td></tr>
<tr><td>干土质量/g</td><td></td><td></td><td></td></tr>
<tr><td>含水率/%</td><td></td><td></td><td></td></tr>
<tr><td>平均含水率/%</td><td></td><td></td><td></td></tr>
<tr><td rowspan="5">密度</td><td>试样面积/cm²</td><td></td><td></td><td></td><td rowspan="5">试样破
坏描述</td><td rowspan="5"></td></tr>
<tr><td>试样高度/cm</td><td></td><td></td><td></td></tr>
<tr><td>试样体积/cm</td><td></td><td></td><td></td></tr>
<tr><td>试样质量/g</td><td></td><td></td><td></td></tr>
<tr><td>密度/（g/cm³）</td><td></td><td></td><td></td></tr>
</table>

续表

钢环系数/（N/0.01mm）						
剪切速度/（mm/min）						
周围压力/kPa						
不排水剪切	轴向变形/（0.01mm）					
	轴向应变 ε/%					
	校正断面面积 $\frac{A_0}{1-\varepsilon}$/$cm^2$					
	钢环读数/（0.01mm）					
	主应力差$(\sigma_1-\sigma_3)$/kPa					

成果整理参考下列方法。

1）轴向应变应按下式计算：

$$\varepsilon_1=\frac{\Delta h_1}{h_0}\times 100 \tag{8-2}$$

式中：ε_1——轴向应变，%；

Δh_1——剪切过程中试样的高度变化，mm；

h_0——试样初始高度，mm。

2）试样的校正断面面积应按下式计算：

$$A_a=\frac{A_0}{1-\varepsilon_1} \tag{8-3}$$

式中：A_a——试样的校正断面面积，cm^2；

A_0——试样的初始断面面积，cm^2。

3）主应力差应按下式计算：

$$\sigma_1-\sigma_3=\frac{CR}{A_a}\times 10 \tag{8-4}$$

式中：$\sigma_1-\sigma_3$——主应力差，kPa；

σ_1——大总主应力，kPa；

σ_3——小总主应力，kPa；

C——测力计率定系数，N/0.01mm 或 N/mV；

R——测力计读数，0.01mm；

10——单位换算系数。

4）以主应力差为纵坐标，轴向应变为横坐标，绘制主应力差与轴向应变关系曲线（图 8-8）。取曲线上主应力差的峰值作为破坏点；若无峰值时，取 15%轴向应变时的主应力差值作为破坏点。

5）以剪应力为纵坐标，法向应力为横坐标，在横坐标轴以破坏时的$\frac{\sigma_{1f}+\sigma_{3f}}{2}$为圆心，以 $\frac{\sigma_{1f}-\sigma_{3f}}{2}$ 为半径，在 τ–σ 应力平面上绘制破损应力圆，并绘制不同周围压力下破损应力圆的包线，求出不固结不排水强度参数（图 8-9）。

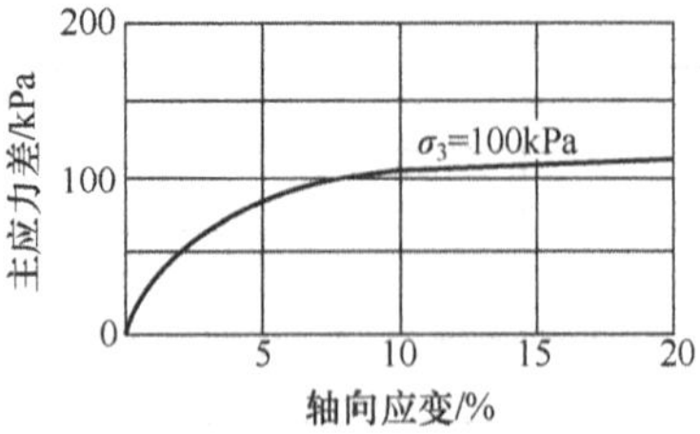

图 8-8　主应力差与轴向应变关系曲线

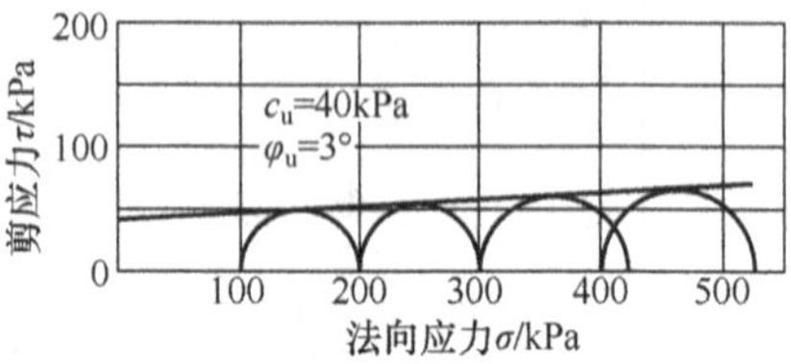

图 8-9　不同周围压力下破损应力圆及其包线

8.2　固结不排水剪切试验

8.2.1　试验目的

固结不排水剪切（CU）试验中，试样在施加周围压力时，允许试样充分排水，待固结稳定后，再在不排水的条件下施加轴向压力，直至试样剪切破坏；同时在受剪过程中测定土体的孔隙水压力，测得总应力抗剪强度指标和有效应力抗剪强度指标。本试验适用于在一定应力条件下，已固结排水的土体，且应力增加时，也不排水，如水库水位骤降情况。固结不排水剪切试验适用于细粒土和粒径小于 20mm 的粗粒土。试验目的同 8.1.1 节。

8.2.2　试验原理及方法

基本原理同 8.1.2 节。

8.2.3　试验仪器

试验仪器同 8.1.3 节。

8.2.4　试验步骤

本试验必须制备 3 个以上性质相同的试样，在不同的周围压力下进行试验（试验宜在恒温条件下进行）。周围压力宜根据工程实际荷重确定。对于填土，最大一级周围压力应与最大的实际荷重大致相等。

1）试样的安装，应按下列步骤进行：

① 打开孔隙水压力阀和量管阀，对孔隙水压力系统及压力室底座充水排气后，关闭孔隙水压力阀和量管阀。压力室底座上依次放上透水板、湿滤纸、试样、湿滤纸、透水板，试样周围贴浸水的滤纸条 7～9 条。将橡皮膜用承膜筒套在试样外，并用橡皮圈将橡皮膜下端与底座扎紧。打开孔隙水压力阀和量管阀，使水缓慢地从试样底部流入，排除试样与橡皮膜之间的气泡，关闭孔隙水压力阀和量管阀。打开排水阀，使试样帽中充水，放在透水板上，用橡皮圈将橡皮膜上端与试样帽扎紧，降低排水管，使管内水面位

于试样中心以下 20～40cm，吸除试样与橡皮膜之间的余水，关闭排水阀。需要测定土的应力-应变关系时，应在试样与透水板之间放置中间夹有硅脂的两层圆形橡皮膜，膜中间应留有直径为 1cm 的圆孔排水。

② 压力室罩安装、充水及测力计调整步骤。将压力室罩顶部活塞提高，放下压力室罩，将活塞对准试样中心，并均匀地拧紧底座连接螺母。向压力室内注满纯水，待压力室顶部排气孔有水溢出时，拧紧排气孔，并将活塞对准测力计和试样顶部。将离合器调至粗位，转动粗调手轮，当试样帽与活塞及测力计接近时，将离合器调至细位，改用细调手轮，使试样帽与活塞及测力计接触，装上变形指示计，将测力计和变形指示计调至零位。

2）试样排水固结应按下列步骤进行：

① 调节排水管使管内水面与试样高度的中心齐平，测记排水管水面读数。

② 打开孔隙水压力阀，使孔隙水压力等于大气压力，关闭孔隙水压力阀，记下初始读数。当需要施加反压力时，反压力系统和周围压力系统相同，但应用双层体变管代替排水量管。试样装好后，调节孔隙水压力等于大气压力，关闭孔隙水压力阀、反压力阀、体变管阀，测记体变管读数。打开周围压力阀，先对试样施加 20kPa 的周围压力，打开孔隙水压力阀，待孔隙水压力变化稳定，测记读数，关闭孔隙水压力阀。反压力应分级施加，同时分级施加周围压力，以尽量减少对试样的扰动。周围压力和反压力的每级增量宜为 30kPa，打开体变管阀和反压力阀，同时施加周围压力和反压力，缓慢打开孔隙水压力阀，检查孔隙水压力增量，待孔隙水压力稳定后，测记孔隙水压力和体变管读数，再施加下一级周围压力和孔隙水压力。计算每级周围压力引起的孔隙水压力增量，当孔隙水压力增量与周围压力增量之比 $\Delta\mu/\Delta\sigma_3>0.98$ 时，认为试样饱和。

③ 将孔隙水压力调至接近周围压力值，施加周围压力后，再打开孔隙水压力阀，待孔隙水压力稳定测定孔隙水压力。

④ 打开排水阀。按下列时间顺序测记排水管水面和孔隙水压力读数。时间为 15s、1min、2min15s、4min、6min15s、9min、12min15s、16min、20min15s、25min、30min15s、36min、42min15s、49min、64min、100min、200min、400min、23h、24h，直至孔隙水压力消散 95%以上。固结完成后，关排水阀，测记孔隙水压力和排水管水面读数。

⑤ 微调压力机升降台，使活塞与试样接触，此时轴向变形指示计的变化值为试样固结时的高度变化。

3）剪切试样应按下列步骤进行：

① 剪切应变速率黏土宜为每分钟应变 0.05%～0.1%；粉土为每分钟应变 0.1%～0.5%。

② 将测力计、轴向变形指示计调整至零。

③ 启动电动机，合上离合器，开始剪切。测力计读数、轴向变形值、孔隙水压力的测记应以试样每产生 0.3%～0.4%的轴向应变（或 0.2mm 变形值），测记一次。当轴向应变大于 3%时，试样每产生 0.7%～0.8%的轴向应变（或 0.5mm 变形值），测记一次。剪切应进行到轴向应变为 15%～20%。

④ 试验结束，关闭电动机及各阀门，打开排气孔，排除压力室内的水。脱开离合器，将离合器调至粗位，转动粗调手轮，将压力室降下，拆卸压力室罩，拆除试样，描述试样破坏形状，称量试样质量，并测定试样含水率。

8.2.5　试验数据分析

固结不排水剪切试验记录表见表 8-3。

表 8-3　固结不排水剪切试验记录表

工程名称：＿＿＿＿＿　　试验人员：＿＿＿＿＿

试样编号：＿＿＿＿＿　　计算人员：＿＿＿＿＿

试验日期：＿＿＿＿＿　　校核人员：＿＿＿＿＿

	项目	试验前		试验后	
含水率	盒号				
	湿土质量/g				
	干土质量/g				
	含水率/%				
	平均含水率/%				
密度	试样高度/cm				
	试样体积/cm^3				
	试样质量/g				
	密度/（g/cm^3）				
反压力饱和	周围压力/kPa				
	反压力/kPa				
	孔隙水压力/kPa				
	孔隙水压力增量/kPa				
固结不排水	周围压力＿＿kPa　反压力＿＿kPa　孔隙水压力＿＿kPa				
	经过时间/（h min s）				
	孔隙水压力/kPa				
	量管读数/mL				
	排出水量/mL				
不排水剪切	钢环系数＿＿＿N/0.01mm　剪切速率＿＿＿mm/min　周围压力＿＿＿kPa 反压力＿＿＿kPa　初始孔隙压力＿＿＿kPa　温度＿＿＿℃				
	轴向变形/（0.01mm）				
	轴向应变 ε /%				
	校正断面面积 $\frac{A_0}{1-\varepsilon}\Big/cm^2$				
	钢环读数/（0.01mm）				
	主应力差 $(\sigma_1-\sigma_3)$ /kPa				
	孔隙水压力/kPa				
	有效大主应力 σ_1' /kPa				
	有效小主应力 σ_3' /kPa				
	有效主应力 σ_1'/σ_3'				
	$\frac{\sigma_1'-\sigma_3'}{2}\Big/kPa$				
	$\frac{\sigma_1'+\sigma_3'}{2}\Big/kPa$				

成果整理参考下列方法。

1）试样固结后的高度应按下式计算：

$$h_c = h_0\left(1-\frac{\Delta V}{V_0}\right)^{1/3} \tag{8-5}$$

式中：h_c——试样固结后的高度，cm；

h_0——试样初始高度，mm；

ΔV——试样固结后与固结前的体积变化，cm^3。

2）试样固结后的面积应按下式计算：

$$A_c = A_0\left(1-\frac{\Delta V}{V_0}\right)^{2/3} \tag{8-6}$$

式中：A_c——试样固结后的断面积，cm^2；

A_0——试样的初始断面积，cm^2；

V_0——试样的初始体积，cm^3。

3）试样的校正断面面积应按式（8-4）和式（8-5）计算。

4）主应力差按式（8-6）计算。

5）有效主应力比按下式计算：

① 有效大主应力。

$$\sigma_1' = \sigma_1 - u \tag{8-7}$$

式中：σ_1'——有效大主应力，kPa；

u——孔隙水压力，kPa。

② 有效小主应力。

$$\sigma_3' = \sigma_3 - u \tag{8-8}$$

式中：σ_3'——有效小主应力，kPa。

③ 有效主应力比。

$$\frac{\sigma_1'}{\sigma_3'} = 1+\frac{\sigma_1'-\sigma_3'}{\sigma_3'} \tag{8-9}$$

6）孔隙水压力系数按下式计算：

① 初始孔隙水压力系数。

$$B = \frac{u_0}{\sigma_3} \tag{8-10}$$

式中：B——初始孔隙水压力系数；

u_0——施加周围压力产生的孔隙水压力，kPa。

② 破坏时孔隙水压力系数。

$$A_f = \frac{u_f}{B(\sigma_1-\sigma_3)} \tag{8-11}$$

式中：A_f——破坏时孔隙水压力系数；

　　u_f——试样破坏时，主应力差产生的孔隙水压力，kPa。

7）主应力差与轴向应变关系曲线，按以主应力差为纵坐标，轴向应变为横坐标，绘制主应力差-轴向应变关系曲线。取曲线上主应力差的峰值作为破坏点；无峰值时，取15%轴向应变时的主应力差作为破坏点。

8）以有效应力比为纵坐标，轴向应变为横坐标，绘制有效应力比与轴向应变关系曲线（图 8-10）。

9）以孔隙水压力为纵坐标，轴向应变为横坐标，绘制孔隙水压力与轴向应变关系曲线（图 8-11）。

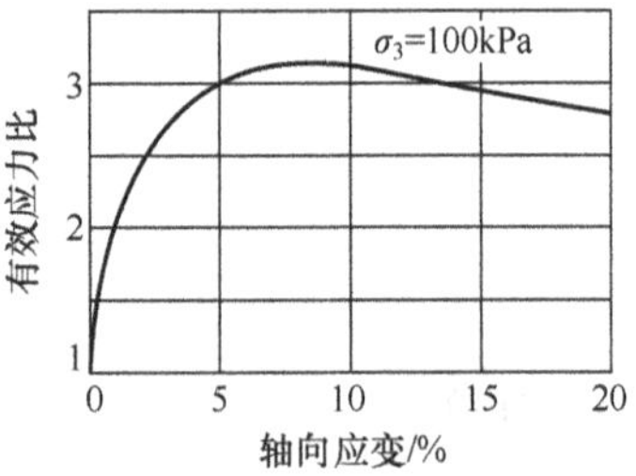

图 8-10　有效应力比与轴向应变关系曲线

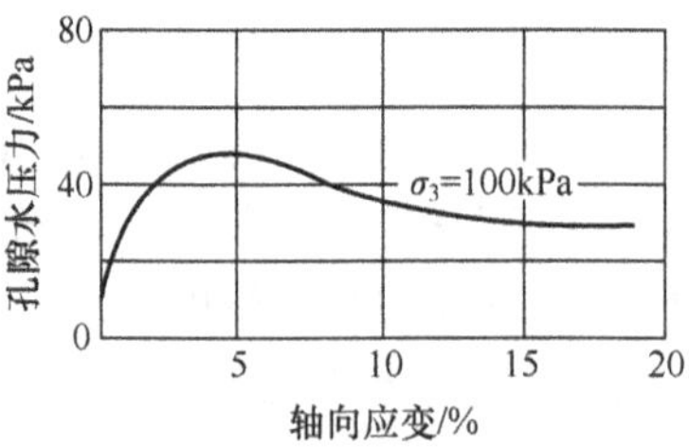

图 8-11　孔隙水压力与轴向应变关系曲线

10）以 $\dfrac{\sigma_1'-\sigma_3'}{2}$ 为纵坐标，$\dfrac{\sigma_1'+\sigma_3'}{2}$ 为横坐标，绘制有效应力路径曲线（图 8-12）。

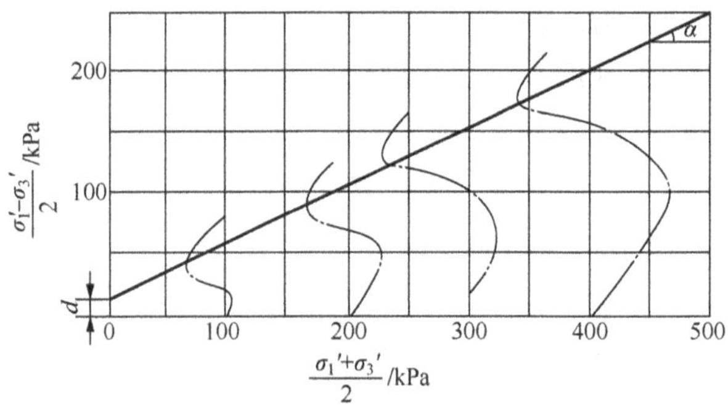

图 8-12　有效应力路径曲线

11）计算有效内摩擦角和有效黏聚力：

① 有效内摩擦角。

$$\varphi' = \sin^{-1}\tan\alpha \tag{8-12}$$

式中：φ'——有效内摩擦角，(°)；

　　α——应力路径图上破坏点连线的倾角，(°)。

② 有效黏聚力。

$$c' = \frac{d}{\cos\varphi'} \tag{8-13}$$

式中：c'——有效黏聚力，kPa；

　　d——有效应力路径上破坏点连线在纵轴上的截距，kPa。

12）取主应力差或有效主应力比的峰值作为破坏点；若无峰值时，以有效应力路径的密集点或轴向应变 15%时的主应力差值作为破坏点。按以剪应力为纵坐标，法向应力为横坐标，在横坐标轴以破坏时的$\frac{\sigma_{1f}+\sigma_{3f}}{2}$为圆心，以$\frac{\sigma_{1f}-\sigma_{3f}}{2}$为半径，在 τ–σ 应力平面上绘制破损应力圆及不同周围压力下的破损应力圆的包线，并求出总应力强度参数；有效内摩擦角和有效黏聚力，应以$\frac{\sigma_1'+\sigma_3'}{2}$为圆心，$\frac{\sigma_1'+\sigma_3'}{2}$为半径绘制有效破损应力圆的包线确定（图 8-13）。

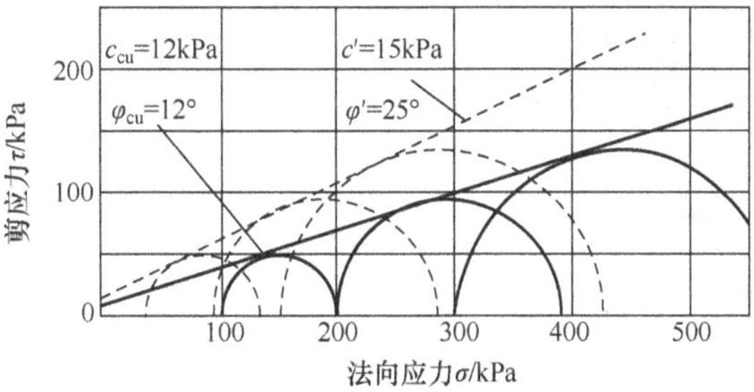

图 8-13　固结不排水剪切有效破损应力圆及其包线

8.3　固结排水剪切试验

8.3.1　试验目的

固结排水剪切（CD）试验中，试样先在周围压力下排水固结，然后允许试样在充分排水的条件下增加轴向压力直至破坏，同时在试验过程中测量并读取排水量以计算试样体积变化，可以测得有效应力抗剪强度指标。本试验适用于排水条件好的土体，施工进度慢但在施工期不产生孔隙水压力的土体。固结排水剪切试验方法适用于细粒土和粒径小于 20mm 的粗粒土。试验目的同 8.1.1 节。

8.3.2　试验原理及方法

基本原理同 8.1.2 节。

8.3.3　试验仪器

试验仪器同 8.1.3 节。

8.3.4　试验步骤

本试验必须制备 3 个以上性质相同的试样，在不同的周围压力下进行试验（试验宜在恒温条件下进行）。周围压力宜根据工程实际荷重确定。对于填土，最大一级周围压力应与最大的实际荷重大致相等。

1）试样的安装、排水固结操作步骤与 8.2.4 节 1）、2）相同。

2）剪切试样应按下列步骤进行：

① 剪切应变速率采用每分钟应变 0.003%～0.012%。

② 将测力计、轴向变形指示计均调整至零。

③ 启动电动机，合上离合器，打开排水阀，开始剪切。测力计读数、轴向变形值、孔隙水压力测记应以试样每产生 0.3%～0.4%的轴向应变（或 0.2mm 变形值），测记一次测力计读数和轴向变形值。当轴向应变大于 3%时，试样每产生 0.7%～0.8%的轴向应变（或 0.5mm 变形值），测记一次。剪切应进行到轴向应变为 15%～20%。

④ 试验结束，关闭电动机及各阀门，打开排气孔，排除压力室内的水。脱开离合器，将离合器调至粗位，转动粗调手轮，将压力室降下，拆卸压力室罩，拆除试样，描述试样破坏形状，称量试样质量，并测定试样含水率。

8.3.5 试验数据分析

固结排水剪切试验记录表见表 8-4。

表 8-4 固结排水剪切试验记录表

<table>
<tr><td colspan="6">工程名称：________　　　　试验人员：________
试样编号：________　　　　计算人员：________
试验日期：________　　　　校核人员：________</td></tr>
<tr><td rowspan="6">含水率</td><td>项目</td><td colspan="2">试验前</td><td colspan="2">试验后</td></tr>
<tr><td>盒号</td><td></td><td></td><td></td><td></td></tr>
<tr><td>湿土质量/g</td><td></td><td></td><td></td><td></td></tr>
<tr><td>干土质量/g</td><td></td><td></td><td></td><td></td></tr>
<tr><td>含水率/%</td><td></td><td></td><td></td><td></td></tr>
<tr><td>平均含水率/%</td><td colspan="2"></td><td colspan="2"></td></tr>
<tr><td rowspan="4">密度</td><td>试样高度/cm</td><td colspan="2"></td><td colspan="2"></td></tr>
<tr><td>试样体积/cm³</td><td colspan="2"></td><td colspan="2"></td></tr>
<tr><td>试样质量/g</td><td colspan="2"></td><td colspan="2"></td></tr>
<tr><td>密度/（g/cm³）</td><td colspan="2"></td><td colspan="2"></td></tr>
<tr><td rowspan="4">反压力饱和</td><td>周围压力/kPa</td><td colspan="2"></td><td colspan="2"></td></tr>
<tr><td>反压力/kPa</td><td colspan="2"></td><td colspan="2"></td></tr>
<tr><td>孔隙水压力/kPa</td><td colspan="2"></td><td colspan="2"></td></tr>
<tr><td>孔隙水压力增量/kPa</td><td colspan="2"></td><td colspan="2"></td></tr>
<tr><td rowspan="5">固结排水</td><td colspan="5">周围压力____kPa　反压力_____kPa　孔隙水压力____kPa</td></tr>
<tr><td>经过时间/（h min s）</td><td colspan="2"></td><td colspan="2"></td></tr>
<tr><td>孔隙水压力/kPa</td><td colspan="2"></td><td colspan="2"></td></tr>
<tr><td>量管读数/mL</td><td colspan="2"></td><td colspan="2"></td></tr>
<tr><td>排出水量/mL</td><td colspan="2"></td><td colspan="2"></td></tr>
</table>

续表

排水剪切	钢环系数______N/0.01mm　剪切速率______mm/min　周围压力______kPa 反压力______kPa　初始孔隙压力______kPa　温度______℃		
	轴向变形/（0.01mm）		
	轴向应变 ε /%		
	校正断面面积 $\dfrac{V_c-\Delta V_i}{h_c-\Delta h_i}$ /cm^2		
	钢环读数/（0.01mm）		
	主应力差 $(\sigma_1-\sigma_3)$ /kPa		
	比值 $\dfrac{\varepsilon_a}{\sigma_1-\sigma_3}$		
	量管读数/mL		
	剪切排水量/cm^3		
	体应变 $\varepsilon_v=\dfrac{\Delta V}{V_c}$ /%		
	径向应变 $\varepsilon_r=\dfrac{\varepsilon_v-\varepsilon_a}{2}\times 10$		
	比值 $\dfrac{\varepsilon_r}{\varepsilon_a}$		
	应力比 $\dfrac{\sigma_1}{\sigma_3}$		

8.4　不同应力路径三轴试验

应力路径是应力状态变化的轨迹。研究不同应力路径条件下土的应力-应变关系对于揭示应力路径对土体力学特性的影响具有重要的学术和实用价值。1930 年美国哈佛大学卡萨格兰德研究用应力边界条件的圆柱形试样的压缩试验代替直剪试验，以确定土的强度指标，它可以完整地反映试样受力变形直到破坏的全过程，既可作强度试验，也可作应力-应变关系试验，它可以完整地反映试样受力变形直到破坏的全过程。

一个应力状态可以在应力平面或应力空间中用一个点表示，则应力状态的连续变化就可以用应力平面或应力空间中的一条线来表示。根据应力平面或应力空间、总应力或有效应力表示的不同，应力路径可以分为总应力路径和有效应力路径。

将三维问题二维化，可以在 $p-q$ 、$\sigma_1-\sigma_3$ 、$\sigma_1-\sqrt{2}\sigma_3$ 、$\tau-\sigma$ 等坐标系下绘制应力路径。图 8.14（a）表示 $\sigma_1-\sqrt{2}\sigma_3$ 面在主应力空间的位置；图 8.14（b）是 $\sigma_1-\sqrt{2}\sigma_3$ 面上的不同应力路径，图中上方的虚线是三轴压缩破坏包线，下方的虚线是三轴伸长破坏包线；图 8.14（c）是 $p-q$ 面上的应力路径，其中，M 为土体临界状态应力比；图 8.14（d）是 π 平面上的应力路径。

总的来说，应力路径有以下 3 个方面。

（1）固结试验

1）$\overrightarrow{OK_0}$ 表示 K_0 固结。

2）$\overrightarrow{AHC}$ 表示等向固结应力路径，图中的点 A 表示应力路径的起点（等向固结）。

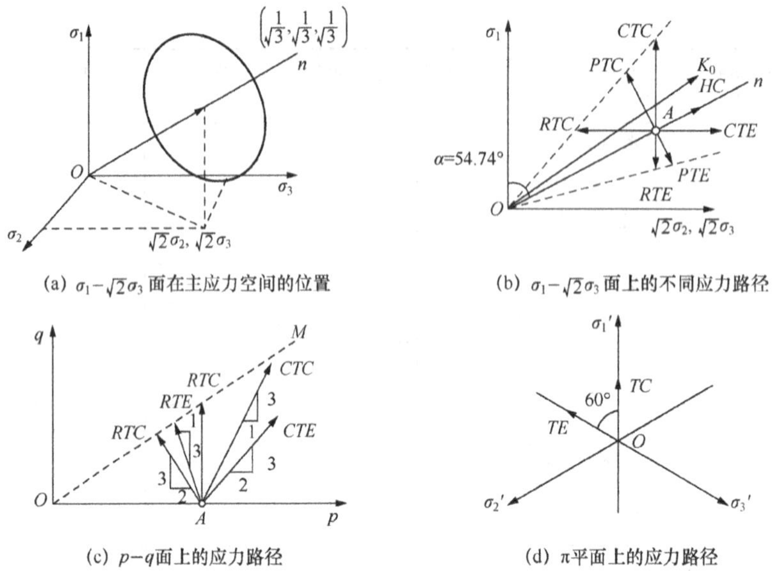

(a) $\sigma_1-\sqrt{2}\sigma_3$ 面在主应力空间的位置　(b) $\sigma_1-\sqrt{2}\sigma_3$ 面上的不同应力路径

(c) $p-q$面上的应力路径　(d) π平面上的应力路径

图 8-14　不同的应力路径

（2）三轴压缩试验

1）$\overrightarrow{ACTC}$ 表示常规三轴压缩试验应力路径，即周围压力不变，加垂直压力到破坏。

2）$\overrightarrow{ARTC}$ 表示减压三轴压缩试验应力路径，即大主应力不变，减周围压力到破坏。

3）$\overrightarrow{APTC}$ 表示平均主应力 p=常数的三轴压缩试验应力路径，试验中 $\Delta p=0$，$\Delta\sigma_1>0$，$\Delta\sigma_3<0$ 加荷到破坏。

（3）三轴伸长试验

1）$\overrightarrow{ACTE}$ 表示普通三轴伸长试验应力路径，即垂直压力不变，加周围压力到破坏。

2）$\overrightarrow{ARTE}$ 表示减压三轴伸长试验应力路径，即周围压力不变，垂直应力减少到破坏。

3）$\overrightarrow{APTE}$ 表示 $p=$ 常数的三轴伸长试验应力路径，试验中 $\Delta p=0$，$\Delta\sigma_1<0$，$\Delta\sigma_3>0$ 加荷到破坏。

本节以 K_0 固结剪切试验、等向应力固结剪切试验、减压三轴压缩试验为例，分别对不同应力路径下的剪切试验进行介绍。试验原理及方法、试验仪器同 8.1.2 和 8.1.3 节。

8.4.1　K_0 固结剪切试验

室内土样在侧限条件完成的固结，称为 K_0 固结。K_0 固结三轴试验即试样固结过程中的侧向变形等于零，测定的数据是轴向应变、体积应变和轴向应力；K_0 固结三轴试验的本质特点是控制 K_0 条件。试验的目的主要是在土样完成固结后采用与常规三轴试验基本相同的方法，测定强度指标和应力-应变关系。

1. 试验步骤

1）设计试验方案，确定固结应力，制备 3 个以上性质相同的试样，在不同的周围压力下进行试验。周围压力宜根据工程实际荷重确定。

2）制备土样，将试样统一在杠杆固结仪上预固结，目的是使土样成样。

3）将成样的土石混合体试样安装在 GDS 三轴试验仪上，排净各管路中的空气，先进行反压饱和待初始孔隙水压力系数 B 超过 0.95，再选择 K_0 固结模块，试验方法选择“CD”。

K_0 固结试验过程中判定加 $\Delta\sigma_3$ 的方法，提供 3 种选择：

① 依据孔压增量，即在 Δt 时间内，孔压增量≤设定值 Δu 时，自动加 $\Delta\sigma_3$。

② 依据排水增量，即在 Δt 时间内，排水增量≤设定值 Δl 时，自动加 $\Delta\sigma_3$。

③ 依据孔压和排水增量，只要①和②中一个条件满足就（增）加 $\Delta\sigma_3$。

考虑试样中超孔隙水压力消散时间和试验操作时间，控制加压速率为 0.25kPa/min，既能保证固结效果，又可以使试样在固结过程中充分排水。

4）开始 K_0 固结试验时，先施加 σ_3 进行预压，一般可设 20～30kPa。设置固结应力，如分别设置为 0.1MPa、0.2MPa、0.5MPa、1.0MPa、2.0MPa，试样固结过程中排水速度符合标准要求时（排水体积不大于 $60mm^3$），认为固结过程完成。

5）固结完成后，测量试样的高度和质量。

6）固结后剪切应按下列步骤进行：

① 剪切应变速率。黏土宜采用每分钟应变 0.05%～0.1%；粉土宜采用每分钟应变 0.1%～0.5%。

② 将测力计、轴向变形指示计调整至零。

③ 启动电动机，合上离合器，开始剪切。测力计读数、轴向变形值、孔隙水压力的测记应以试样每产生 0.3%～0.4%的轴向应变（或 0.2mm 变形值），测记一次。当轴向应变大于 3%时，试样每产生 0.7%～0.8%的轴向应变（或 0.5mm 变形值），测记一次。剪切应进行到轴向应变为 15%～20%。

④ 试验结束，关闭电动机及各阀门，打开排气孔，排除压力室内的水。脱开离合器，将离合器调至粗位，转动粗调手轮，将压力室降下，拆卸压力室罩，拆除试样，描述试样破坏形状，称量试样质量，并测定试样含水率。

2. 试验数据分析

试验结果处理，可根据剪切条件参照 8.1.5 节、8.2.5 节、8.3.5 节的试验数据分析内容。

8.4.2　等向应力固结剪切试验

等向应力固结剪切试验是在三轴压力室中用静水压力通过橡皮膜向试样施加围压 σ_c。这时试样应力状态为 $\sigma_1=\sigma_2=\sigma_3=\sigma_c$。不断增加围压，同时量测试样的体积变化。试验表明随着围压 $\sigma_c=p$ 的增加，相同应力增量引起的体应变增量越来越小，在卸载时试样发生回弹，再加载的曲线并不完全与卸载曲线重合，产生回圈。当进行不排水试验时，可测量试样孔压，试样孔压与施加室压之比 $\dfrac{\Delta U}{\Delta\sigma_c}$ 即为 B，B 反映了试验土的饱和程度。

1. 试验步骤

1）设计试验方案，确定固结应力，制备 3 个以上性质相同的试样，在不同的周围压力下进行试验。周围压力宜根据工程实际荷重确定。

2）制备土样，将试样统一在杠杆固结仪上预固结，目的是土样成样。

3）将成样的土石混合体试样安装在 GDS 三轴试验仪上，排净各管路中的空气，先进行反压饱和待初始孔隙压力系数 B 检测超过 0.95，再选择等向固结模块。

判定固结过程结束的方法如下。

① 以孔隙水压力消散判定，如果固结度达到设定值自动结束固结过程。

② 以排水增量判定，如果 Δt 时间内试样的排水增量不大于设定值 ΔV 自动结束固结过程。

③ 以孔隙水压力消散和排水增量判定，只要①和②中一个条件满足就结束固结过程。

④ 人工用“过程结束”命令结束固结过程。除特殊试验外建议不要选择此方法。

4）固结过程采集时间。固结过程在 400min 前按下列时间间隔采集 20 次数据：15s、1min、4min、9min、16min、25min、36min、49min、64min、81min、100min、121min、144min、169min、196min、225min、256min、289min、324min、400min；400min 后采集间隔为 60min。固结过程可保存 40 次数据，如果采集数据超过 40 次，第 40 次数据为最后一次采集的数据。

5）固结完成后，测量试样的高度和质量。

6）固结后剪切应按下列步骤进行：

① 剪切应变速率。UU 剪切宜采用每分钟应变 0.5%～1.0%；CU 剪切宜采用每分钟应变 0.05%～0.5%；CD 剪切宜采用每分钟应变 0.003%～0.012%。

② 将测力计、轴向变形指示计调整至零。

③ 启动电动机，合上离合器，开始剪切。测力计读数、轴向变形值、孔隙水压力测记应以试样每产生 0.3%～0.4%的轴向应变（或 0.2mm 变形值），测记一次。当轴向应变大于 3%时，试样每产生 0.7%～0.8%的轴向应变（或 0.5mm 变形值），测记一次。剪切应进行到轴向应变为 15%～20%。

④ 试验结束，关闭电动机及各阀门，打开排气孔，排除压力室内的水。脱开离合器，将离合器调至粗位，转动粗调手轮，将压力室降下，拆卸压力室罩，拆除试样，描述试样破坏形状，称量试样质量，并测定试样含水率。

2. 试验数据分析

试验结果处理，可根据剪切条件参照 8.1.5 节、8.2.5 节和 8.3.5 节的试验数据分析内容。

8.4.3　减压三轴压缩试验

试样首先在一定应力状态下被固结。试验中轴向应力为大主应力且保持不变，围压逐渐减小，试样被轴向压缩。对于黏土，当初始大主应力足够大时，试样可被压缩破坏；而砂土的破坏与初始应力值无关，最终都会因减压压缩而破坏。

1. 试验步骤

1）根据试验方案，设计应力路径。

2）制备试样不少于 3 个，测定各试样的天然含水率，并通过抽气饱和法配制试样为饱和试样。

3）依次将试样分别在对应设计围压下完成固结。

4）根据试样的静止土压力系数 K_0 将轴压分别增加至设计应力；分别保持试样上述轴压 σ_1 不变，以某一速率逐步减小围压 σ_3，直到各试样轴向变形稳定，观测其变形破坏情况。

5）试验结束后，关闭周围压力阀，尽快拆除压力室罩，取下试样称量，并测定剪切后的含水率。

2. 试验数据分析

试验结果处理可根据剪切条件参照 8.1.5 节、8.2.5 节和 8.3.5 节的试验数据分析。

8.4.4 实例——黑方台滑坡土体三轴剪切试验

为揭露孔隙水压力导致滑坡失稳破坏的破坏机理，本案例以黑方台黄土滑坡为例，采用重塑黄土通过室内三轴试验进行了等压固结不排水剪切（isobaric consolidated undrained shear，ICU）和逐渐增加孔隙水压力的常偏应力排水剪切（constant deviatoric stress drained shear，CSD）试验，研究地下水位逐渐上升过程中土体的变形破坏过程和滑坡从局部变形朝着整体失稳破坏发展的破坏规律。由于黑方台突发型黄土滑坡的变形破坏受到地下水位的影响，为进一步从成因机理上定量化分析地下水位使滑坡开始变形的过程，利用原状黄土进行了多级增加孔隙水压力的常偏应力排水剪切试验，研究水位增长过程中土体变形从稳定到不稳定的临界孔隙水压力。

1. 试验背景

试验土样取自黑方台陈家 3#黄土滑坡后壁底部，距原地面高度约 25m。为尽可能减少取样对黄土的扰动，首先挖去地面表层约 1m 厚黄土，切割出边长 0.3m 的块状土样，然后用土工刀将块状土样削成高 20cm，直径 10cm 的圆柱状土样，并用保鲜膜将其密封，装入按尺寸定做的对开式 PVC 取样管中，侧壁以散的粉土进行填充，用胶带保鲜膜再次密封。将取样管规则排列进行装箱，箱中以现场散土进行填充，对箱体进行蜡封。

2. 试验方案

由于原状土样数量所限，首先采用重塑黄土进行常偏应力排水剪切（CSD 重塑）试验，研究地下水上升过程中黄土的破坏过程；再采用原状黄土进行多级增加孔隙水压力的常偏应力排水剪切（CSD 原状）试验，为尽量还原现场实际情况，通过多级孔压的缓慢加载得到土体变形失稳的临界孔隙水压力。当滑坡变形开始迅速发展时，对应着土体完全饱和并从局部破坏向液化流动转变的过程，在此过程中认为黄土本身的结构已基本破坏，因此采用重塑黄土进行 ICU 试验，从理论上解释了滑坡从变形向液化破坏发展的过程。

对取回的原状样进行二次削制，利用原状土样制样仪器小心地将土样削制成高 10cm，直径 5cm 的圆柱状样，而土体重塑样则控制其主要物理特性与原状黄土一致（表 8-5）。试验采用三步饱和法，在 20kPa 的围压下采用 CO_2 排气；然后继续在 20kPa 围压作用下利用水泵对试样进行饱和；最终进行反压饱和，当 B 值不小于 0.98 时，视为试样达到饱和。试样饱和后，首先对试样在要求的最小有效固结应力下进行等压固结，接下来试样按照现场 K_0 应力条件缓慢增加轴向荷载，使之完成偏压固结。对于 ICU 试验，剪切过程中控制轴向位移速率为 0.01mm/min，直至试样破坏；对于逐渐增加孔隙水压力的 CSD 试验，保持试样所受总应力不变，以 10kPa/h 速率线性增加反压进行剪切直到破坏；对于多级增加孔隙水压力的 CSD 试验，保持试样所受总应力不变，通过缓慢多级增加反压的方式（加载速率前期为 20kPa/h，后期为 2kPa/h），当土体轴向变形没有明显变化时，稳压一段时间后加载下一级反压，直至轴向变形速率产生突增并不再趋缓而破坏。ICU 和 CSD 试验方案见表 8-6。

表 8-5 黑方台（原状）黄土基本物理特性

质量含水率ω/%	天然密度/(g/cm^3)	土体比重	孔隙率	粒径分布占比/%		
				>0.075mm	0.075～0.005mm	<0.005mm
10	1.55	2.69	0.86	24.5	60.7	14.8

表 8-6 ICU 和 CSD 试验方案

试样	B 值	有效固结应力/kPa	
		σ_1'	σ_3'
ICU 1	0.984	50	50
ICU 2	0.984	100	100
ICU 3	0.983	150	150
ICU 4	0.983	200	200
ICU 5	0.984	300	300
CSD1（重塑）	0.984	200	150
CSD2（重塑）	0.984	400	200
CSD3（重塑）	0.984	600	450
CSD1（原状）	0.984	200	100
CSD2（原状）	0.984	300	150
CSD3（原状）	0.984	400	200

3. 结果与讨论

ICU 试验和 CSD（重塑）试验结果如图 8-15 和图 8-16 所示，ICU 试验试样在轴向应变不足 2%时达到峰值强度，随后强度迅速降低，产生明显的应变软化特征，而试样

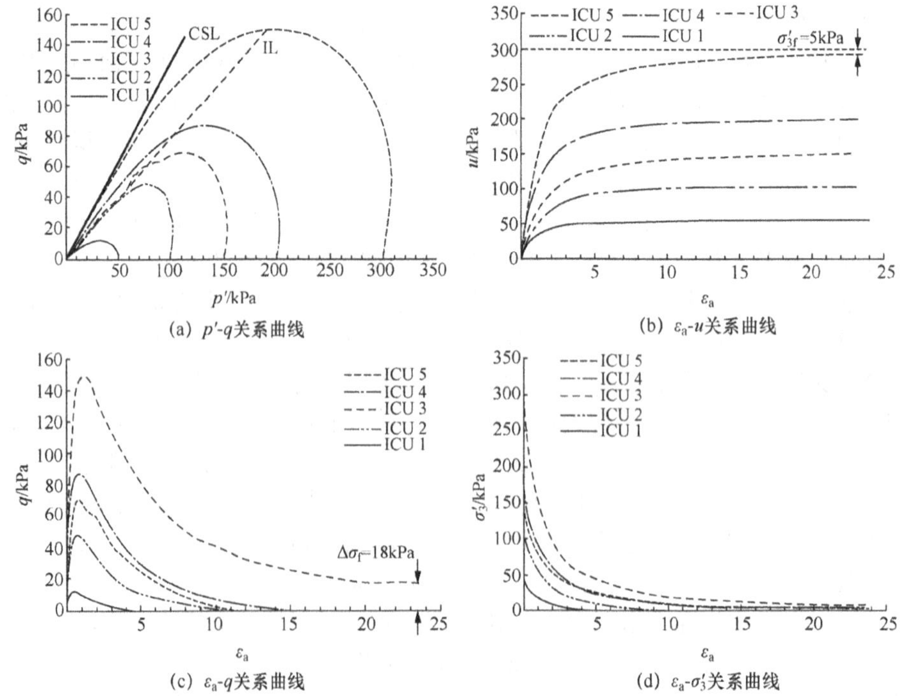

(a) p'-q关系曲线 (b) ε_a-u关系曲线

(c) ε_a-q关系曲线 (d) ε_a-σ_3'关系曲线

p'—平均有效应力；q —广义剪应力；u —孔隙水压力；ε_a —体应变；σ_3'—水平有效固结应力。

图 8-15 ICU 试验结果

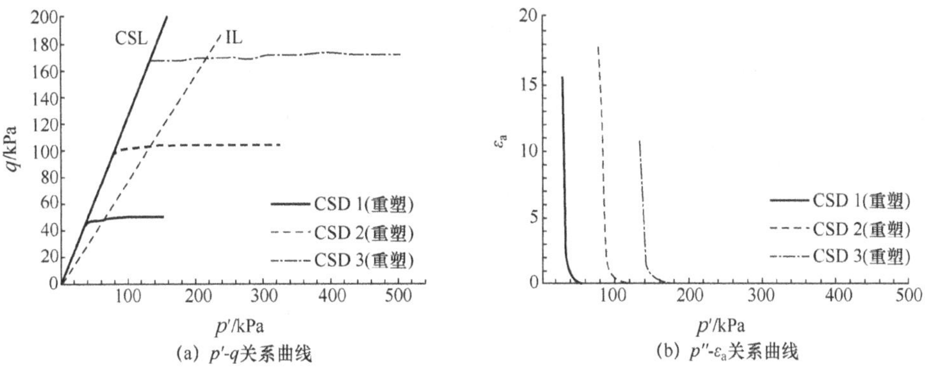

图 8-16　CSD（重塑）试验结果

破坏时没有形成明显的局部剪切带；其中 ICU 1～ICU 4 的土样其应力路径显示试样的稳定状态都处于零有效应力状态，表现出了明显的液化特征，而 ICU 5 试验同样出现了有效应力的迅速下降，至轴向应变达 24%时，偏应力仅有 18kPa，对应其孔隙水压力达到 295kPa，有效应力的迅速降低和超孔隙水压力的出现表明了土体会表现出明显的液化特征。

由 ICU 试验结果表明，黄土中增长的孔隙水压力使土体有效应力减小，在小应变状态下土体即可产生超孔隙水压力，有效应力路径也从微观上反映了突发型黄土滑坡随着超孔隙水压力的增长而发生液化的现象。CSD（重塑）试验反映了在排水条件下孔隙水压力增长过程中土体的破坏。试验结果可见，模拟地下水引起的孔隙水压力逐渐增加过程中，平均有效应力逐渐减小，偏应力保持不变，而轴向应变开始非常缓慢，直至平均有效应力减小至达到破坏线（critical state line，CSL）时轴向应变突然迅速增大，此时伴随着孔隙水压力的迅速增大，土体破坏。

ICU 试验结果表明，随着土体中孔隙水压力的增长，土体可以产生明显的应变软化和液化特征，在不排水条件下，土体在小应变条件下孔隙水压力迅速增大，平均有效应力也迅速降低，土体表现出明显的液化特征。CSD（重塑）试验结果表明，随着地下水上升引起的静孔隙水压力不断增加，土体的应力路径从稳定区域进入不稳定区域，而在稳定区域内，地下水的上升对应的孔隙水压力增加对土体产生很小的影响，土体在孔隙水压力很小的条件下仅产生微弱的轴向变形，而当土体应力路径稍稍穿过破坏面达到不稳定区域，破坏开始发生，即偏应力很难维持常数，随着轴向应变的迅速增大，土体也迅速破坏。

CSD（原状）试验从定量的角度研究地下水上升过程中黄土的变形破坏，采用分级加载孔压的方式得到土体变形进入不稳定时的临界孔隙水压力，其变形破坏过程中偏应力变化特征与重塑黄土差异不大，轴向变形整体上仍然随着平均有效应力的减小而增大。分析试验结果表明（图 8-17），在孔隙水压力未达到临界状态时，土体轴向变形与 CSD（重塑）试验中土体相同孔压下的土体变形速率基本相同，表现出非常缓慢的变形状态。在此期间增大孔隙水压力时会引起轴向变形速率的短时增长，但孔隙水压力维持稳定后轴向变形也逐渐趋于稳定，直至孔隙水压力加载到一定程度后，土体变形速率相应增大并始终保持较快的变形速率，使轴向变形迅速发展破坏（图 8-18）。分析不同应力条件下的临界孔隙水压力特征可见，黑方台黄土产生突变的临界孔隙水压力与轴向应力呈线性增长的关系，临界孔隙水压力约为轴向应力的 26%，若将土体轴向应力按照黑方台黄土天然密度 1.55g/cm^3 换算成黄土厚度，临界孔隙水压力换算为地下水位高度，土体从基本稳定到开始出现明显变形时水位占黄土总厚度比例约为 0.41。可见，对于黑方台黄土滑坡，当地下水位达到一定程度后，会引起土体从相对稳定状态进入明显的持续变形过程，地下水位高度占黄土总厚度比例临界值大约在 0.41。

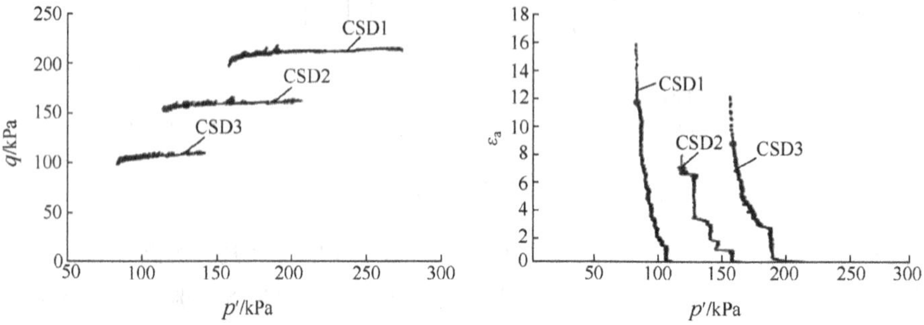

(a) p'-q关系曲线　　(b) p'-ε_a关系曲线

图 8-17　CSD（原状）试验结果

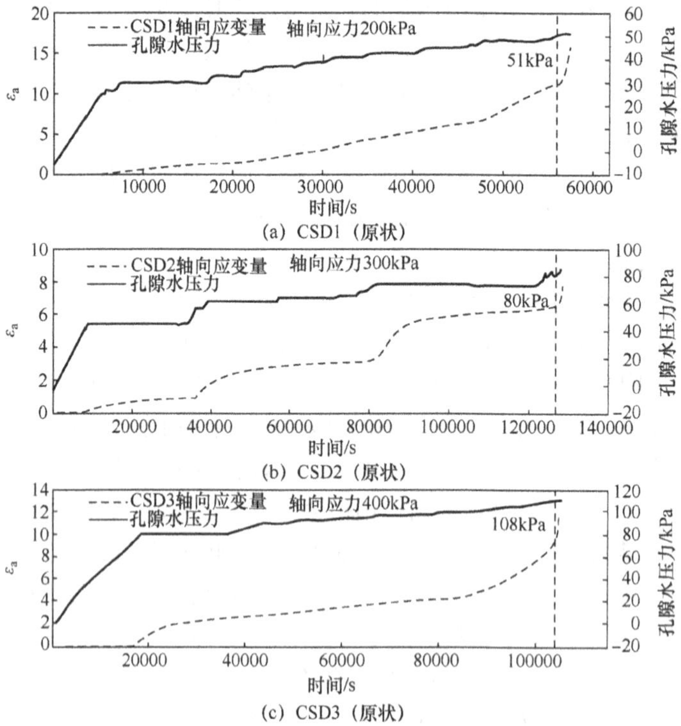

(a) CSD1（原状）

(b) CSD2（原状）

(c) CSD3（原状）

图 8-18　CSD（原状）试验土体孔压和变形的关系

本次三轴剪切试验反映出黑方台黄土饱水后具有明显的应变软化和液化特性，地下水上升引起的孔隙水压力增长是造成这类滑坡产生破坏的重要原因；通过原状黄土排水剪切试验定量研究土体破坏时的临界孔隙水压力，将其转换为水位高度发现当地下水位高度超过黄土厚度的 41%时会使土体从相对稳定进入快速变形。

第 9 章　粗粒土剪切试验

粗粒土是粗颗粒土石混合料（包括砾石土、砂卵石、石渣、堆石等）的总称。根据《水电工程土工试验规程》（DL/T 5356—2024），粗粒土的定义为：试样中粗粒组（60mm≥d>0.075mm）含量占总土质量 50%以上的土。粗粒土在自然界分布广泛、储量丰富，其具有密度大，压实性能好、抗剪强度高、沉降变形小、透水性较强、地震荷载条件下不易产生液化等良好工程特性，因此粗粒土作为一种工程填料越来越广泛地运用在工程建设中。

目前，土的抗剪强度的主要测定方法是直剪试验和三轴剪切试验。粗粒土颗粒粒径大，常规的土工试验仪器（三剪仪和三轴仪）不能满足要求。因此，为满足工程稳定分析计算的需要，需要开展粗粒土直剪试验和三轴剪切试验，测定粗粒土抗剪强度指标和研究粗粒土的抗剪强度特性。

9.1　粗粒土大型直剪试验

9.1.1　试验目的

粗粒土直剪试验是常规室内试验的一种方法，它与细粒土的直接剪切试验相比，试验过程获取参数相同，只因试样颗粒粒径大，采用的仪器尺寸大，亦称为粗粒土大型直剪试验。试验目的同 7.1.1 节。

9.1.2　试验原理及方法

试验原理同 7.2 节。

9.1.3　试验仪器

目前粗粒土的直剪仪器普遍采用的是应变控制式大型直剪仪（图 9-1）。粗粒土粒径范围广泛，试验设备选择时，为了减少刚性剪切盒对试料颗粒在剪切破坏时移动的约束，试样尺寸必须与试料粒径间满足一定的比例关系，粗粒土大型直剪试验试样尺寸（试样直径 D、高度 H）与试料最大粒径 d_{max} 之间的合理关系为：D/d_{max}=8～12，H/D=1，可根据此合理关系由仪器确定试料最大粒径或根据试料最大粒径选择仪器。

大型粗粒土直剪试验系统由上剪切盒、下剪切盒、传压板、滚轴排、垂直加压框架、水平加荷支座和数据自动采集系统等组成，如图 9-2 所示，可完成载荷、位移的采集存储和垂直载荷、水平载荷、剪切速度的自动控制。

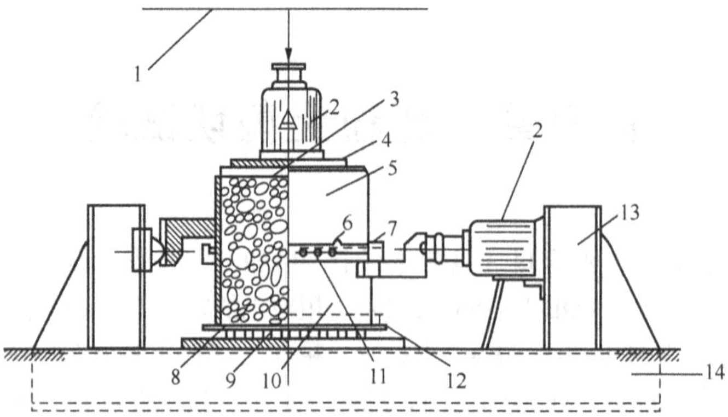

1—上反力横梁；2—千斤顶；3—试样；4—传压板；5—上剪切盒；6—固定销；7—水槽；8—透水板；9—滚轴排；10—下剪切盒；11—开缝装置；12—进水孔；13—水平加荷支座；14—下反力横梁。

图 9-1 应变控制式大型直剪仪

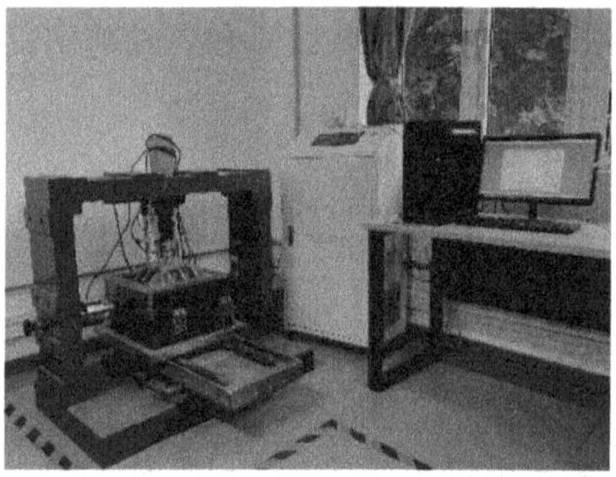

图 9-2 大型粗粒土直剪试验系统

9.1.4 试验步骤

1. 备料

（1）风干土样准备

1）将土样置于橡皮板上风干，用木锤将土块及附着在粗颗粒表面上的细粒土捶散，操作时应尽量避免破坏土的天然颗粒。

2）将全部土样按照筛分要求进行过筛，分粒组放置做好分类标识。测定各粒组含量百分数及风干含水率。

（2）天然含水率土样准备

将天然含水率土样采用四分法分别取两份样品：一份样品进行风干后按风干土样进行制备；另一份样品应保持天然含水率不变的情况下，将土样充分拌和均匀，测定其天然含水率。

2. 装样

1）根据试验要求的干密度、含水率和试样尺寸，计算并称取试验所需的土样数量。为防止颗粒分离，对无黏性粗粒土可根据装填层数，分层称取试验所需的土样。

2）采用人工配料进行试样制备时，应按照试验级配确定的各粒组质量，分级称取，拌和均匀。采用天然原型级配进行试样制备时，应按照试验用量采取四分法称取试验用料，并应使分割样的较大颗粒分配均匀。制备好的土样搅拌后均匀分成3～5份，分层放入剪切盒内，每一层应击实至要求的高度。对黏质粗粒土，每层表面应刨毛后再填第二层，重复上述步骤至最后一层，整平表面。剪切面应避开装填层面，并位于装填层中部。

3. 试样制备注意事项

1）土样数量宜为试验用量的2～3倍。并应对土样的岩性、粒径特性及风化程度等进行描述记录。每组试验的试样应为4个。

2）将下剪切盒吊放在滚轴排上，并在下剪切盒上安放开缝环及钢珠，然后将上剪切盒放上，务使上、下盒同心，并用固定插销定位。剪切缝缝宽为试样最大颗粒粒径的1/3～1/4。

3）按照试验需求的土样级配进行制样，若试验无级配要求，宜采用有代表性的级配进行。

4）当土样最大粒径超过试验仪器允许粒径时，应对土样粒径进行缩尺处理。

5）试样制备的密度、含水率与制备标准之差值宜分别控制在$\pm 0.02g/cm^3$与±0.5%范围以内，平行试验或一组内各试样制备的密度、含水率之差值宜分别控制在$\pm 0.02g/cm^3$与±1%范围以内。

6）若准备的土样数量不够，在保证级配不变的情况下可重复使用，但风化土和含有棱角的易破碎石渣、堆石料不得重复使用。

7）试样如需饱和，对无黏性粗粒土，宜用水头饱和法；对黏质粗粒土宜用真空饱和法。

8）将装填好试样的剪切盒安装和定位。在试样顶部依次放上透水板或不透水板、传压板、垂直千斤顶等，并与液压稳定器管路连接。要求安装对中，传压板应用水平尺校平。上、下反力横梁应水平。在传压板的对称部位安装2～4个量测垂直百分表，徐徐开动垂直千斤顶，使各部接触，记录变形初始读数。安装水平千斤顶和水平百分表，务必使水平千斤顶的着力线通过剪切面的中心。徐徐开动水平千斤顶，使其与下剪切盒的着力点接触（即水平百分表开始微动）即停止。

4. 试样剪切

（1）快剪（quick shear，Q）试验

1）安装试样时，在试样上、下面接触处，安放与透水板厚度相等的不透水钢板。在试样上一次施加额定的垂直荷载，使其在整个试验过程中保持恒定。

2）拔除上、下剪切盒的固定销并取掉开缝环。记录垂直、水平千斤顶和垂直、水平百分表等的读数。随即开动水平千斤顶，施加水平荷载，每30s加一级，并测读一次水平百分表和垂直百分表的读数。起始水平荷载按垂直荷载的7%～10%施加。当某级水平荷载下的剪切位移超过前一级剪切位移的1.5～2.0倍时，改为按5%施加。每施加一级水平荷载，测读垂直和水平百分表各一次。

3）当水平荷载读数不再增加或剪切变形急剧增长时，即认为已剪损。若无上述两种情况出现，应控制剪切变形达试样直径的1/15～1/10，方可停止试验。应控制试样在5～10min内达到剪切破坏。

4）试验结束后，尽快卸去百分表、水平荷载、垂直荷载和加荷设备。视需要对剪切面作简要描述。取剪切面附近的试样，测定其剪切后含水率与颗粒级配。

（2）固结快剪（consolidated quick shear，CQ）试验

1）试样安装和定位。试样上、下两面的不透水板应换成细铜丝布和透水钢板。在试样上施加垂直荷载后，如每小时垂直变形小于 0.03mm，则认为变形稳定。测记此时垂直百分表读数。

2）试样达到固结稳定后，按快剪试验方法规定进行剪切。

（3）慢剪（slow shear，S）试验

1）试样安装和定位。试样上、下两面的不透水板改放细铜丝布和透水钢板。

2）按规定进行试样固结。

3）试样达到固结稳定，拔除上、下剪切盒固定销并取掉开缝环。检查垂直千斤顶、水平千斤顶、百分表等，记录其读数。开动水平千斤顶，施加水平荷载，每隔 1min 测记一次水平百分表读数和垂直百分表读数。若 1min 内剪切变形不超过 0.01mm，则施加下一级水平荷载。起始水平荷载每级按垂直荷载的 7%～10%施加，当某级水平荷载下的剪切位移超过前一级剪切位移的 1.5～2.0 倍时，改为按 5%施加。

4）当水平荷载读数不再增加或剪切变形急剧增长，即认为已剪损。若无上述两种情况出现，应控制剪切变形达试样直径的 1/5～1/10，方可停止试验。

5）试验结束后，按快剪试验规定拆除试样，并测定其剪切后含水率与颗粒级配。

9.1.5 试验数据分析

粗粒土直剪试验记录表见表 9-1。

试验数据按下列要求整理分析。

1）按下列公式计算垂直压力和剪应力：

$$p = \frac{P_{\mathrm{V}} + \Delta P}{A} \tag{9-1}$$

$$\tau = \frac{P_{\mathrm{h}} - F}{A} \tag{9-2}$$

$$P_{\mathrm{V}} = C_{\mathrm{V}} R_{\mathrm{V}} \tag{9-3}$$

$$P_{\mathrm{h}} = C_{\mathrm{h}} R_{\mathrm{h}} \tag{9-4}$$

式中：p、τ——分别为垂直压力和剪应力，kPa；

P_{V}、P_{h}——分别为垂直荷载和水平荷载，kN；

C_{V}、C_{h}——分别为垂直千斤顶和水平千斤顶上压力表的率定系数，kN/kPa；

R_{V}、R_{h}——分别为垂直和水平千斤顶压力表读数，kPa；

F——某垂直压力下仪器摩擦力，kN；

ΔP——附加垂直荷载，包括透水板、传压板和千斤顶的重力，千斤顶以上的设备重力不计在内，kN；

A——试样面积，m^2。

表 9-1　粗粒土直剪试验记录表

工程名称：________	试样编号：________	试验人员：_______
制样日期：________	计算人员：________	校核人员：_______
试验方法：快剪（Q）	固结快剪（CQ）	慢剪（S）

垂直压力 p= ___________kPa	试样面积 A= ___________m^2
固结时间 t= ___________h	开缝尺寸 t_1= ___________mm
剪切速率 S= ___________mm/min	摩擦力 F= ___________kN
初始干密度 ρ_d= ___________g/cm^3	千斤顶率定系数：
风干含水率 ω= ___________%	C_V= ___________kN/kPa
剪应力 τ = ___________kPa	C_h= ___________kN/kPa

水平压力表读数/kPa	剪应力/kPa	垂直压力表读数/kPa	水平位移/（0.01mm）				垂直变形/（0.01mm）			
			百分表读数 ΔL			累计增量 $\sum\Delta L$	百分表读数 ΔS			累计增量 $\sum\Delta S$
			1	2	平均		1	2	平均	

2）以剪应力和垂直变形为纵坐标，水平位移为横坐标，分别绘制某级垂直压力下剪应力 τ 与水平位移 ΔL 关系曲线和垂直变形 ΔS 与水平位移 ΔL 关系曲线。

取剪应力 τ 与水平位移 ΔL 关系曲线上峰值或稳定值作为抗剪强度。如无明显峰值，则取水平位移达到试样直径 1/15～1/10 处的剪应力作为抗剪强度 S。以抗剪强度 S 为纵坐标，垂直压力 p 为横坐标，绘制抗剪强度 S 与垂直压力 p 的关系曲线。直线的倾角为粗粒土的内摩擦角 φ，直线在纵坐标轴上的截距为粗粒土的黏聚力 c。

9.1.6　实例——某弃渣体边坡粗粒土直剪试验

1．试验背景

本案例以某弃渣场为工程背景，该弃渣场位于康定市境内的东部深切割高山、极高山峡谷区，渣场最高点高程3384m，最低点高程3311m，相对高差73m，弃渣体边坡坡比为1∶2.75。渣场区位置处于花岗岩区，构造相对稳定，根据《中国地震动参数区划图》(GB 18306—2015）划定，研究区地震动峰值加速度≥0.4g（对应地震基本烈度为Ⅸ度），地震动反应谱特征周期为0.4s。

弃渣场沿河道右岸布置，设计堆渣方量约350万m^3，堆渣长度约1800m，占地面积约379333.33m^2，主要用于堆放附近隧道进口工区、横洞工区、斜井工区开挖的洞渣料及零星的渣场区开挖的土石料，洞渣的主要成分为钻爆法形成的喜山期细粒二长花岗岩弃渣，下伏覆盖层为第四系全新统的冲积层和崩积层碎石土。

弃渣场的主要建筑物包括拦渣工程和防洪排导工程。拦渣设施为临河拦渣堤，采用C20片石混凝土重力式挡墙结构，挡墙高4.5～6.3m，顶宽1m，墙趾埋深1.5～2.0m；弃渣体边坡每12m高布置马道，马道宽度为6m。防洪排导工程主要包括截水沟、马道排水沟和渣底盲沟。

现场调查发现，该弃渣场目前已基本完成部分区域的一级和二级斜坡的堆载，为进一步深入开展弃渣体边坡稳定性研究，对PM01、PM02处坡面含水率进行测定，具体剖面布置如图9-3所示。

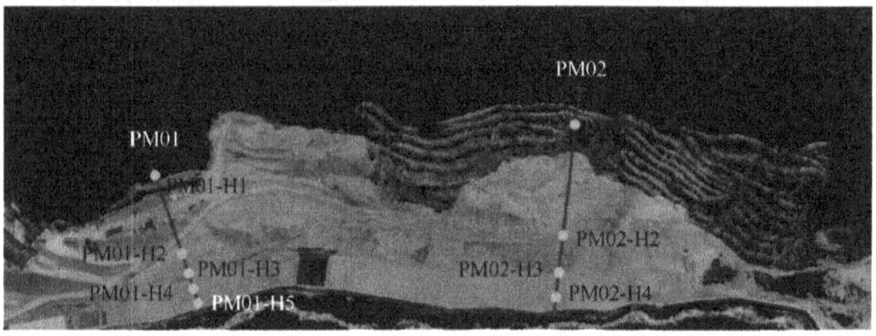

图9-3　弃渣体天然含水率测试取样点

经土工试验测定，现场弃渣体天然含水率结果见表9-2。

表9-2　弃渣体天然含水率测定结果

剖面编号	取样点	天然含水率/%
PM01	PM01-H1（覆盖层）	15.08
	PM01-H2（二级斜坡）	6.72
	PM01-H3（二级台阶）	5.99
	PM01-H4（一级斜坡）	8.43
	PM01-H5（一级台阶）	8.94
PM02	PM02-H1（覆盖层）	14.38
	PM02-H2（三级台阶）	6.25
	PM01-H3（二级台阶）	8.35
	PM02-H4（一级斜坡）	8.13

从一级斜坡到下部覆盖层，含水率变化幅度较大，说明弃渣体内部含水率分布并不

均匀，不同含水率下弃渣体抗剪强度的变化规律对整个弃渣体边坡稳定性分析尤为关键，因此，本案例通过开展研究区弃渣体室内大型直剪试验获取不同含水率下弃渣体的抗剪强度参数。

2. 试验方案

为更准确地获得弃渣体的力学参数，揭露不同含水率下渣料的抗剪强度变化规律，本文选取尺寸为 300mm×300mm×200mm 的剪切盒进行试验。根据规范要求，剪切盒的尺寸与试样的最大粒径之比不应小于 5，而试样 60mm 以上的颗粒含量较低，故此处采用剔除法，将粒径 60mm 以上的颗粒剔除，然后使用余下试样进行试验。

试验考虑不同的含水率对弃渣体抗剪强度参数的影响，共设计 6 个含水率梯度，分别为 2%、4%、6%、8%、10%和 12%。试验前先将渣料置于烘箱中烘干 8～12h，然后称取适量的干燥弃渣体样品按要求配置含水率，配制时将渣料与水混合均匀，同时覆膜静置 24h 保证渣料内水分均匀。

试验过程中将静置完成的渣料分 5 次填入剪切盒中，每次填料完成后都将样品击实，保证剪切样品的密实度与现场一致，击实完成后将渣体表面刮毛处理，再依次装填下一层，重复上述步骤至装填结束，整平表面。试样装填完毕，先检查各传感器的数据采集情况并将相关参数清零。然后开始前期固结，当试样每小时垂直变形不超过 0.03mm 时认为固结稳定。固结完成后以 0.8mm/min 的速率开始剪切，若剪应力的读数达到稳定或出现显著降低时，表明试样已剪坏；若剪应力读数持续增加，则当剪切变形应达到试样边长的 1/10 便可停止试验。将剪应力与水平位移关系曲线上峰值或水平位移达到试样边长 1/10 时的剪应力值作为该垂直压力下的抗剪强度。

依次配制不同含水率的弃渣体试样进行剪切试验，试验垂直应力分别为 50kPa、100kPa、200kPa 和 300kPa，不同含水率弃渣体试样的剪应力与剪应变关系曲线如图 9-4 所示。

由图 9-4 可知，弃渣体试样剪应力与剪应变关系曲线表现出一定的非线性应变硬化的特征，在剪切阶段曲线弯曲程度较大反映了材料依靠自身抵抗变形的能力较大。另外，在高垂直应力作用下由于部分碎块石被压碎，剪应力与剪应变关系曲线局部出现跳跃的现象。

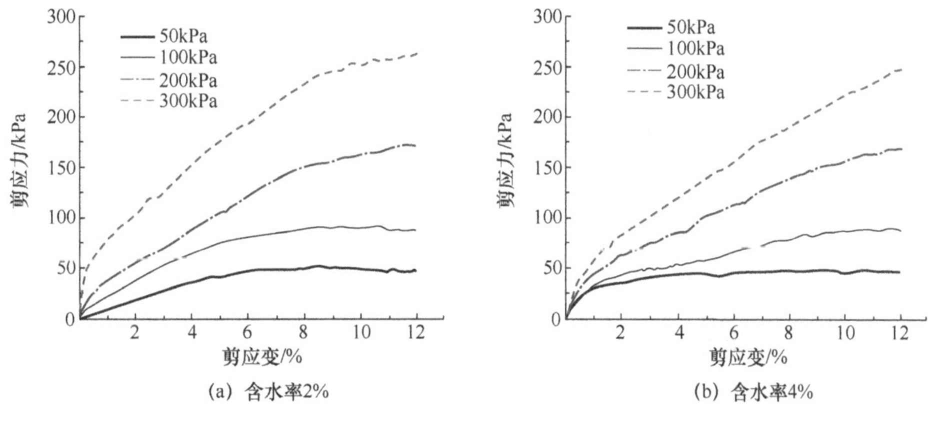

图 9-4　不同含水率弃渣体试样的剪应力与剪应变关系曲线

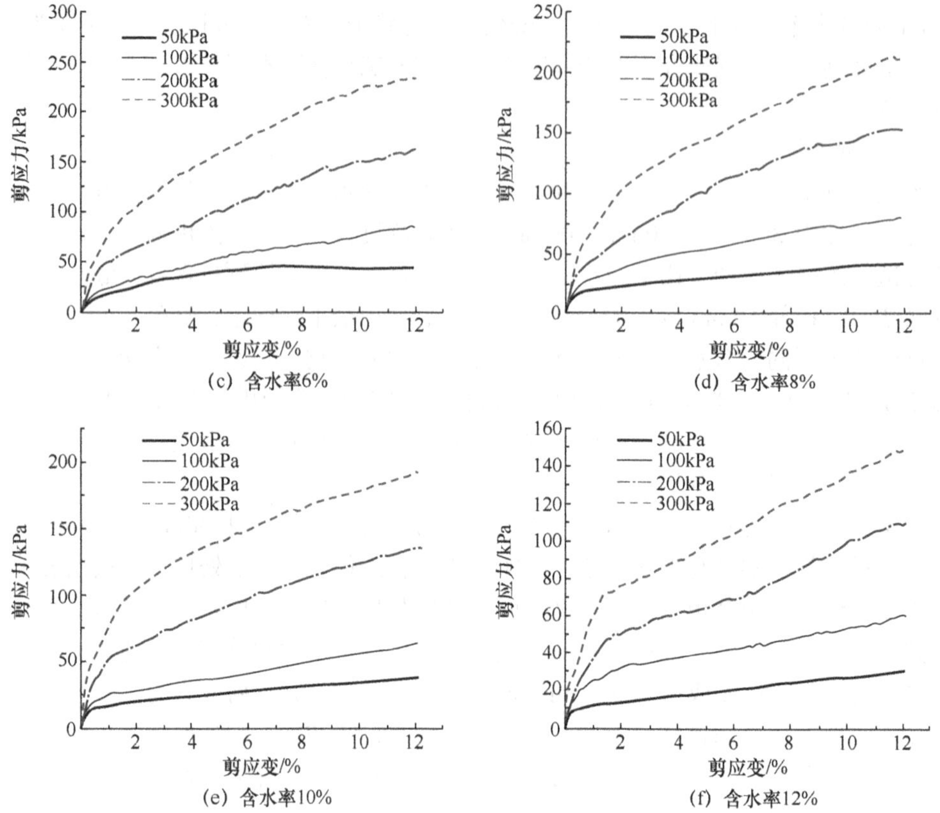

图 9-4（续）

由于剪切试验过程中，剪应力与剪应变的关系曲线未出现明显峰值，因此本文选取水平位移达到试样边长 1/10 时的剪应力值作为抗剪强度，不同含水率弃渣体试样的抗剪强度与垂直压力关系曲线如图 9-5 所示，通过线性拟合并依据莫尔-库仑强度准则获得不同含水率弃渣体试样的内聚力和内摩擦角见表 9-3。

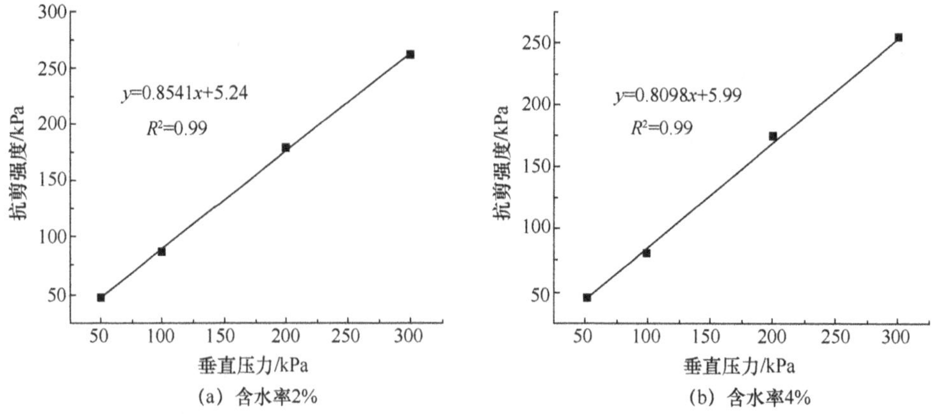

图 9-5　不同含水率弃渣体试样的抗剪强度与垂直压力关系曲线

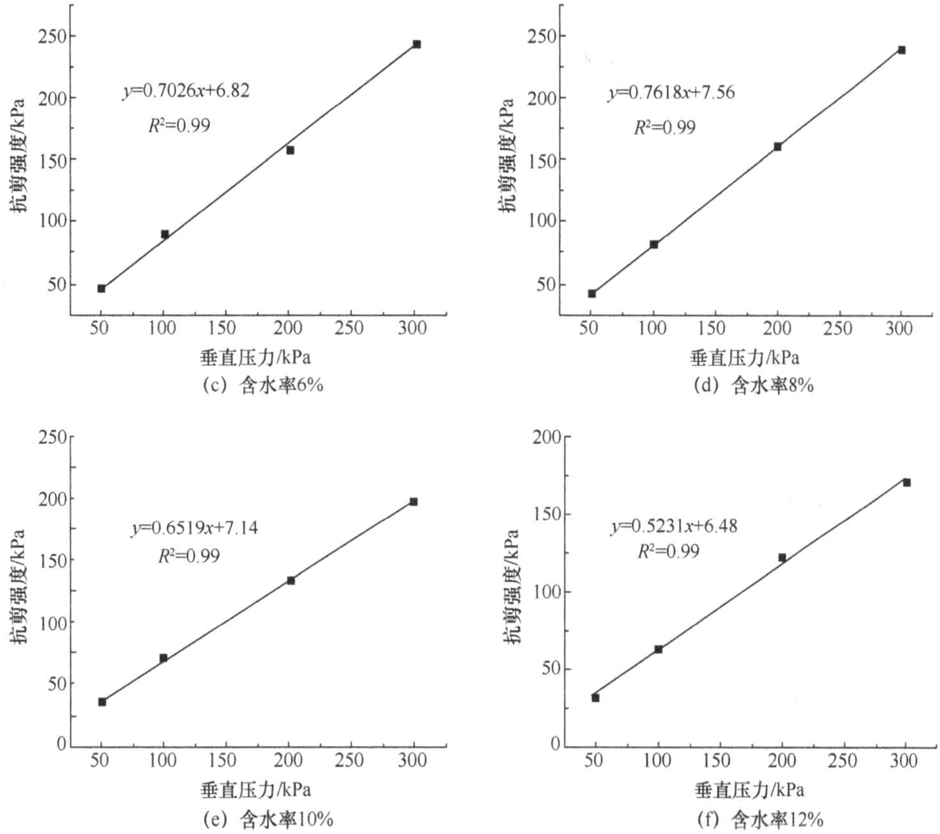

(c) 含水率6%　(d) 含水率8%

(e) 含水率10%　(f) 含水率12%

图 9-5（续）

表 9-3　不同含水率弃渣体试样的内聚力和内摩擦角

含水率/%	内聚力/kPa	内摩擦角/（°）
2	5.24	40.5
4	5.99	39.0
6	6.82	38.4
8	7.56	37.3
10	7.14	33.1
12	6.48	27.6

3. 试验结果与讨论

通过对试验数据的整理分析，其结果与讨论如下：

根据表 9-3 可知，随弃渣体试样含水率升高，弃渣体的内聚力先升高后逐渐降低，内摩擦角则持续降低。这是因为初期随着含水率升高，弃渣体颗粒存在一定的固结作用变得更加密实，内聚力升高；当含水率达到一定程度时，弃渣体颗粒间的水膜变厚，同时水分使颗粒间的黏粒充分软化，起到了良好的润滑作用，弃渣体试样的内聚力和内摩擦角降低。

9.2 粗粒土大型三轴剪切试验

9.2.1 试验目的

粗粒土大型三轴剪切试验目的是测定粗粒土的总应力抗剪强度参数、有效应力抗剪强度参数和孔隙水压力系数。根据粗粒土性质、工程情况和不同的排水条件，本试验可分为不固结不排水剪切（UU)、固结不排水剪切（CU)、固结排水剪切（CD）3 种类型。

9.2.2 试验原理及方法

粗粒土大型三轴剪切试验的原理同标准三轴剪切试验原理。

9.2.3 试验仪器

试验设备选择 VJT5025-GDS 大型三轴试验仪，其具有明确的边界控制条件和排水控制条件，是研究粗粒土工程性质较为理想的一种仪器。

VJT5025-GDS 大型三轴试验仪组成部分包括压力室、高速数字控制系统（high-speed digital control system，DCS）和气压、反压、围压控制器如图 9-6 和图 9-7 所示。具体组成部分的详细介绍如下。

图 9-6 压力室

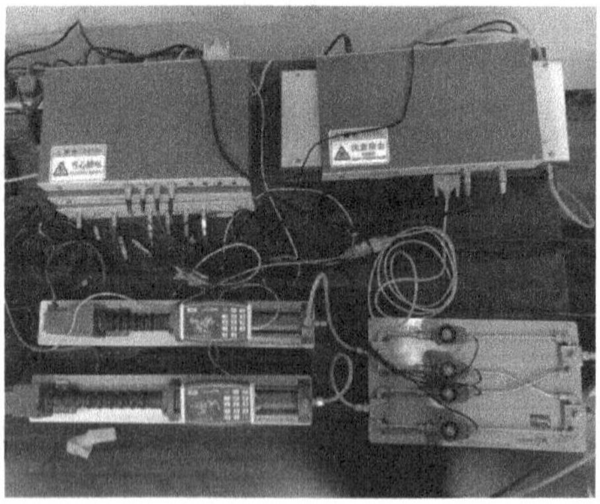

图 9-7 DCS 和气压、反压、围压控制器

1. 压力室

压力室（pressure chamber）是进行大型三轴剪切试验的核心场所。在密闭的压力室中，通过增减气体和水体来控制围压、气压和反压。在轴向压力施加和试样排水步骤中，均需要使用压力室顶部的制动器和排水孔。因此，压力室的密闭情况好坏直接关系试验的成功与否。在操作的过程中，由于压力室周围的螺栓较多（共有 12 个），加上压力室极重，往往需要多人协同操作。

2. 高速数字控制系统

高速数字控制系统（DCS）是 GDS 大型三轴试验仪的核心部件，负责所有数据的传输和转换。此系统采用 16bit 数据采集(A/D)和控制输出(D/A)点位，并且每个接口的频率均为 10Hz，因此能够及时、高速地采集和记录数据。

3. 气压控制器

试验中的气压控制器（air pressure controller）通过一根细长的塑料导管和试样帽连接在一起。试样帽中预留有一个排气孔口，将系统中的气体和试样中的孔隙气体相连通。记录管道中水量的变化可以测量和控制测试缸内气体体积的变化。需要注意的是，气压控制器只有在进行非饱和土石混合体材料试验时才会使用。试样帽中还装有水下压力传感器，可以实现作用于试样的轴向压力的准确测量。传感器的测量精度取决于选用的试样帽中安装的传感器量程。本试验采用了最大量程为 8kN，精度为 0.001kN 的试样帽。此外，气压控制器的核心零部件还包括安装在试样的底座上的轴向位移测试器，其测量精度最高可以达 0.001mm。

4. 反压控制器

在 GDS 大型三轴试验仪中，反压控制器（back pressure controller）和气压控制器实际上使用同一台水泵，控制阀门的开关可决定水泵中水的流向。反压控制器主要通过一根细长的塑料管与试样底座相连，加上本身试样底座就预留小孔，最终实现了反压控制器与试样中的孔隙水压力相连，从而测量和控制孔隙水压力及其变化，精度可高达千分之一。

5. 围压控制器

围压控制器（confining pressure controller）通过一根细长的塑料导管与压力室连接。其主要的作用机理在于推动水体在管道内的流动，围压控制器可以测量和控制压力室的压力，通过配套的计算机软件，所获取的数据精度可以控制到 0.1kN。此外，围压控制器还可以测量超过 $1mm^3$ 水体积的变化。但是考虑到压力室的外壁并非绝对刚性，受到压力后可能存在一定的弹性变形，其测量值往往存在一定的偏差。

9.2.4　试验步骤

1. 粗粒土试样制备

（1）土样制备

1）取样进行筛分。筛的孔径按试验材料类型不同分别选用。经筛分的试料分组称量，堆放备用；并计算通过各级筛孔的质量百分数。如果需要准确控制试样的级配组成时，对含黏土的粒料材料，因其黏着的细粒土不易分散，可将粗料中的各级粒料用水洗过筛，再烘干备用；对不含黏土的粒料材料，则将全部试料依次过筛备用。

2）根据工程需要，从粗料（粒径大于 5mm）和细料（粒径小于 0.5mm）中分别取代表性试样进行石料磨耗和液限、塑限等物理性质试验。

3）测定颗粒粒径小于 0.5mm 和粒径大于 0.5mm 的各级粒料材料的天然含水率。

4）对超过仪器允许粒径的颗粒含量的处理，可采用下述方法：

① 若超过粒径的颗粒含量小于 5%时，可采用剔除法，即把超径颗粒剔除。

② 若超过粒径的颗粒含量大于 5%时，则采用等质量代换法处理；方法是按仪器允

许的全部粗料（从粒径为 5mm 至最大粒径之间的粗料）按比例等质量代换超径颗粒含量。新的级配组成可按下式计算：

$$p_i = \frac{100 - p_{\mathrm{m}}}{p_{\mathrm{m}} - p_5}(p_{0i} - p_5) + p_{0i} \tag{9-5}$$

式中：p_i——代换后某粒径粒料的通过百分数，%；

p_5——原级配中粒径为 5mm 的粒料的通过百分数，%；

p_{m}——原级配中粒径为 60mm 的粒料的通过百分数，%；

p_{0i}——原级配中某粒径粒料的通过百分数，%。

5）分级确定粒径为 0.5～60mm 的某级粒料的饱和吸水率（ω_{a}），即将粒径为 0.5～60mm 的风干后的某级粒径（质量为 m_{s}）浸泡至吸水饱和，再把表面揩干，然后称量其湿质量（m）。某级粒料的饱和吸水率为

$$\omega_{\mathrm{a}} = \frac{m - m_{\mathrm{s}}}{m_{\mathrm{s}}} \times 100\% \tag{9-6}$$

（2）试件制备

1）试件尺寸：根据仪器尺寸，本试验试样为圆柱形，直径 618mm，高 500mm。

2）根据试件体积和密度要求，计算每个试件需要材料的干质量。为防止试样粗细颗粒分离，要求试件密实度均匀一致，试样应分层装填（一般分 6 层）。按材料组成要求分层计算所需的试料，分层配料。粒径小于 0.5mm 的细粒另置，大于 0.5mm 的各级粒料可放一堆。

3）计算试件每层装填试料的需要加水量为

$$m_{\omega} = (\omega_{\mathrm{d}} - \omega_1) + \sum_{i=1}^{n}(\omega_{i\mathrm{d}} - \omega_{i1})m_i \tag{9-7}$$

式中：m_{ω}——试件需要的加水量，kg；

ω_{d}——细粒的设计含水率，%；

ω_1——细粒的天然含水率，%；

$\omega_{i\mathrm{d}}$、ω_{i1}—— 0.5～60mm 粒料中某级粒料的设计含水率和天然含水率，%；

m_i—— 0.5～60mm 粒料中某级粒料的干质量，kg；

n—— 0.5～60mm 粒料按相邻筛孔孔径划分的级数。

4）把水加到粒径大于 0.5mm 的粒料中，充分拌和，然后掺入细粒继续拌和，直至拌匀为止。

5）将拌好的试料放入盘（盆）内，用塑料薄膜盖严，待用。为避免差错，应任意抽查复称其中一份，每份试料质量应为试件总湿质量的 1/6。

6）在压力室试样底座上加盖板，扎好橡皮膜，安装对开成型筒。将橡皮膜外翻套在对开成型筒上，让橡皮膜顺直，使之与成型筒壁紧贴。

7）逐层装入试料，每装一层，先用细钢钎捣实，再用击实法或振动击实法使试料达到要求的密实度（用高度控制其密实度）。然后将表面刨毛，再装第二层。依此类推，直至最后一层。

8）整平试件顶面，加上盖板和试件帽，卸除对开成型筒，用钢尺量测试件的实际高度。测量误差不得大于±2mm。再套上完好的橡皮膜，并将两头扎紧。

9）制件结束后，扫清底盘。

10）安装压力室，用扭力扳手旋紧和底盘连接的螺栓，然后往压力室内加满水，旋紧加水孔螺帽，置压力室于剪切试验仪机座上，静置 24h，使试件内水分充分渗润。

2. 仪器操作步骤

完成制样，试验前还应进行仪器设备检查：检查测量系统、轴向加压系统及侧压力恒压系统等运行是否正常；检查压力室的密封性，传压活塞在轴套内滑动是否正常，管路、接头、阀门等是否畅通、不漏气；检查橡皮膜是否完好；安装测力计时，应根据试件最大破坏荷载，选用适当量程；检查蓄能器水位标高，其标高不应高于蓄能器高度的 1/3，也不得低于水面指示管；检查水罐内水位应高于罐高的 3/4。

大型三轴试验仪操作步骤如下：

按电源按钮，接通电源。仪器各部件指示灯亮，电源接通。

1）打开电脑，双击 GDSLAB 程序，进入操作界面。选取试验所需模块，选择数据储存位置，输入试验编号及试样尺寸。

单击“Object Display”按钮，进入操作界面，调高或者调低试样底座高度，方便上样。

2）固定压力室，向压力室内注满水。在“Add Test Stage”面板上，选取饱和固结模块，设置反压和围压；围压需分级设置，并设置固结标准，一般将 15min 内排水体积小于 200mm^3 视为已固结完成。

试样固结完成后，根据试验方案，选取加载模块。其包括高级加载模块、静三轴加载模块、动三轴加载模块。高级加载模块一般用以实现偏压固结，需设置围压、偏差应力以及反压（反压为 0）。

3）选择固结与排水条件，设置目标围压及反压。根据试样的大小确定每分钟位移量。剪切应变速率宜保持恒定，直到剪切应变达到轴向应变 15%～20%为止。

动三轴加载模块可以测试试样的动模量、动阻尼比、动孔压变化情况、动强度参数和动残余变形参数。需要设置目标围压、频率、动应力幅值、循环周数、破坏轴向应变值（破坏轴向应变值为 5%）。

4）在设置动应力幅值时，应根据试验内容确定。在动模量、动阻尼试验中，动应力应逐级增加，同时保证轴向应变在弹性范围内。在动强度试验时，应通过施加一级适量动应力使试样产生明显应变。

5）试验完成后，首先回到控制界面，降低试验底座高度，使底座与荷载传感器完全脱离。然后逐级降低围压至 0，取下压力室，卸下试样。

9.2.5　试验数据分析

粗粒土大型三轴剪切试验记录表见表 9-4 和表 9-5。

表 9-4　粗粒土大型三轴剪切试验记录表（一）

工程名称：＿＿＿＿＿　　试验人员：＿＿＿＿＿

土样编号：＿＿＿＿＿　　计算人员：＿＿＿＿＿

土样说明：＿＿＿＿＿　　校核人员：＿＿＿＿＿

试验日期：＿＿＿＿＿

试件编号		试验时试件状态	
材料配比	粗骨料 70% 细骨料 20%	质量/kg	
成型条件	分层击实	高度 h_0/cm	
细粒设计相对含水率 $\frac{w}{w_L}$		直径 d/cm	
加荷速度/（mm/min）		面积 A_0/cm^2	
侧压力 σ_3/Pa		体积 V_0/cm^3	
测力计标定系数 C/（10N/0.01mm）		干密度 ρ_d/（g/cm^3）	

表 9-5　粗粒土大型三轴剪切试验记录表（二）

轴向荷载		轴向应变		试件体积变化				校正后试件截面面积 $\left(A_a=\frac{V_0+\Delta V}{h_0-\Delta h}\right)$/cm^2	应力差 $(\sigma_1-\sigma_3=P/A_a)$/($10^2$kPa)	最大主应力 σ_1/(10^2kPa)
测力计百分表读数/（0.01mm）R	轴向荷载（P=CR）/10N	百分表读数/（0.01mm）Δh	轴向应变 $\varepsilon=\Delta h/h_0$	体变管读数/cm^3	体变管测量并读取的体积变化量 $(\Delta V_1=V_1-V_0)$/cm^3	柱塞在剪切过程中伸入压力室而引起的体积变化量 $(\Delta V_2=44.2\times\Delta h)$/cm^3	体积变化 ΔV/cm^3			

成果整理参考下列方法：

1. 计算试件的最大主应力 σ_1 和轴向应变 ε_1

（1）计算轴向荷载 P

$$P=CR \tag{9-8}$$

式中：P——轴向荷载，N；

C——测力计校正系数，10N/0.01mm；

R——测力计百分表读数，0.01mm。

（2）计算轴向应变 ε_1

$$\varepsilon_1=\frac{\Delta h}{h_0} \tag{9-9}$$

式中：Δh——试件的轴向变形，cm；

h_0——试件的初始高度，cm。

（3）计算试件剪切过程中的体积变化 ΔV

$$\Delta V=\Delta V_1+\Delta V_2 \tag{9-10}$$

式中：ΔV_1——体变管测量并读取的体积变化量（压缩为负，膨胀为正），cm^3；

ΔV_2——柱塞在剪切过程中伸入压力室而引起的体积变化量（为负值），cm^3，$\Delta V_2 = \dfrac{\pi d^2}{4} \times \Delta h \approx 44.2\Delta h$（其中柱塞直径 d=7.5cm）。

（4）校正后的试件截面积 A_a

$$A_a = \frac{V_0 + \Delta V}{h_0 - \Delta h} \tag{9-11}$$

式中：V_0——试件的初始体积，cm^3。

（5）应力差

$$\sigma_1 - \sigma_3 = \frac{P}{A_a} \tag{9-12}$$

式中：σ_3——侧压力，kPa。

（6）最大主应力 σ_1

$$\sigma_1 = \frac{P}{A_a} + \sigma_3 \tag{9-13}$$

2. 计算抗剪强度 c、φ 值

1）确定试件剪切破坏极限值 $\sigma_{1\max}$。

2）c、φ 可分别采用作图法或计算法求解。

① 作图法：以主应力 σ 为横坐标，剪应力 τ 为纵坐标，在横坐标上，以 $\dfrac{\sigma_{1\max} + \sigma_3}{2}$ 点为圆心，以 $\dfrac{\sigma_{1\max} - \sigma_3}{2}$ 为半径，画莫尔圆，再作其莫尔包线。莫尔包线的倾角即为内摩擦角 φ，莫尔包线与纵坐标的截距即为黏聚力 c，如图 9-8（a）所示。

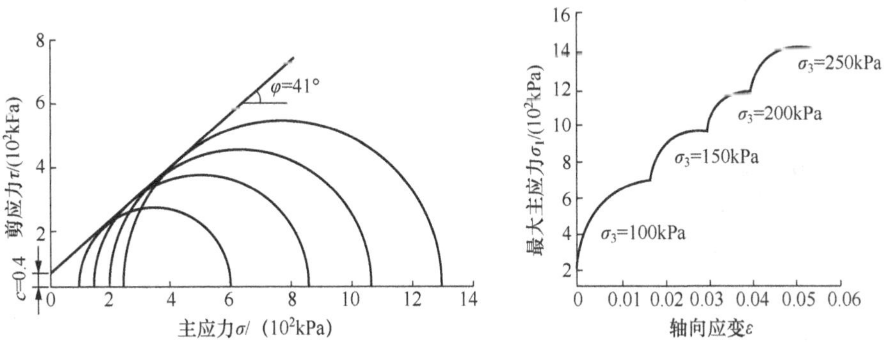

(a) 莫尔包线　　(b) 应力–应变曲线

图 9-8　应力-应变关系曲线的莫尔包线

② 计算法：

$$\begin{cases} \varphi = \arcsin\left(\dfrac{m-1}{m+1}\right) \\ c = \dfrac{b}{2\sqrt{m}} \end{cases} \tag{9-14}$$

$$m = \frac{\sum(\sigma_3\bar{\sigma}_{1\max}) - \frac{1}{n}\left(\sum\sigma_3\right)\left(\sum\bar{\sigma}_{1\max}\right)}{\sum\sigma_3^2 - \frac{1}{n}\left(\sum\bar{\sigma}_3\right)^2} \tag{9-15}$$

式中：n——试件的个数或侧压力的级数；

b、m 为系数，$b = \bar{\sigma}_{1\max} - m\sigma_3$；

$\bar{\sigma}_{1\max}$——各级侧压力作用时，最大主应力极限值的平均值。

9.2.6 实例——不同含石量土石混合体大三轴剪切试验

1. 试验方案

本次试验使用 GDS 大型三轴试验仪。该仪器同时配备 GDSLAB 软件系统，实现了试验过程中数据的同步记。采用固结排水剪切试验，先加载围压，在围压恒定条件下施加轴向应力直至剪切破坏。主要用到高级加载和标准剪切两个模块。

本次试验分别讨论含石量为 10%、30%、50%、70%、90%时土石混合体的剪切位移-剪应力曲线、剪胀（缩）特性及抗剪强度变化规律。对于每种工况，分别施加 100kPa、200kPa、300kPa 的围压，共 15 组试验，具体试验方案见表 9-6。每个试样均经过饱和阶段，装样含水率设置为天然含水率 6%，以方便击实即可。试样编号 D50-C50-Pl 表示：密实度（D）为 50%，块石掺量（C）为 50%，围压（P）为 100kPa。

表 9-6 含石量对土石混合体力学特性影响的试验方案

含石量/%	试样编号	密实度/%	干密度/（kg/m³）	含水率/%	装样质量/kg	块石倾角/（°）	围压/kPa
10	D50-C10-Pl	50	1.72×10^3	6	77.33	90	100
	D50-C10-P2						200
	D50-C10-P3						300
30	D50-C30-Pl		2.01×10^3		30.37		100
	D50-C30-P2						200
	D50-C30-P3						300
50	D50-C50-Pl		2.09×10^3		93.96		100
	D50-C50-P2						200
	D50-C50-P3						300
70	D50-C70-Pl		1.90×10^3		85.41		100
	D50-C70-P2						200
	D50-C70-P3						300
90	D50-C90-Pl		1.63×10^3		73.27		100
	D50-C90-P2						200
	D50-C90-P3						300

2. 试样制作及试验步骤

根据现场实际的堆渣高度 5m、10m、15m 处的围压作为本次试验依据。估计现场的

渣体重度约为 $20kN/m^3$，因而对应的围压分别为 100kPa、200kPa 和 300kPa。同时根据试验方法标准要求，试样最大粒径应小于剪切盒尺寸的 1/5，即最大粒径不大于 6cm。考虑到粒径大于 6cm 粒组占比较小（小于 2%），故采用剔除法，剔除粒径大于 6cm 后的试样作为试验材料。

试验步骤如下：

（1）试样制作准备

本试验中试样的直径 D=300mm，高度 H=600mm。首先根据每组试验方案的要求对试样进行相应的过筛，根据干密度和含水率计算并称取所需的土体质量，然后进行充分混合，搅拌均匀［图 9-9（a）］，最后将土样按质量分成 5 等份，等待装样。

（2）试样制作与安装

制样时，需要在底座上先放透水板和土工布。然后，将橡胶膜套在底座承台上，用黑色密封圈将其固定。接着，在底座上安装对开圆模，并通过螺栓固定。将橡胶膜高出对开圆模的部分翻到对开圆模外，拉扯橡胶膜使其与对开模充分贴合，并使用真空泵将空气抽净［图 9-9（b）］。对于含有尖锐砾石的粗粒土，则需在橡胶膜内侧垫入一层黑色橡胶皮以防止损坏。采用分层制样，共 5 层，每层高度为 12cm，称取适量土料分层倒入橡胶膜中，并分层击实至预定高度［图 9-9（c）］。确保每层土料的质量相等，且各层的接触面应刨毛。击完最后一层后，试样顶端须整平，然后放置土工布、透水板和试样帽，并拆除对开圆模［图 9-9（d）］。最后，安装试样帽和底座的水管。

（3）上机准备

将压力室用叉车吊装至试样底座上，并安装好密封圈和固定螺栓，将其与底座连接。将组装好的压力室和底座用叉车吊装至试验机上［图 9-9（e）和（f）］。然后通过压力室下部的水管给三轴压力室注水，同时打开压力室顶部的排气孔，排除室内空气。当压力室内水位线距离压力室顶部约 20cm 时，可停止注水。

（4）试样饱和

当试样安装完成后，采用反压饱和法使试样饱和，具体的做法为：先打开反压控制器以 20kPa 的梯度给试样逐级增加反压和围压。在此过程中，为防止试样结构发生破坏，需要控制围压与反压较为接近，两者之差控制为 20kPa；当每级应力施加完成后，待应力保持稳定再施加下一级，直至监测的 B 值达到 0.95，即可认为此时的试样达到预期的饱和要求。

（5）试样固结

试样达到饱和后，将量水管中的水位始终保持在试样的中部位置，此时打开孔隙压力的阀门，并输出预设的围压（100kPa、200kPa 和 300kPa）。接着，打开排水阀，试样开始排水固结。在此过程中，需保持围压与量水管中水位高度均不变。当排水量与时间的关系曲线趋于平缓时，即可认为试样已完成固结，此时关闭排水阀。然后重新启动仪器，让试样帽、活塞和轴向压力计相互接触，待停机后完成实验。

（6）试样剪切

在试样完成固结后，关闭孔隙压力阀门，打开试样两端的量水管阀门，接着开启轴

（a）拌和混合料　（b）安装对开圆模　（c）分层填装击实

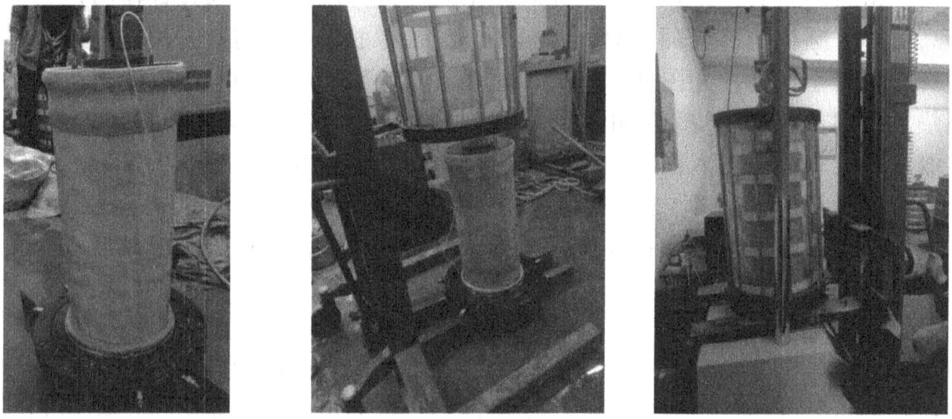

（d）对开圆模拆除　（e）吊装压力室　（f）安放试样

图 9-9　试验过程照片

向压力机，施加轴向压力以进行剪切试验。在剪切过程中，采用应变控制的方式，剪切速率为 1mm/min；当轴向应变达到 20%左右，停止加载。

（7）试验结束

待整个大型三轴剪切试验结束后，需要保存试验数据，卸载轴向应力和围压，同时缓慢地排出压力室内的水。随后，将压力室吊起并小心地移除试样上的乳胶膜，并对破坏后的试样进行描述和拍照。最后，需要对试验装置进行清理，使其保持干净。

3. 试验结果及分析

（1）偏应力-轴向应变的变化规律

1）围压的影响规律。含石量作为土石混合体的一个重要指标，对土石混合体力学特性影响较大。由图 9-10 可知，不同含石量应力-应变关系曲线形态有较好的一致性，均未表现出明显的应变软化现象，大致可划分为 4 个阶段：①剪密阶段，剪应力快速增长，曲线呈向上凸起；②弹性阶段，曲线整体表现为线性增长；③应变硬化阶段，剪应力增长速率逐渐变小，曲线斜率逐渐减小但此时剪应力仍在增加；④应变软化或塑性硬化阶段。100kPa 下含石量 50%表现出一定的应变软化特征，高围压下各含石量曲线均表现出明显的塑性应变和应变硬化破坏，应力-应变关系曲线达到峰值强度并保持稳定，表现出块石与块石、块石与土体之间相互咬合产生的结构效应。

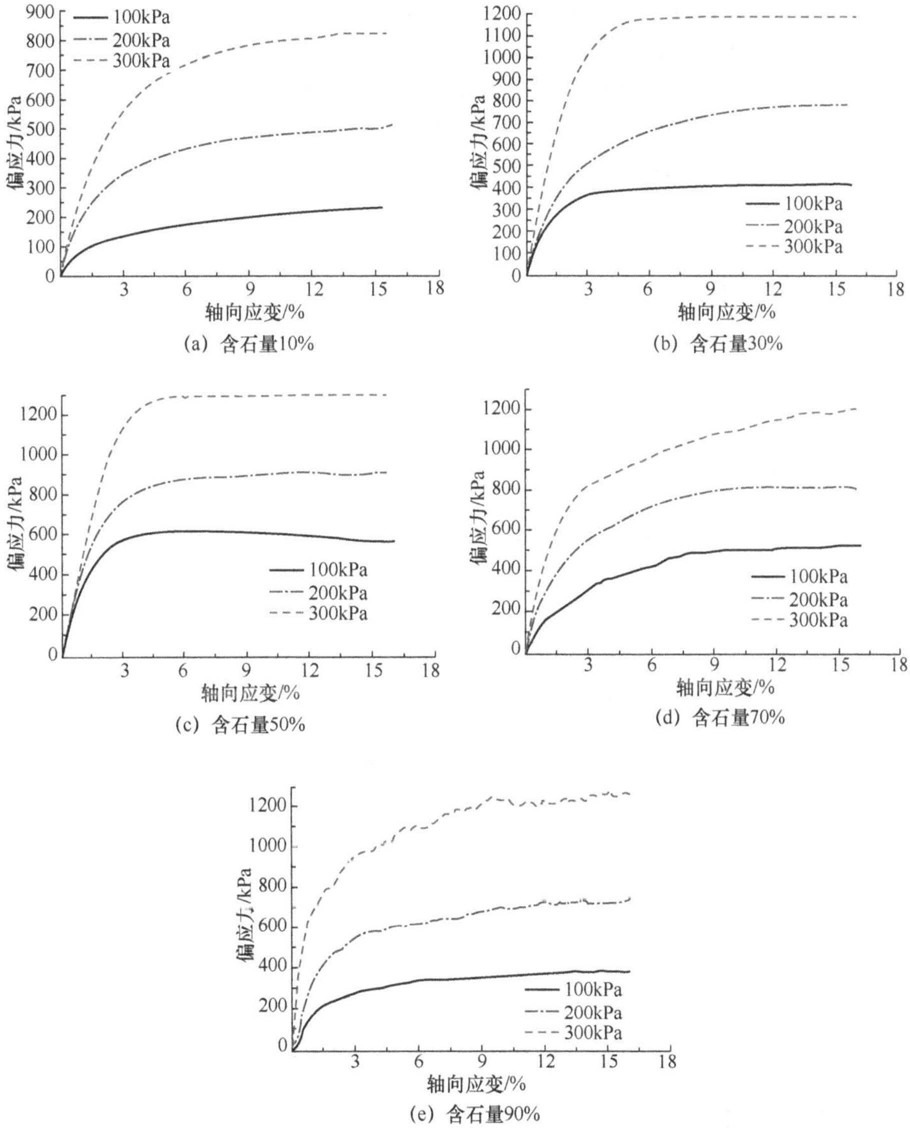

图 9-10　不同含石量下应力-应变关系曲线

整体而言，随着围压的逐渐增大，各含石量下的应力-应变关系曲线体现出更强的应变硬化特征，但强度增加缓慢且初始切线模量也逐渐增大。这表明，在试样含石量相同的情况下，围压对应力-应变关系的变化规律起到很大的影响：围压越大，土体颗粒受到更强的约束，有效地限制了颗粒的位移，从而在剪切过程中发挥出更大的土体强度，在较大的应变下更容易达到最大应力状态。相反，围压越小，土体颗粒更容易发生移动，从而在较小应变下就达到应力峰值。

2）含石量的影响规律。从不同围压下试样的应力-应变关系曲线（图 9-11）可以观察到，当应力作用于试样的前期阶段，其应变表现为弹性变形，呈线性增长；尽管试样的含石量不同，但当其承受同一竖向应力作用时，其前期的剪应变形大致一致。当应力继续增加时，应变和应力呈正相关，试样的这些应变中包含弹性变形和塑性变形，应变增大的同时，开始出现塑性变形，这时土石混合体已经进入屈服阶段，其开始被剪切破坏。随着屈服点提高到极值以后，土样开始破坏，该阶段为硬化阶段；土样破坏后，试样的抗剪强度增幅减小，试样剪切应变达到 16%时，即水平位移达到 96cm 时剪切试验结束。

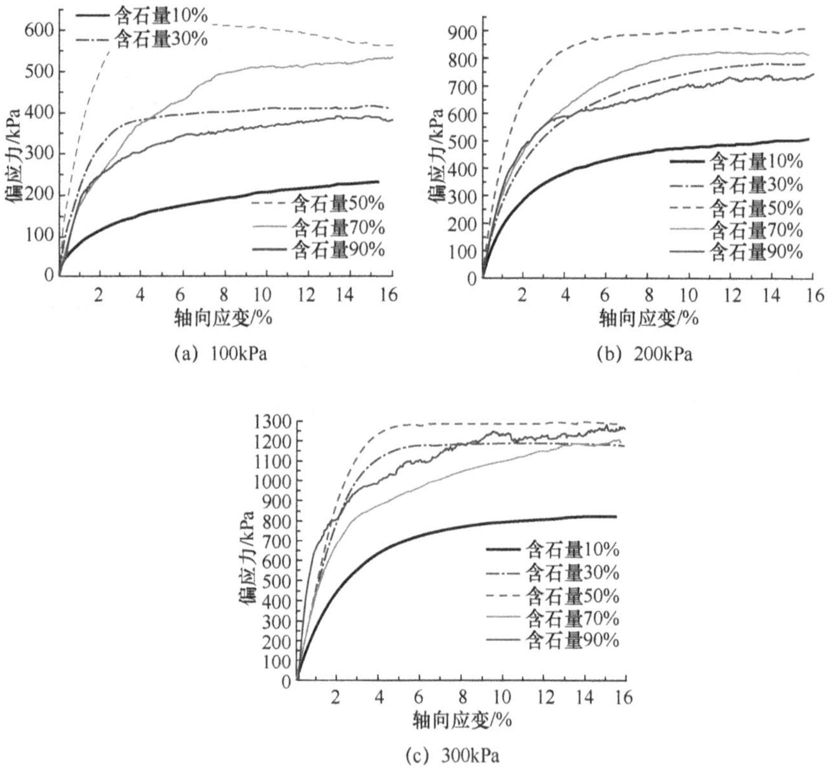

图 9-11　不同围压下应力-应变关系曲线

（2）体积应变-轴向应变的变化规律

1）围压的影响规律。不同含石量下体积应变-轴向应变关系曲线如图 9-12 所示，由试件的体积应变-轴向应变（ε_v-ε_1）关系曲线分析可知，围压对其变形特性有较大影响。

在初始的剪切阶段，试样的体积应变-轴向应变关系曲线通常比较平缓。当试样接近完全屈服时，随着剪切的继续进行，曲线开始出现不同幅度的波动。此外，随着围压的增加，这种波动会发生得更晚且波动幅度更大。这是由于在初始剪切阶段，试样呈连续体的应变变形，因此体积应变-轴向应变关系曲线比较平缓。然而，试样接近屈服时，原本相互嵌入、咬合在一起的颗粒就会发生较大的位移与错动，从而形成凹凸不平的剪切破坏面。这直接导致上下破坏面的突出体相互脱离和接触，且这一过程频繁发生：发生脱离的一瞬间剪应力迅速下降；发生接触后又迅速上升；这也使得剪应力在脱离和接触时波动变化，从而产生曲线波动现象。

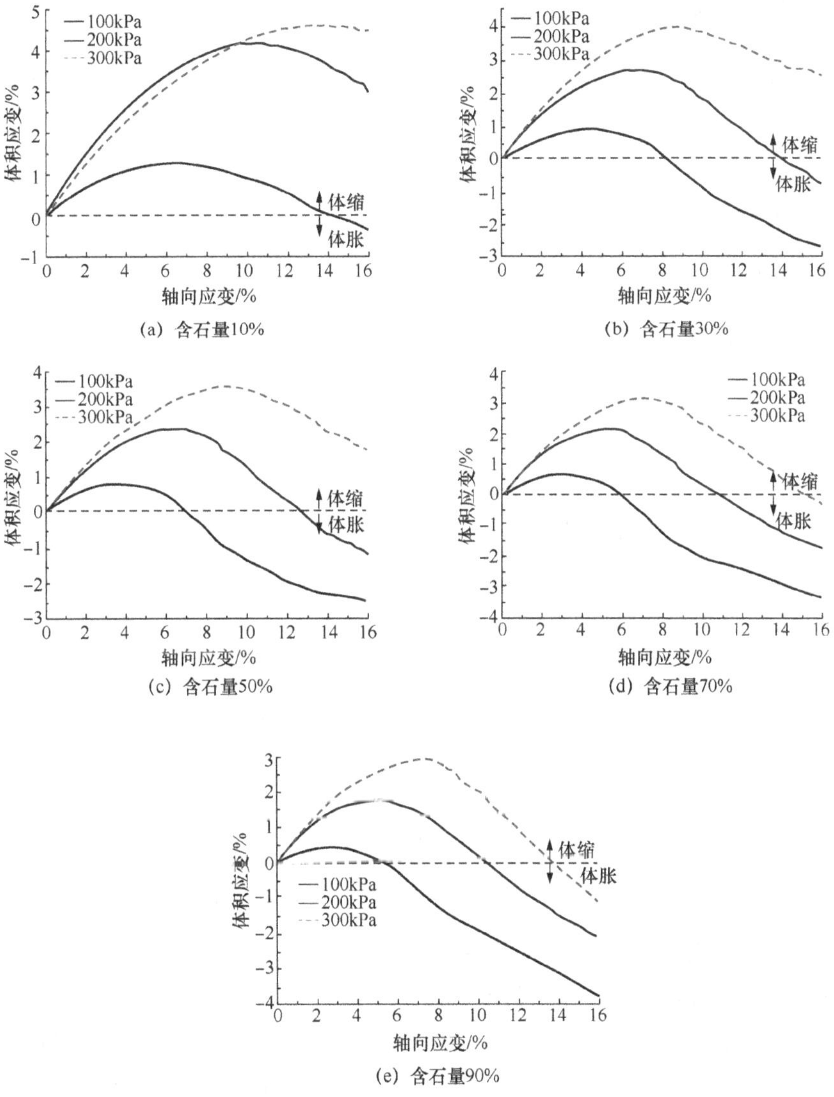

图 9-12　不同含石量下体积应变-轴向应变关系曲线

整体而言，在低围压（σ_3=100kPa）时，试样的体积应变随着轴向应变的增加，会先增加后逐渐减小，表现剪胀性。相比之下，在高围压（$\sigma_3 \geqslant$200kPa）下体积应变随着轴向应变的增大而持续增大，但增长速率会逐渐减缓，并最终趋于稳定，表现出剪缩性。

2）含石量的影响规律。从不同围压下试样的体积应变-轴向应变关系曲线（图 9-13）可以观察到，不同试样体积应变特性的基本规律是相似的，即在低围压（σ_3=100kPa）

下的体积应变 ε_v 随着轴向应变 ε_1 的增加，在试验初期会先增加然后逐渐减小，表现出明显的剪胀性。相比之下，在高围压下（$\sigma_3 \geqslant$200kPa），体积应变 ε_v 随着轴向应变 ε_v 的增加先增大后减小，而含石量10%的体积应变会趋于定值。由此可见，围压 σ_3 可以被视为影响体积应变特性的一个重要外部因素：随着围压 σ_3 的逐渐增加，试样的体积应变特性会从剪胀向剪缩转变。

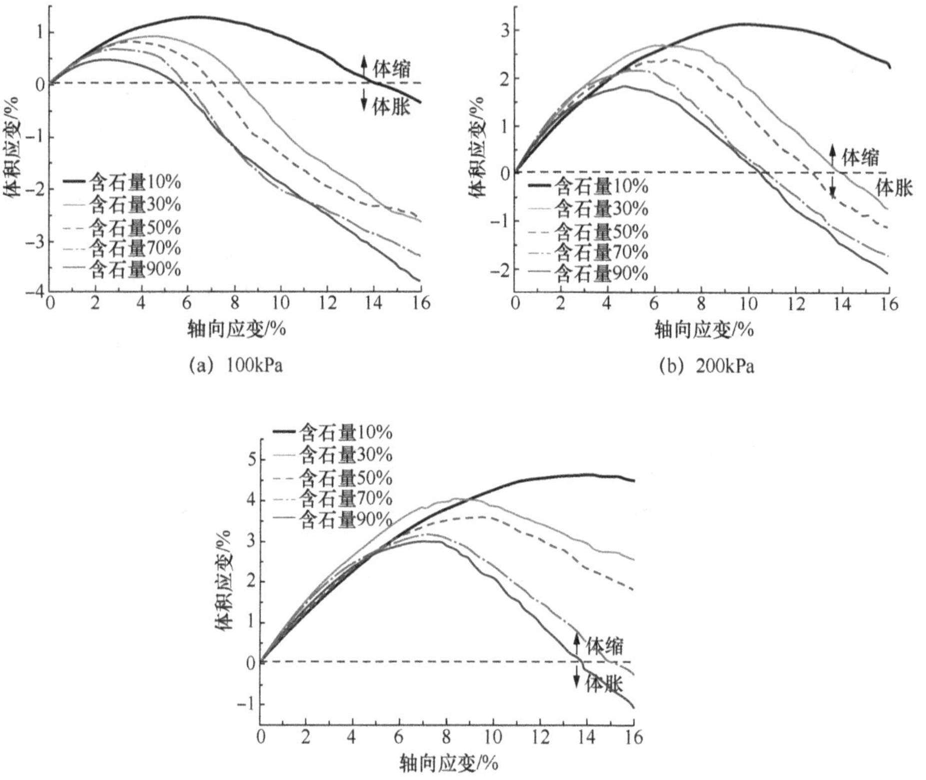

(a) 100kPa　　(b) 200kPa

(c) 300kPa

图 9-13　不同围压下体积应变-轴向应变关系曲线

含石量是影响体积应变特性的关键性因素之一。在初始剪切阶段下，不同含石量的体积应变差异并不明显，普遍出现较小幅度的剪缩，但随着剪切的进行，含石量较大的试样表现出更为显著的剪胀效应。当试样中的含石量从10%逐渐增加到90%时，在低围压（σ_3=100kPa）时，两个试样都表现出剪胀性；但含石量 90%的试样的体积应变量接近 3.8%，约为含石量 10%的 9 倍，同时其体积应变速率也更高。在高围压（σ_3=200kPa）下，含石量 90%的试样的体积应变量出现明显负增长时对应的 ε_1 仅为 5%，而含石量 10%在 ε_1 超过 11%后才出现这种现象，且负增长的速率也更小。在更高的围压下（σ_3=300kPa），两个试样都表现出剪缩性，但含石量 10%的试样剪缩量和体积应变速率都大于含石量 90%的试样。

由此可以看出，试样中含石量越高，其低压剪胀性越明显；而含石量越低，则高压剪缩性更为显著。

第 10 章 非饱和土试验

非饱和土在我国分布十分广泛，由于干旱和半干旱地区地下水位较深，地表大多数土为非饱和土；实际工程中经过开挖、重塑、回填的压实土通常为非饱和土；即使在非干旱地区如上海，由于蒸发和蒸腾作用也有相当一部分土处于非饱和状态。与饱和土不同，由于有负孔隙水压的存在，非饱和土中出现基质吸力的作用。基质吸力是反映土颗粒、水与气界面上的物理化学作用的力学参数，从力的相互作用角度出发，表示土颗粒与孔隙水之间的相互作用。基质吸力是贯穿于非饱和土力学研究的最主要因素，弗雷德隆德（Fredlund）的双应力状态变量理论认为基质吸力（u_a-u_w）是除净法向应力（$\sigma-u_a$）外，另一个表征非饱和土力学的基本应力状态变量。因此，如何测定土中的基质吸力、预测基质吸力随着外部条件的变化规律以及研究基质吸力对非饱和土抗剪强度的影响是应用非饱和土力学的知识解决实际岩土工程问题的基础。

本章共分为两大部分，第一部分介绍如何量测基质吸力，第二部分介绍通过非饱和土三轴试验确定非饱和土的抗剪强度。

10.1 土水特征曲线试验

土水特征曲线起源于土壤学，主要用来研究土壤吸力变化、持水和水分运移等特性。在土力学中，土水特征曲线用来描述吸力与含水率之间的关系。非饱和土的抗剪强度受基质吸力的直接影响，边坡或岸坡雨后容易失稳，均因为雨水入渗后土的含水率增加，基质吸力降低，导致强度降低。因此，研究基质吸力与含水率之间的关系对渗透系数的计算、非饱和土强度都具有重要意义。在目前的非饱和土力学研究当中，渗透系数的计算、土体强度与孔隙水分布规律的确定都需要土水特征曲线试验的支持。

10.1.1 试验目的

通过土水特征曲线试验测定含水率与基质吸力的对应关系，基于试验数据建立两者数学模型，获取模型参数，为非饱和土的渗透系数、变形和强度性质预测提供数据支撑。

10.1.2 试验原理及方法

确定土水特征曲线的常用方法有张力计法、压力板仪法、滤纸法和饱和盐溶液蒸汽平衡法，其适用情况、量测范围和主要试验仪器及材料见表 10-1。

表 10-1 确定土水特征曲线的常用方法及特点

测试方法	适用情况	量测范围/kPa	主要试验仪器及材料
张力计法	基质吸力	0～80	张力计
压力板仪法	基质吸力	0～1500	压力板仪
滤纸法	总吸力或基质吸力	10～100000	滤纸、盐溶液
饱和盐溶液蒸汽平衡法	总吸力	3000～360000	盐溶液

1. 张力计法

张力计法测量土体基质吸力的范围一般为 0～80kPa。

普通张力计一般由经硬质管连接的多孔陶瓷头与压力测量装置（真空表或传感器）构成。张力计工作时，多孔陶瓷头和硬质连接管用脱气水饱和。多孔陶瓷头与土体须充分接触，使土体孔隙中的水与多孔陶瓷头以及张力计中的脱气水达到压力平衡，经压力测量装置读数得到土体中的基质吸力。

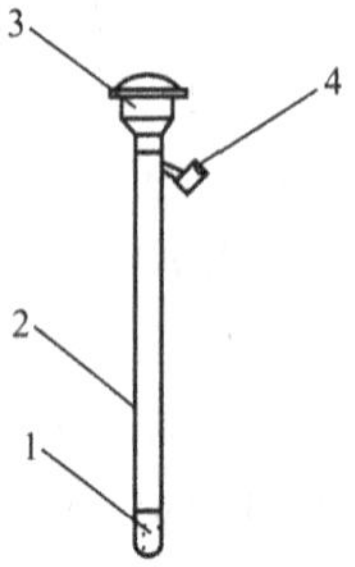

1—多孔陶瓷头；2—连接管；3—储水槽（或阀门）；4—真空表（或传感器）。

图 10-1 张力计的组成

（1）试验仪器

1）张力计。张力计的组成（图 10-1）：真空表（或传感器）、储水槽（或阀门）、连接管（一般为硬质的有机玻璃管）和多孔陶瓷头。

各组成部分的作用：真空表（或传感器）用来读取张力计内脱气水的压力，分度值为 1kPa；储水槽（或阀门）用于收集和去除张力计中的气泡；多孔陶瓷头用于连接土体孔隙水与张力计内脱气水，其进气值一般为 30～90kPa。

2）成孔器（或螺旋钻头）。帮助张力计顺利插入土的装置，成孔器先在土中成孔，所成孔的直径应略小于多孔陶瓷头的直径，再将张力计多孔陶瓷头一端插入成孔器所成的孔中。

（2）试验步骤

1）若对原状土试样或重塑土试样进行测量，应参照《土工试验方法标准》（GB/T 50123—2019）第 4.5 节的规定制备原状土试样；重塑土试样应根据试样预定的干密度称出所需的湿土量，将湿土倒入模具内，抚平试样表面，一次压实成型。原状土试样或重塑土试样应具有足够大的尺寸，直径宜大于 10cm，厚度宜大于 20cm，以尽量减少陶瓷头插入过程中对试样的扰动。

2）若进行现场测量，应开挖至待测土层，形成面积足够的工作面以便安装张力计；开挖过程中应尽量减小对土体的扰动。

3）用与张力计多孔陶瓷头尺寸配套的成孔器成孔。若无配套成孔器，则应自制或使用尺寸合适的螺旋钻头成孔。孔的内径应略小于张力计多孔陶瓷头的直径，以保证多孔陶瓷头与土体之间有良好的接触。

4）将多孔陶瓷头安装至孔中，保证多孔陶瓷头与土体之间紧密接触，并尽量减小安装过程对土体的扰动。现场测量时，应用成孔时挖出的土体对工作面进行回填，回填土的密度应稍大于原状土的密度。

5）多孔陶瓷头安装好后，应静置 1h，使之与土体之间建立吸力平衡。其后每隔 2h 记录张力计读数，直至连续 3 个读数相互之差小于 5kPa 为止。该测量过程宜持续 24h 以上。测量结束后，取最后 3 个读数的平均值作为最终读数。

6）吸力平衡后，按照《土工试验方法标准》（GB/T 50123—2019）第 5.2 节所列方法测定试样的含水率。若在现场测量，应在工作面成孔处取原状土样并测定其含水率。

（3）试验记录

张力计法试验记录表见表 10-2。

表 10-2　张力计法试验记录表

试验环境					张力计量程					
仪器名称					干密度/（g/cm^3）					
试样编号	初始读数	1h	3h	5h	7h	9h	11h	最终读数	位置水头差 h/m	基质吸力/kPa

（4）成果整理

绘制含水率与对应基质吸力的关系曲线，即试验土的土水特征曲线。

2. *压力板仪法*

压力板仪法测量土体基质吸力的范围一般为 0～1500kPa。

压力板仪法中，饱和试样置于饱和的陶土板上，通过施加一定基质吸力，使水从试样中经饱和的陶土板排出。当试样中的水不再排出时，可认为试样含水率在该基质吸力下达到平衡。测量和计算试样的含水率，建立基质吸力和含水率的关系。

（1）试验仪器

压力板仪包括垂直气动加载系统、压力控制系统（压力控制面板、压力转换按钮等）、压力板仪组件和水体积测量系统（图 10-2）。下面详细介绍压力板仪组件。

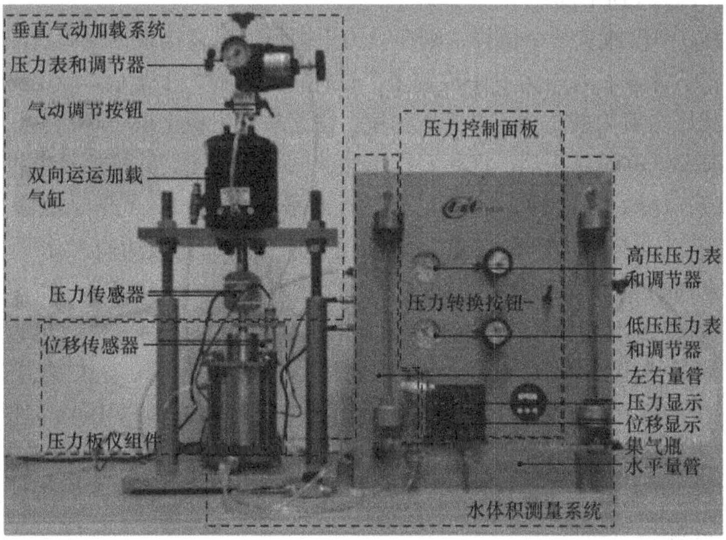

图 10-2　压力板仪实物图

1）压力室：对试样施加气压（通常是空气压力）的密闭金属容器，应标明额定压力。额定压力应不小于试验拟施加最大气压值的5倍。压力室内、外均设排水管，以将陶土板（或多孔膜）底部的排水引流至压力室外部。

2）可调节压力源：通过压力源（一般为空气压缩机或氮气瓶）及调节器向压力室施加稳定的气压。调节器的精度应为±0.25%或更高。

3）压力表：用于监测压力室中的气压。其精度必须在所施加最大气压值的0.25%以内。

4）陶土板：进气值应大于试验拟施加的最大基质吸力。陶土板的顶面与试样接触，底面下设一层金属丝网，用橡胶膜包裹形成一个充满脱气水的腔体。腔体经陶土板上的连接器与排水管相连。压力室内可设置多层陶土板，以便对同一种土样进行平行试验。

（2）试验步骤

1）在3个不同位置测量环刀的内径和高度，测量误差应小于0.1mm，取平均值作为环刀的内径和高度。称量并记录环刀的质量，精确到0.01g。

2）参照张力计法的制样方法制备试样。

3）按照《土工试验方法标准》（GB/T 50123—2019）第4.6节的规定对试样进行饱和。

4）将饱和的陶土板置于压力室中，与排水管相连。用脱气水饱和排水管以及排水管与陶土板之间的所有连接去除气泡。用量筒收集排水管导出的水，并测量其体积，精度至少为0.1mL。

5）将装有试样的环刀置于陶土板上，稍加压力并旋转约45°，确保试样与陶土板之间良好接触。试样应间隔放置以避免接触。密封压力室，让试样平衡至少48h。在48h结束时，记录量筒内水的体积。

6）平衡后，调节压力源施加吸力。第一级吸力不应超过试样预计进气值的一半。维持吸力直至吸力达到平衡。

7）若压力室中仅放置一个试样，则在吸力平衡后，可直接根据量筒所测试样排水量计算平衡时试样的含水率。若压力室中放置多个试样，则在吸力平衡后，应用夹子夹紧排水管防止回流，卸载压力室内的压力，打开压力室，快速从陶土板上取下环刀样，立即称量环刀连同试样的总质量。称量结束后，将环刀样迅速放回陶土板上，并稍加压力将每个环刀样旋转约45°，以确保良好的接触。关闭并密封压力室，迅速加载至下一级吸力，然后取下排水管上的夹子，直至吸力平衡。重复此过程，直至施加完成所有预定吸力为止。

8）本试验判断吸力达到平衡的标准为：当吸力介于0～500kPa时，测量排出水体积，直到24h内排出水的体积小于0.1mL为止，视为吸力达到平衡；当吸力介于500～1000kPa时，测量排出水体积，直到48h内排出水的体积小于0.1mL为止，视为吸力达到平衡；当吸力大于1000kPa时，测量排出水体积，直到96h内排出水的体积小于0.1mL为止，视为吸力达到平衡。

9）吸力达到平衡后，将试样取出，按照《土工试验方法标准》（GB/T 50123—2019）第5章所列方法测定其含水率。

（3）试验记录

压力板仪法试验记录表见表10-3。

表 10-3　压力板仪法试验记录表

试样编号	干密度/(g/cm³)	数据种类	施加吸力 s/kPa								烘干后试样质量 m_d/g
			10	25	50	100	200	500	800	1000	
		平衡后试样质量 m_e/g									
		含水率/%									
		平衡后试样质量 m_e/g									
		含水率/%									
		平衡后试样质量 m_e/g									
		含水率/%									
	备注										

（4）成果整理

绘制含水率与对应基质吸力的关系曲线，即试验土的土水特征曲线。

3. 滤纸法

滤纸法测量土体基质吸力的范围一般为 10～100000kPa。

滤纸法中，滤纸在密闭容器内与土体直接接触达到平衡以测得土体的基质吸力（接触法），或与容器内局部蒸汽压达到平衡以测得土体的总吸力（非接触法）。

滤纸的含水率同吸力值有一定的关系，如图 10-3 所示。从理论上讲，当滤纸与土体直接接触时，滤纸的平衡含水率相当于土体的基质吸力。另一方面，当滤纸与土体不相接触时，滤纸的平衡含水率相当于土体的总吸力。因此，同一率定曲线可用于测定土体的基质吸力与总吸力。

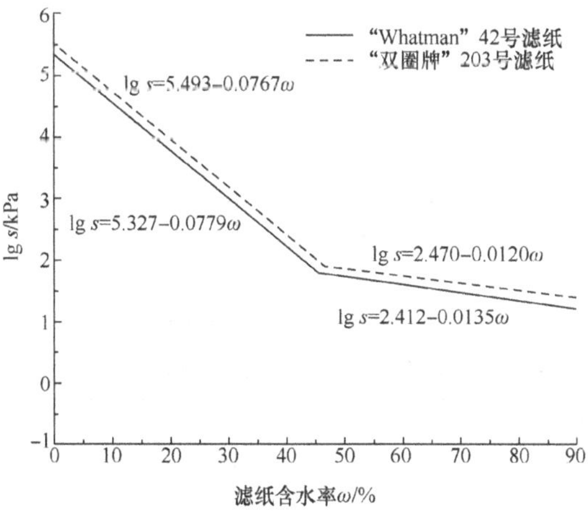

图 10-3　"Whatman" 42 号滤纸和"双圈牌" 203 号滤纸的率定曲线

（1）试验仪器及材料

1）滤纸：应为无灰滤纸，如"Whatman" 42 号滤纸和"双圈牌" 203 号滤纸等。滤纸的直径一般为 5.5cm。两种滤纸的率定曲线如图 10-3 所示。

标定滤纸率定曲线的方法如下。

① 基质吸力率定曲线：采用本章“压力板仪法”所列仪器和方法，将饱和滤纸作为试样置于饱和的陶土板上，施加 10 级基质吸力（20kPa、35kPa、50kPa、80kPa、100kPa、200kPa、350kPa、500kPa、800kPa、1000kPa）。吸力平衡后测量和计算滤纸的含水率，建立滤纸含水率与所施加基质吸力之间的关系，即滤纸的率定曲线。

② 总吸力率定曲线：采用饱和盐溶液蒸汽平衡法所列仪器和方法，在密闭干燥器中，分别加入不同浓度的 NaCl 溶液和 KCl 溶液。在 20℃恒温下，使滤纸与盐溶液在密闭干燥器中所创建的相对湿度环境相平衡。通过测量平衡后滤纸的含水率，进而建立滤纸含水率与相对湿度所对应的吸力之间的关系，即可得到滤纸的率定曲线。表 10-4 列出了不同浓度的 NaCl 溶液和 KCl 溶液所对应的相对湿度和吸力值。

滤纸基质吸力率定曲线的试验结果记录应符合表 10-5 的规定。滤纸总吸力率定曲线的试验结果记录应符合表 10-6 的规定。

表 10-4 20℃时不同浓度的 NaC1 溶液和 KC1 溶液所对应的相对湿度和吸力值

吸力/kPa	盐溶液上方空气相对湿度 RH（小数表示）	20℃	
		NaCl 溶液/（g/1000mL）	KCl 溶液/（g/1000mL）
98	0.99927	1.3	1.7
310	0.99774	3.8	5.3
980	0.99278	13.1	17.0
3099	0.97764	39.0	52.7
9800	0.93008	122.5	165.0

表 10-5 滤纸率定曲线（基质吸力部分）试验记录表

滤纸编号	数据种类	施加吸力 s/kPa								烘干后滤纸质量/g
		10	25	50	100	200	500	800	1000	
	平衡后滤纸质量/g									
	滤纸含水率/%									
	平衡后滤纸质量/g									
	滤纸含水率/%									
	平衡后滤纸质量/g									
	滤纸含水率/%									
备注										

表 10-6 滤纸率定曲线（总吸力部分）试验记录表

盐溶液类型	总吸力/kPa	滤纸编号	不同时间的试样质量/g						烘干后滤纸质量/g	滤纸含水率/%
			10d	12d	14d	16d	18d	平衡		
备注										

2）密闭容器：容积为 120～240mL 且密闭性良好的防锈金属罐或玻璃罐。

3）隔热箱：当外部温度变化 3℃时，其内部温度的变化应在±1℃内的泡沫聚氯乙烯隔热箱。

4）天平：称量 20g，分度值 0.1mg。

5）烘箱：可采用电热烘箱或温度能保持在 105～110℃的其他能源烘箱。

6）干燥器：内有硅胶或无水硫酸钙的密封容器，用以盛放干燥滤纸。

7）其他：镊子、胶带、O 形环、金属网、称量盒等。

（2）试验步骤

1）参照张力计法的制样方法制备试样。

2）将滤纸在烘箱中在 110℃下烘烤至少 12h。烘干后置于干燥器内存储待用。

3）将制备好的试样置于密闭容器中，试样应尽量填满整个密闭容器，以缩短平衡时间，并减小密闭容器中空气里的水蒸气对试样吸力的影响。

4）非接触法测量总吸力：在试样上方放置由金属网、O 形环等憎水材料做成的悬空支架。用镊子从干燥器内取出 2 片滤纸，快速放置在支架上，避免滤纸和土样直接接触［图 10-4（a）］。

5）接触法测量基质吸力：将 3 张一叠的滤纸夹在两个平行试样之间［图 10-4（b）］。中间滤纸的直径应比外层滤纸的直径至少小 3～4mm，以确保测量基质吸力的中间滤纸不受污染。

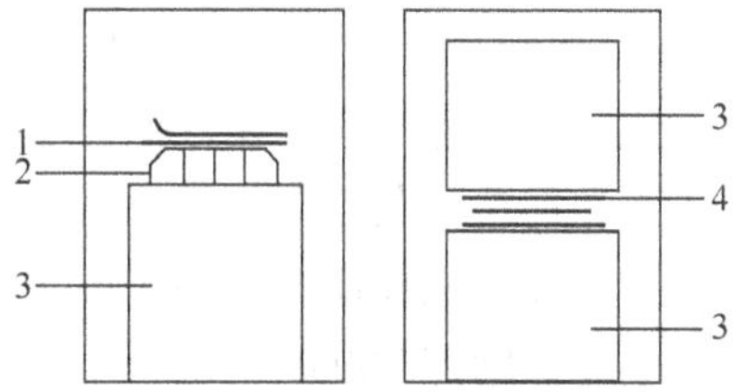

（a）总吸力　　（b）基质吸力

1—2 片滤纸；2—悬空支架；3—试样；4—3 片滤纸。

图 10-4　滤纸法测量试样吸力示意图

6）密封密闭容器，并用胶带封口，置于隔热箱内进行吸力平衡。隔热箱内的环境温度一般设置为 20℃。吸力平衡时间至少为 7d。

7）吸力平衡之后，将盛有试样的密闭容器移出隔热箱并打开，迅速用镊子将试验滤纸（非接触法测量总吸力时为上层滤纸，接触法测量基质吸力时为中间滤纸）夹到称量盒中。整个过程应在 3～5s 内完成。

8）用天平快速称量装有湿滤纸的称量盒的质量，准确至 0.1mg。

9）将装有滤纸的称量盒敞口放置在烘箱内烘干至少 2h。

10）烘干后，立即用天平称量装有干滤纸的称量盒的质量，准确至 0.1mg。取出滤纸，称量称量盒的质量，准确至 0.1mg。

11）从密闭容器中取出试样，按照测量试样含水率的方法进行含水率的测量。试验测量记录表见表 10-7。

（3）试验记录

试验记录表见表 10-5～表 10-7。

表 10-7　滤纸法试验记录表

试样编号	试样干密度/（g/cm³）	滤纸编号	吸力平衡历时/d	称量盒质量/g	（称量盒+平衡后湿滤纸）质量/g	（称量盒+干滤纸）质量/g	滤纸含水率/%	吸力/kPa	土样含水率/%

续表

试样编号	试样干密度/（g/cm^3）	滤纸编号	吸力平衡历时/d	称量盒质量/g	（称量盒+平衡后湿滤纸）质量/g	（称量盒+干滤纸）质量/g	滤纸含水率/%	吸力/kPa	土样含水率/%
备注									

（4）成果整理

绘制含水率与对应的总吸力或基质吸力的关系曲线，即试验土的土水特征曲线。

4. 饱和盐溶液蒸汽平衡法

饱和盐溶液蒸汽平衡法测量土体基质吸力的范围一般为 3000～360000kPa。

饱和盐溶液蒸汽平衡法通过饱和盐溶液，在放有试样的密闭干燥器中创建稳定的相对湿度环境。试样通过与该湿度环境平衡而达到特定的总吸力。通过测定试样在不同饱和盐溶液所创建的湿度环境下平衡后的含水率，建立试样含水率与不同饱和盐溶液所对应的总吸力之间的关系。

1—密闭干燥器；2—试样；3—饱和盐溶液；4—试样支架；5—多孔板；6—密封盖。

图 10-5　密闭干燥器

（1）试验材料及仪器

1）密闭干燥器（图 10-5）：宜由玻璃或有机玻璃制造，密封性良好。

① 多孔板：开有小孔的塑料板或有机玻璃板，可支撑于密封干燥器底部饱和盐溶液的液面之上，其上放置试样。

② 试样支架：在多孔板上放置试样支架，再将试样悬空放置于支架上，以增加试样与周围空气的接触面积。

2）天平：称量 20g，分度值 0.1mg。

3）可溶盐：饱和盐溶液及其在 20℃时所对应的相对湿度和总吸力见表 10-8。

表 10-8　饱和盐溶液及其在 20℃时所对应的相对湿度和总吸力

饱和盐溶液类型	相对湿度/%	总吸力/kPa
LiBr	6.6	367540
NaOH	7.0	359100
LiCl	12.0	286300
CH_3COOK	23.1	197900
$MgCl_2$	33.1	149300
K_2CO_3	43.2	113300

续表

饱和盐溶液类型	相对湿度/%	总吸力/kPa
NaBr	59.1	71000
KI	69.9	48420
NaCl	75.5	37900
KCl	85.1	21800
Na_2CO_3	91.0	12700
Na_2SO_4	93.0	9800
KNO_3	94.6	7480
K_2SO_4	97.6	3300

（2）试验步骤

1）用蒸馏水配制饱和盐溶液。配置后的盐溶液应处于过饱和状态，即有结晶盐析出。配置后的饱和盐溶液应静置至少 1h。

2）将饱和盐溶液置于密闭干燥器的底部。放置多孔板（多孔板底部应高于饱和盐溶液液面）和试样支架。将试样切割成 1～5g 的小块，置于试样支架上（图 10-5）。

3）密封干燥器，静置 10d。其后每 2d 用天平称量试样质量。称量过程应迅速完成以减少对试样含水率以及密闭干燥器中湿度环境的影响。

4）土体与密闭干燥器中湿度环境达到平衡的标准为试样的质量变化率，即单位时间内试样质量的变化量与试样初始质量的比值，小于 0.1%/d。

5）测量试样在平衡后的含水率。

（3）试验记录

饱和盐溶液湿度平衡法试验记录表见表 10-9。

表 10-9　饱和盐溶液湿度平衡法试验记录表

盐溶液类型	总吸力/kPa	试样编号	不同时间的试样质量/g						烘干试样质量/（g/cm³）	试样干密度/g	试样含水率/%
			10d	12d	14d	16d	18d	平衡			
备注											

（4）成果整理

绘制含水率与总吸力的关系曲线，即为试验土的土水特征曲线。

10.1.3　实例——粒径组成和干密度对重塑黄土保水特性的影响

1. 试验背景

黄土是形成于第四纪以来重要的陆相沉积物之一，其广泛分布于我国华北、西北、东北等地区。黄土具有的大孔隙及柱状节理等独特结构，具有水敏性，伴随水分的分布和迁移，显著影响非饱和土体的渗透、变形和稳定性问题。例如，在降雨入渗、蒸发、灌溉等作用下，黄土边坡内部的孔隙水压力和基质吸力随水分运移不断变化，从而导致坡体有效应力场发生变化，引起坡体发生变形。原因是持水特性对非饱和黄土变形影响显著。而现阶段研究内容多侧重含水率和压实度等因素，对粒度组成影响持水特性的研究成果较少，更缺乏定量分析。因此，开展不同粒度组成条件下黄土土水特征试验研究是必要的。

土样取自延安市安塞区南沟村新鲜开挖剖面，试验取土点位于马兰黄土顶部以下埋深 3m 处。采用 Mastersizer 2000E 激光粒度仪测得其颗粒级配分析如图 10-6 所示。通过击实试验测得延安黄土的最大干密度为 1.73g/cm^3，最优含水率为 15.7%（图 10-7）。试验土样基本物理力学性质指标见表 10-10。

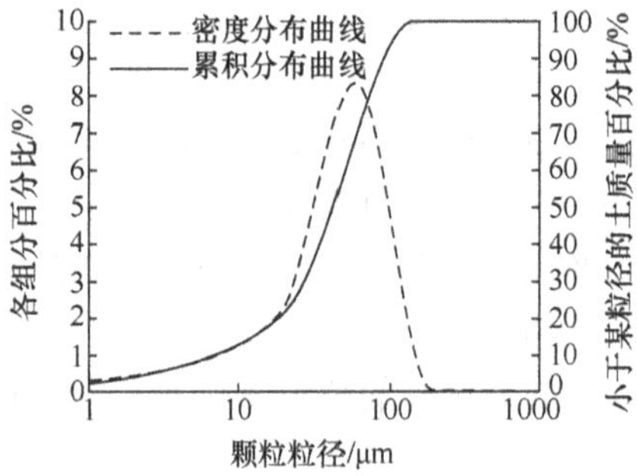

图 10-6　延安黄土地区颗粒级配分析

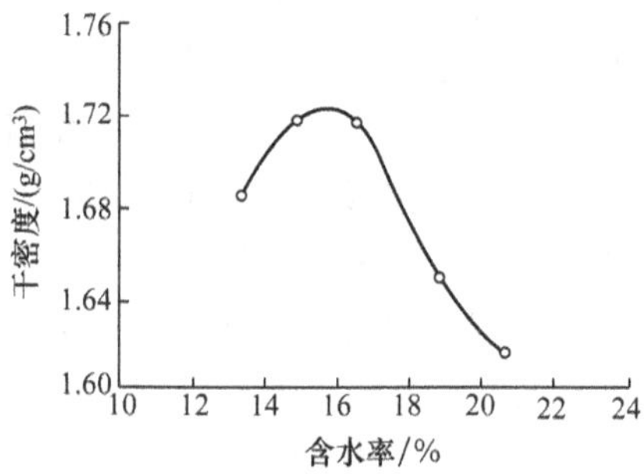

图 10-7　延安黄土击实试验曲线

表 10-10　试验土样基本物理力学性质指标

名称	比重	砂粒含量	粉粒含量	黏粒含量	液限	塑限	塑性	孔隙比	饱和渗透系数
		0.075～2mm	0.005～0.075mm	<0.005mm	w_l/%	w_p/%	指数 I_p		K_s/（m/s）
延安黄土	2.70	16.77%	76.68%	6.55%	30.6	21.4	9.2	0.85	1.26×10^{-6}

2. 试验方案

（1）试验仪器

设备采用 Geo-Experts 土水特征曲线压力板仪。

（2）试验步骤

为了研究颗粒组成对黄土土水持水特性的影响，采用洗筛法对所使用的黄土试样过 0.075mm 筛进行分选，收集粒径大于 0.075mm 的砂粒为骨架砂，进行烘干备用。试验所用重塑样由砂粒和黄土按照不同比例配制而成，考虑最大干密度的 95%，即在 ρ=1.64g/cm^3 下配制不同粒度组成土样，在原有土样基础上，试验设计另掺入砂粒含量（占试样总质量）分别为 0、10%、20%、30%、60%以及过 0.075mm 筛后细粒土样共 6 个，（以下为方便表述，依次编号 S0、S1、S2、S3、S4、S5）。考虑最大干密度的 95%、90%、80%，即 1.64g/cm^3、1.56g/cm^3、1.38g/cm^3 三种干密度的黄土试样进行试验（土样依次编号为 S0、S6、S7）。具体试验方案见表 10-11。对配置土样的粒度组成进行跟踪测定，测得不同粒度组成黄土粒径密度分布和累积曲线如图 10-8 和图 10-9 所示。

表 10-11　土水特征曲线试验方案

试样编号	干密度/（g/cm^3）	黏粒含量/%	粉粒含量/%	砂粒含量/%	曲率系数 C_c	不均匀系数 C_u	有效粒径 D_{10}/mm
S0	1.64	6.55	76.68	16.77	1.82	5.80	8.51
S1	1.64	6.39	72.1	21.51	1.75	5.86	8.86
S2	1.64	5.58	64.95	29.47	1.57	5.62	10.63
S3	1.64	5.07	60.61	34.32	1.44	5.45	12.11
S4	1.64	3.77	41.12	55.11	1.19	6.43	17.02
S5	1.64	9.6	79.56	10.84	2.35	9.44	5.29
S6	1.56	6.55	76.68	16.77	1.82	5.80	8.51
S7	1.38	6.55	76.68	16.77	1.82	5.80	8.51

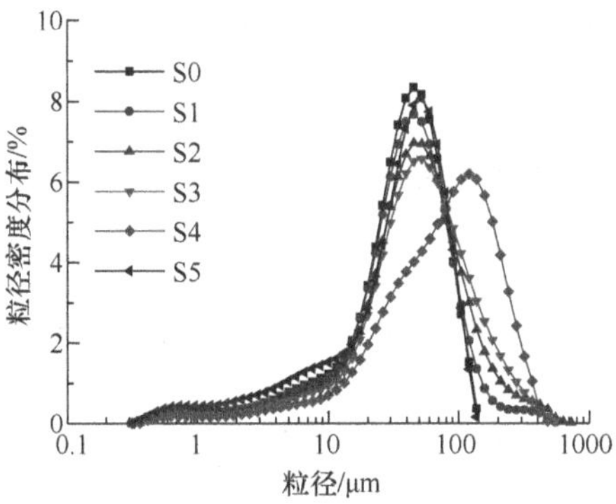

图 10-8　不同粒度组成黄土粒径密度分布曲线

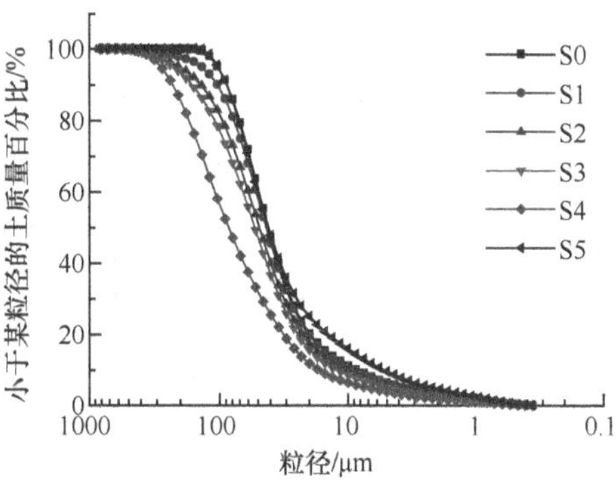

图 10-9　不同粒度组成黄土粒径累积分布曲线

由图 10-10 可以看出，体积含水率随基质吸力的增大而减小，当基质吸力介于 10kPa 到 100kPa 之间时，体积含水率随基质吸力的增大而明显降低，而基质吸力超过 100kPa 以后，体积含水率的变化量较小，并逐渐趋近于土体的残余含水率。S5 黄土残余含水率较大，其土水特征曲线相对于 S0 整体右移；S4 黄土残余含水率较小，其土水特征曲线相对于 S0 整体左移；S1、S2、S3 表现出类似的规律，大于进气值以后，体积含水率迅速降低至小于原级配黄土 S0，且大于砂粒掺量为 60%黄土体积含水率，但是后半段表现出较好的持水性，体积含水率均大于原级配黄土 S0。同时，改变级配后黄土的土水特征曲线表现出了双降特征，包含两个陡降段，且第二个陡降段斜率小于第一个陡降段斜率。

图 10-8（彩图）

图 10-9（彩图）

由图 10-11 可以看出，饱和体积含水率随着土体干密度的增大而减小，且随着干密度的增大，土样的进气值逐渐增大。这是由于干密度越大，土颗粒排列更密实，土颗粒间的孔隙减小，土体储水空间减少，超过进气值后，土水特征曲线斜率较为接近，较大干密度的试样排水相对较慢，对应的曲线变化速率较小。曲线后半段干密度越大，残余含水率更高，总体上，不同干密度黄土的土水特征曲线在基质吸力较大时差异不大。

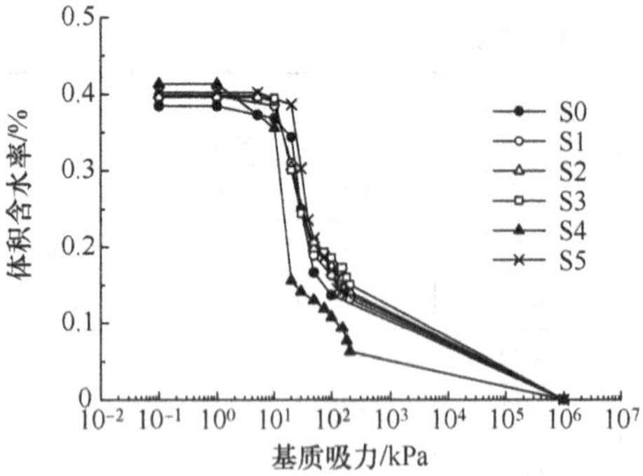

图 10-10 不同粒度组成黄土的土水特征曲线

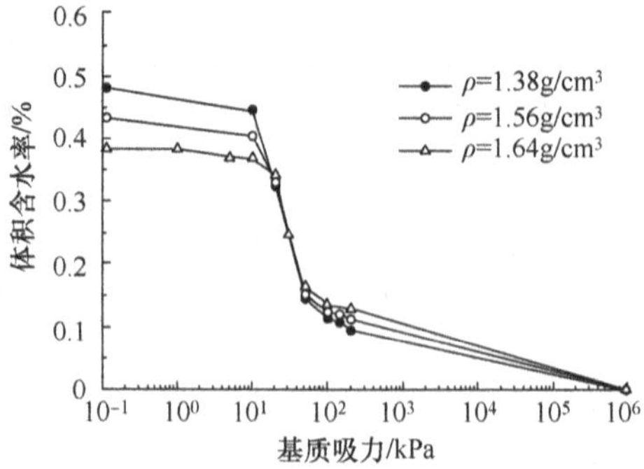

图 10-11 不同干密度黄土的土水特征曲线

3. 试验结果与讨论

（1）试验结果分析

绘制不同粒度组成及不同干密度黄土的土水特征曲线，如图 10-10 和图 10-11 所示。土水特征曲线的基本保水参数见表 10-12。

表 10-12 土水特征曲线的基本保水参数

试样编号	饱和体积含水率/%	进气值/kPa	过渡区脱湿曲线斜率 λ	残余含水率/%	残余基质吸力/kPa	含水率变化幅度/%
S0	38.4	14.0	4.63	13.20	54	25.2
S1	39.8	10.0	3.84	13.40	79	26.4
S2	39.9	9.1	3.53	14.70	78	25.2
S3	39.6	10.0	4.04	16.20	55	23.4
S4	41.3	8.2	6.69	7.80	24	33.5
S5	40.2	17.1	5.05	14.50	61	25.7
S6	43.3	10.6	4.66	12.00	56	31.3
S7	48.2	9.1	4.71	11.00	60	37.2

（2）土水特征曲线的拟合与分析

运用 MATLAB 选取 Gardner 模型和 Van Genuchten（以下简称 VG）模型两种常用模型对实测的土水特征曲线数据进行拟合。

Gardner 模型的计算方程：

$$\theta_{\mathrm{w}}=\theta_{\mathrm{r}}+\frac{\theta_{\mathrm{s}}-\theta_{\mathrm{r}}}{1+\left(\dfrac{\psi}{\alpha}\right)^{n}} \tag{10-1}$$

式中：θ_{w}——体积含水率 $\theta_{\mathrm{w}}\in(\theta_{\mathrm{r}},\theta_{\mathrm{s}}]$，%；

θ_{r}——残余体积含水率，%；

θ_{s}——饱和体积含水率，%；

ψ——基质吸力 $S\in(0,S_{\mathrm{r}}]$，kPa；

α、n——拟合参数。

VG 模型的计算方程：

$$\theta_{\omega}=\theta_{r}+\frac{\theta_{s}-\theta_{r}}{\left[1+(\alpha\cdot\psi)^{n}\right]^{\left(1-\frac{1}{n}\right)}} \tag{10-2}$$

试验所得，不同粒度组成和不同干密度黄土的土水特征曲线实测数据点及拟合曲线如图 10-12 和图 10-13 所示，土水特征曲线参数模拟及精度检验见表 10-13。

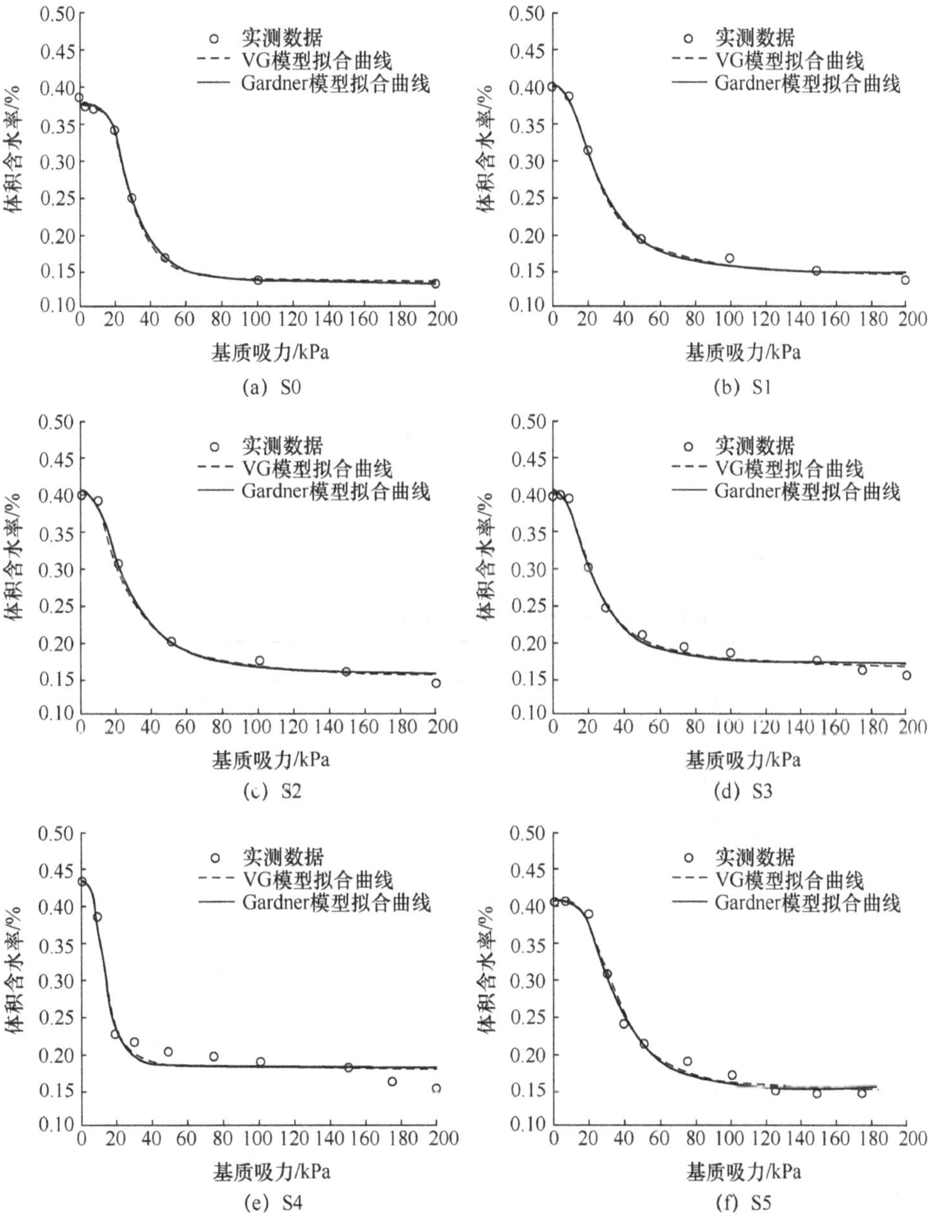

图 10-12　不同粒度组成黄土的土水特征曲线实测数据点及拟合曲线

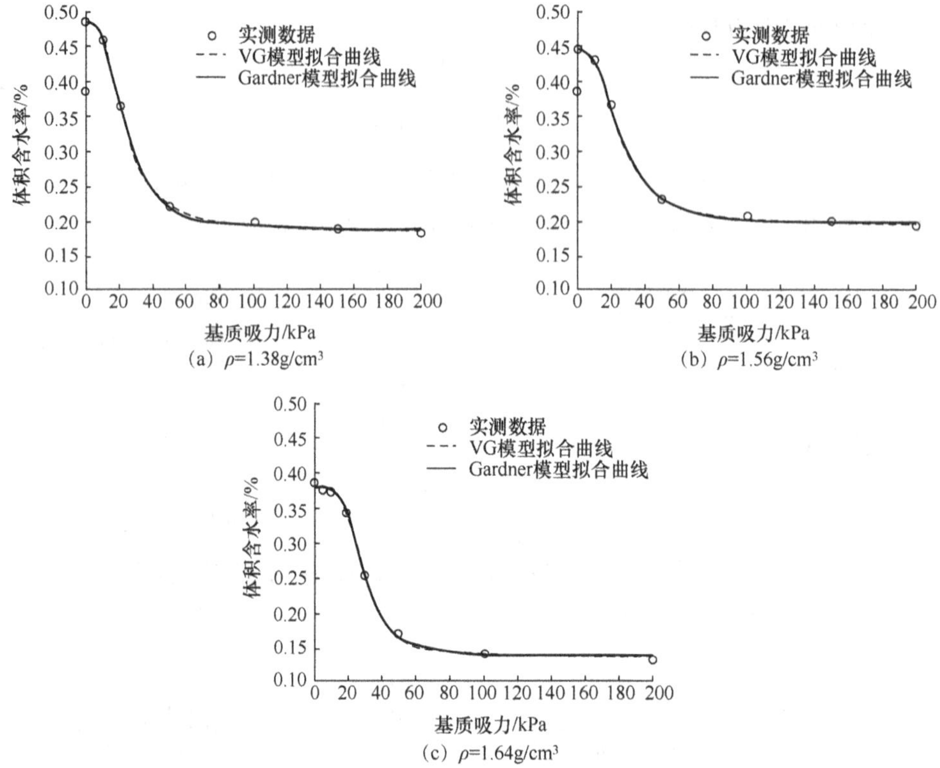

(a) ρ=1.38g/cm³

(b) ρ=1.56g/cm³

(c) ρ=1.64g/cm³

图 10-13　不同干密度黄土的土水特征曲线实测数据点及拟合曲线

表 10-13　土水特征曲线参数模拟及精度检验（α=0.05）

试样编号	模型类型	α	n	θ_s/%	θ_r/%	残差平方和
S0	VG 模型	0.036	4.408	0.376	0.132	1.876×10^{-4}
	Gardner 模型	0.033	4.010	0.377	0.133	2.289×10^{-4}
S1	VG 模型	0.049	2.661	0.402	0.134	2.185×10^{-4}
	Gardner 模型	0.037	2.295	0.402	0.140	3.178×10^{-4}
S2	VG 模型	0.051	2.664	0.405	0.147	3.957×10^{-4}
	Gardner 模型	0.039	2.287	0.406	0.152	5.461×10^{-4}
S3	VG 模型	0.054	2.764	0.403	0.162	9.254×10^{-4}
	Gardner 模型	0.043	2.415	0.404	0.167	1.195×10^{-3}
S4	VG 模型	0.079	3.847	0.417	0.097	3.542×10^{-3}
	Gardner 模型	0.070	3.608	0.417	0.099	3.804×10^{-3}
S5	VG 模型	0.033	3.598	0.406	0.145	1.054×10^{-3}
	Gardner 模型	0.029	3.269	0.407	0.148	1.283×10^{-3}
S6	VG 模型	0.046	3.180	0.429	0.113	8.271×10^{-3}
	Gardner 模型	0.038	2.7408	0.430	0.116	9.544×10^{-3}
S7	VG 模型	0.052	3.100	0.480	0.103	6.874×10^{-3}
	Gardner 模型	0.043	2.668	0.482	0.106	1.160×10^{-4}

从表 10-13 可以看出，和 Gardner 方程比较，VG 方程拟合度较高。S0、S1、S2 黄土的土水特征曲线试验散点拟合的残差平方和很小，拟合效果较好；S3、S4、S5 黄土拟合的残差平方和相对较大；不同干密度下黄土的土水特征曲线试验散点拟合的残差平方和很小，拟合效果好。

（3）粒度组成对非饱和黄土基质吸力变化特征值的影响

为进一步揭示进气值、残余含水率、过渡区脱湿曲线斜率 λ 与粒组含量之间关系，对粒组含量与土水特征曲线参数变化趋势拟合进行相关性分析。拟合参数见表 10-11、表 10-12。

由于样本数据中黏粒含量整体占比较低，拟合中变化幅度较小，进气值受其影响不显著。为减小相关分析时砂粒和粉粒含量对黏粒含量的干扰，拟对黏粒进行单因素分析。以砂粒和粉粒含量为自变量 x、y，进气值为因变量 z，得拟合方程：

$$z = p_1 + p_2 \times \mathrm{Exp}(-x) + p_3 / y^{1.5} \quad (10\text{-}3)$$

式中：p_1=7.22253，p_2=329.2033，p_3=1.704396×10^{-6}。得到相关系数 R=0.966。

此外，对黏粒含量进行了单因素相关分析，将黏粒含量定义为 a，进气值定义为 b，可以看出两个变量之间的变化趋势为同向增长。进气值与土体各粒组含量关系曲线，如图 10-14 所示。

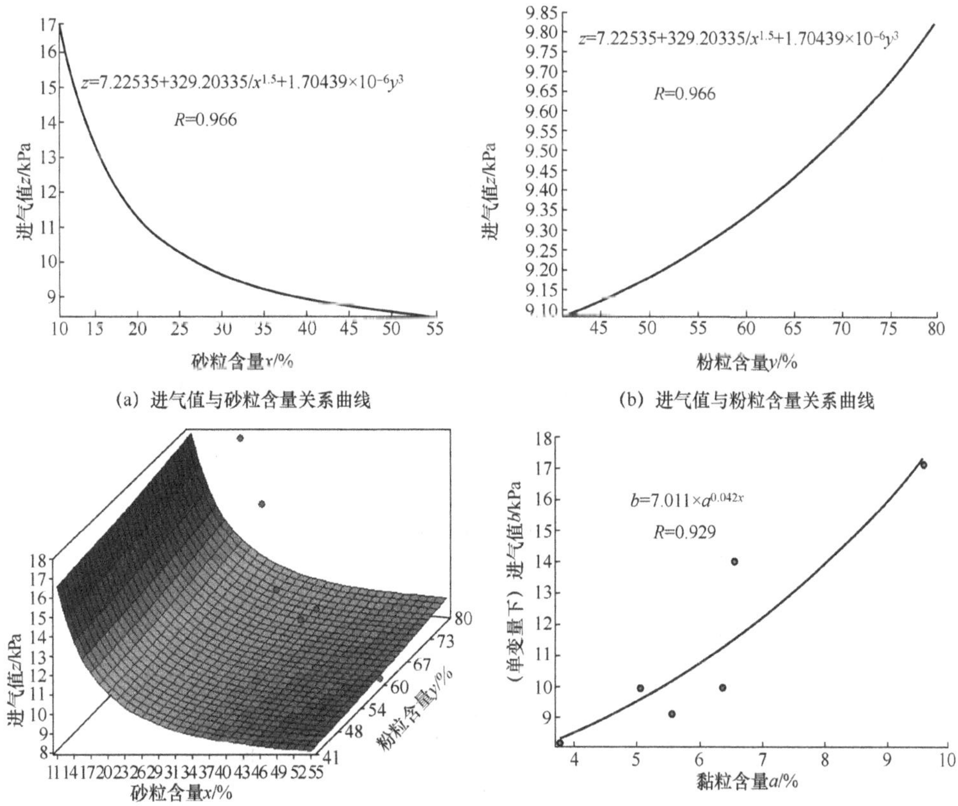

(a) 进气值与砂粒含量关系曲线　(b) 进气值与粉粒含量关系曲线

(c) 进气值与砂粒、粉粒含量空间关系　(d) 单变量下进气值与黏粒含量关系曲线

图 10-14　进气值与土体各粒组含量关系曲线

如图10-14（a）所示，进气值与砂粒含量具有负相关性。当砂粒含量介于15%～20%时，进气值受其控制作用显著，当砂粒含量大于20%时，控制效应减弱；进气值与粉粒含量有良好正相关性，当粉粒含量大于60%时，影响显著增强［图10-14（b）］；由曲线分布范围和斜率可知，当进气值介于9～10kPa之间时，受粉粒含量影响较大，进气值大于10kPa时，受砂粒含量影响较大，进气值与砂粒、粉粒含量空间关系如图10-14（c）所示；对黏粒含量进行单因素分析，如图10-14（d）所示，可知，单变量下进气值与黏粒含量呈正向关。

原因是砂粒粒径较大，且呈单粒结构，渗透系数较大，而相同条件下，砂粒含量越多，孔隙连通性越好，试样进气值越低，即负相关；粉粒粒径小，且呈蜂窝结构，孔隙流通性相对较差，含量越高，进气值越高；黏粒颗粒极小，化学性质活泼，亲水性强，呈絮状结构，土颗粒与水膜间范德华力较大，约束较强，因此，孔隙流通性差，与进气值呈正相关。

选取试样S1～S4，将土体各粒组含量分别与过渡区脱湿曲线斜率λ拟合，相关曲线如图10-15所示。λ与土体各粒组含量存在非线性关系，符合$y=p_1+p_2x+p_3x^2$规律。过渡区脱湿曲线斜率与砂粒含量呈正相关如图10-15（a）所示；其与粉粒含量、黏粒含量关系如图10-15（b）、（c）所示，呈负相关。三者均在S4土样附近出现反弯点，可见，当土样残余含水率接近最优含水率时，过渡区脱湿曲线斜率λ达到极值，此后，过渡区脱湿曲线斜率不再随细颗粒含量的增加而降低。

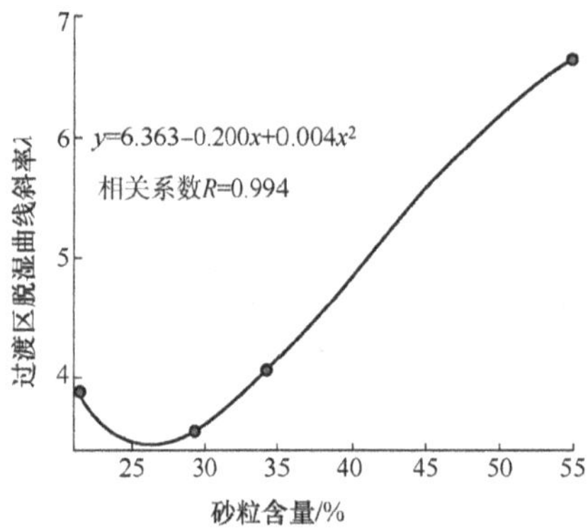

(a) 过渡区脱湿曲线斜率与砂粒含量关系曲线

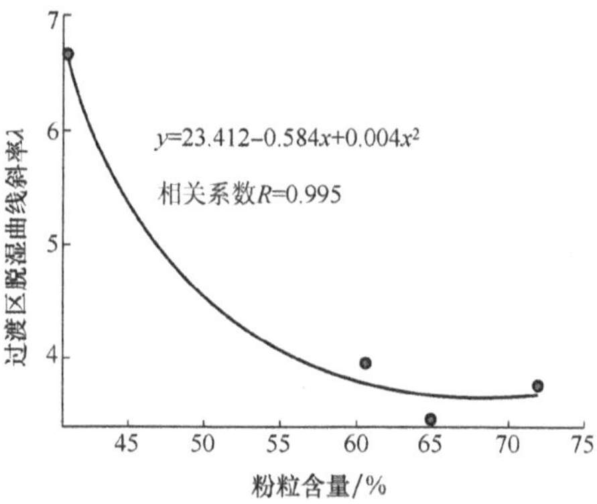

(b) 过渡区脱湿曲线斜率与粉粒含量关系曲线

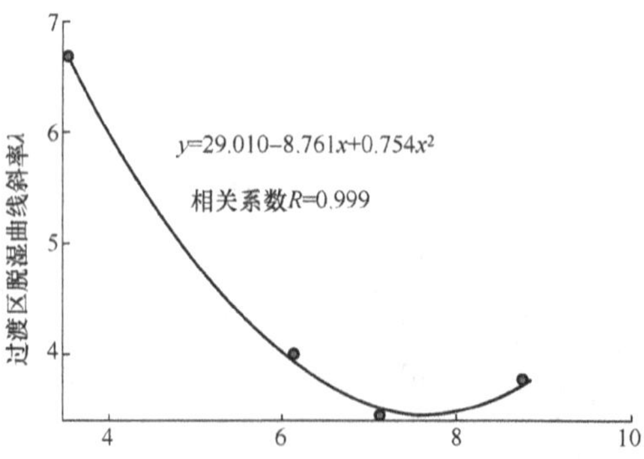

(c) 过渡区脱湿曲线斜率与黏粒含量关系曲线

图10-15　过渡区脱湿曲线斜率与粒组含量关系曲线

（4）干密度对非饱和黄土基质吸力变化特征值的影响

为了进一步研究土水特征曲线（soil-water characteristic curve，SWCC）参数和干密度之间的相关性，模拟 SWCC 参数的变化趋势并分析了干密度的内容。仿真参数见表 10-11 和表 10-12（S0、S6、S7）。

如图 10-16 所示，非饱和黄土基质吸力变化特征值与干密度存在线性关系，进气值、残余含水率与干密度呈现出正相关关系，其中进气值的相关性更高；饱和体积含水率、过渡区脱湿曲线斜率与干密度负相关，后者相关性较前者大，且两者相关性明显高于进气值、残余含水率。究其原因，干密度增大，试样土颗粒排列越紧密，大孔隙减少，小微孔隙增多，饱和体积含水率越来越低，孔隙间连通性较差，土颗粒与水膜结合力增强，所以进气值高，对孔隙间水分约束效应越大，水分不易被排出，持水性强，因而过滤区脱湿曲线斜率较小，残余含水率较大。

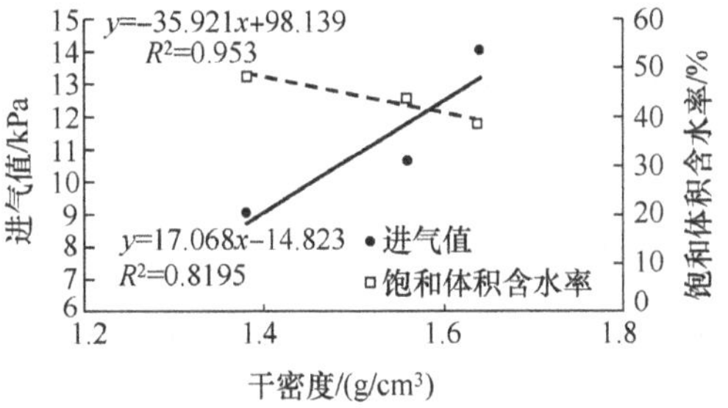

(a) 进气值与干密度关系

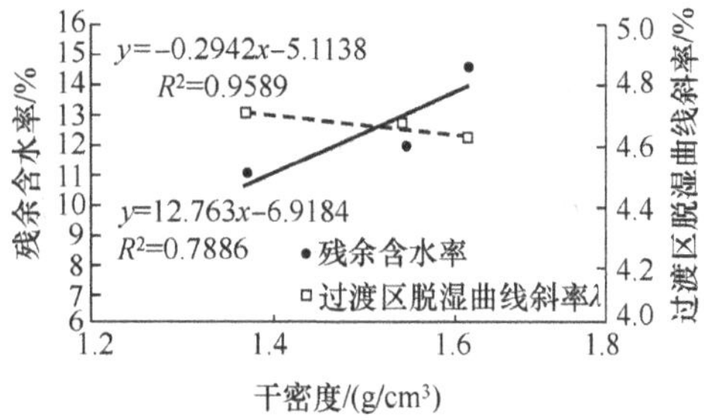

(b) 残余含水率与干密度关系

图 10-16　土-水特征曲线各参数与干密度的关系

10.2　非饱和土三轴试验

非饱和土区别于饱和土的力学性质，与其基质吸力有关，而非饱和土基质吸力又随土中含水率变化而变化。非饱和土三轴试验是非饱和土最基本且最重要的试验，可以控制基质吸力，从而揭示非饱和土力学特性，反映应力状态、应力路径（包括应力历史）和应力水平对强度的影响。非饱和土三轴试验对于非饱和土强度理论研究和非饱和土力学的工程应用具有重要意义。

开始非饱和土三轴试验之前需要简要介绍非饱和土的强度准则。

根据太沙基（Terzaghi）的有效应力概念，土体莫尔-库仑（Mohr-Coulomb）强度准则的表达式为

$$\tau_f = C' + \sigma' \tan\varphi' = C' + \left(\sigma - u_w\right)\tan\varphi' \tag{10-4}$$

式中：τ_f——破坏面上的剪应力，kPa；

C'——有效黏聚力，kPa；

φ'——有效内摩擦角，(°)；

σ——破坏面上总法向应力，kPa；

σ'——有效法向应力，kPa；

u_w——孔隙水压力，kPa。

实践表明，莫尔-库仑有效应力破坏准则仅适用于饱和土。因此，1960 年毕晓普（Bishop）等提出了非饱和土抗剪强度的有效应力，即

$$\tau_f = C' + [(\sigma - u_a) + x(u_a - u_w)]\tan\varphi' \tag{10-5}$$

式中：有效应力项中的 x 难以确定。

1978 年弗雷德隆德（Fredlund）等提出了非饱和土抗剪强度公式，如式（10-6）所示：

$$\tau_f = C' + (\sigma - u_a)\tan\varphi' + (u_a - u_w)\tan\varphi^b \tag{10-6}$$

式中：C'——莫尔-库仑破坏包线延伸后与剪应力轴的截距（图 10-17），在剪应力轴处的净法向应力和基质吸力均为零，因此称作有效黏聚力，kPa；

σ——破坏面上的总法向应力，kPa；

u_a——破坏面上的孔隙气压力，kPa，一般认为孔隙气压力为大气压，即 $u_a = 0$；

u_w——破坏面上的孔隙水压力，kPa；

φ'——与净法向应力状态变量有关的内摩擦角，（°）；

φ^b——非饱和土强度参数，反映了抗剪强度随基质吸力 $(u_a - u_w)$ 而增加的速率，如果用 $\Delta C'$ 表示有效黏聚力随 $(u_a - u_w)$ 的增量，则 $\Delta C' = \Delta(u_a - u_w)\tan\varphi^b$。

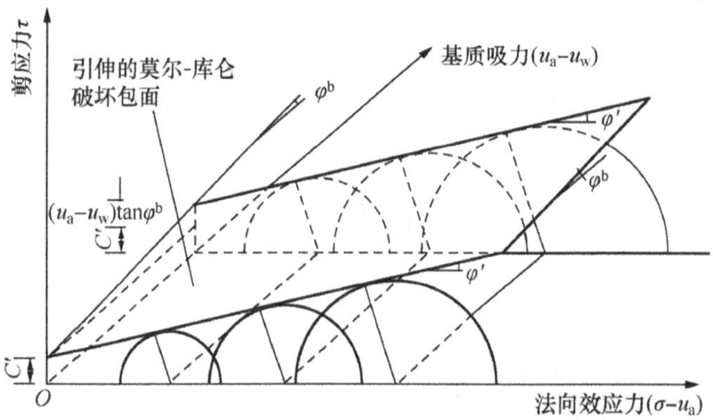

图 10-17　非饱和土引申的莫尔-库仑破坏包面

弗雷德隆德（Fredlund）的非饱和土抗剪强度公式中，以破坏面上的孔隙气压力 u_a 为基准，采用了应力状态变量 $(\sigma - u_a)$ 和 $(u_a - u_w)$ 组合，将莫尔-库仑饱和土抗剪强度公式加以扩展。二者之间可以平顺地转换，当土体饱和时，孔隙水压力 u_w 等于孔隙气压力 u_a，则基质吸力 $(u_a - u_w)$ 为零，从而转化为饱和土抗剪强度计算公式。

10.2.1　试验目的

非饱和土三轴试验目的主要用于测试非饱和土在不同应力状态、应力路径和应力水平下的抗剪强度，根据非饱和土的莫尔-库仑抗剪强度理论，需要测定基质吸力导致的摩擦角 φ^b。

10.2.2　试验原理及方法

非饱和土三轴试验基本原理概括为控制试样基质吸力使其达到要求的饱和度，然后保持基质吸力不变对试样进行应力加载。如图 10-18 所示，孔隙气压力通道［反压（气）控制器］与试样上表面的多孔板相连，对试样施加孔隙气压力 u_a，孔隙水压力通道［反压（水）控制器］与陶土板下表面相连，对试样施加孔隙水压力 u_w，二者同时作用，控制试样的基质吸力；排水通道用来冲刷陶土板下表面残留气泡以及测量试样排水量；围压介质水通过围压管路进入压力室，对试样施加各向均等的压力；轴压通过与水下荷重传感器相连的加载杆作用在试样的上表面。

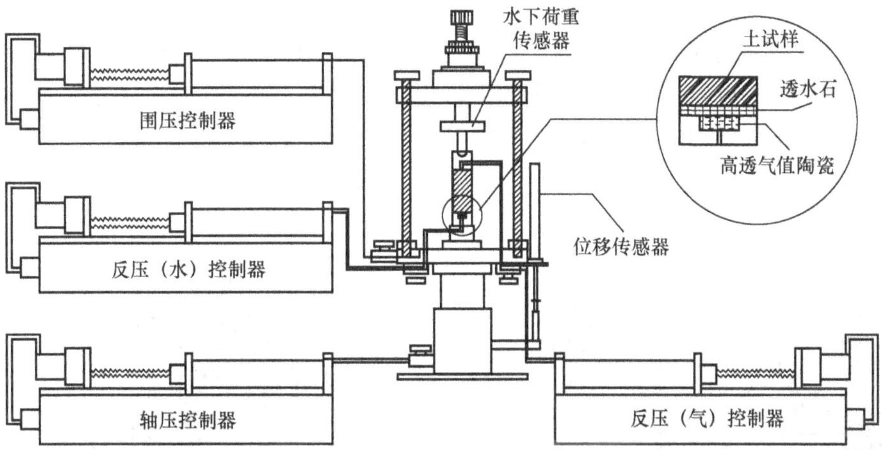

图 10-18　非饱和土三轴压缩试验原理图

试验过程中需要先对试样施加围压 σ_3，然后对试样施加孔隙气压力 u_a，并根据试验要求对试样施加净围压（σ_3-u_a），并保证其值大于 10kPa 以防止试样膜涨破；之后施加孔隙水压力，应控制的基质吸力（u_a-u_w）对试样施加孔隙水压力，待试样不再排水时认为达到目标基质吸力，可以对试样施加轴压 σ_1 进行剪切，同时记录试样的应力-应变参数。

针对非饱和土在三轴试验中固结阶段和剪切阶段的排水情况的不同，所采用的试验方法分为控制基质吸力的固结排水试验、控制基质吸力的固结不排水试验和控制基质吸力的不固结不排水试验。本节以控制基质吸力和净围压的固结排水试验为例进行说明。

10.2.3　试验仪器

非饱和土三轴试验测试的变量较多，测试技术比较复杂，影响准确量测的因素多，量测精度要求高；各种常规非饱和土三轴仪的工作原理基本相同，各自的特色主要在于针对提高量测精度采取不同的策略。

图 10-19 为英国 GDS 非饱和土三轴仪实物及构造示意图，由英国 GDS 土工仪器有限公司和香港科技大学合作研发。仪器由控制器（2 台液压控制器控制反压，2 台气压控制器控制轴压和围压）、压力室和数据采集系统（包括传感器、数据采集板和计算机）三

大部分组成。图 10-19（b）为 GDS 非饱和土三轴仪的构造示意图。轴向压力控制器连到压力室底座，通过底座的升降对试样进行压缩剪切；围压控制器连到压力室中，以量测、控制压力室中的水压力；反压控制器连至压力室底座的陶土板，以量测并控制试样中的孔隙水压以及试样中孔隙水体积变化；气压控制器与试样帽相连，再由试样帽上预留孔道将气压控制器中的空气与试样孔隙气体连为一体，以量测并控制试样中的孔隙气压和整个系统中空气体积变化。该非饱和土三轴仪利用轴平移技术来控制吸力。三轴试样中孔隙气压和孔隙水压分别通过试样帽中多孔板和试样底座中的陶土板控制，当试样两端控制的孔隙气（水）压与土样内部孔隙气（水）压平衡时，试样中的吸力就等于所控制的吸力。该非饱和土三轴仪利用双室体变测量系统来量测非饱和试样的总体变，该体变系统是由开顶瓶状内室、参照管和高精度的差压传感器组成。基本工作原理是通过差压传感器自动连续地测量内室里的水位变化来获得试样的体积变化。除了常规的应力路径外，该系统还可以实现许多复杂的应力和吸力路径，如各种应力状态条件下的干湿循环、等平均主应力剪切、等偏应力吸湿等。

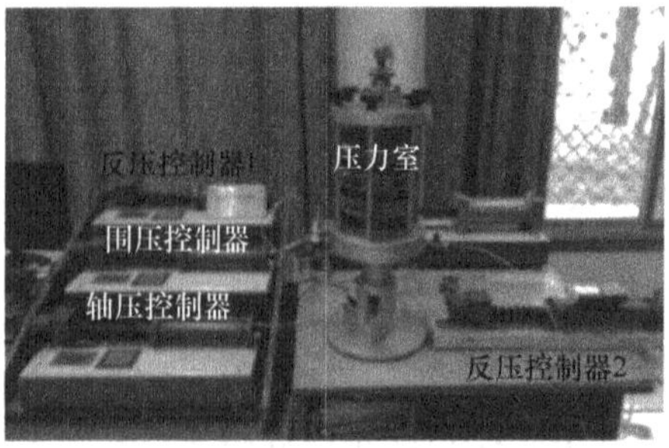

(a) GDS非饱和土三轴仪实物图

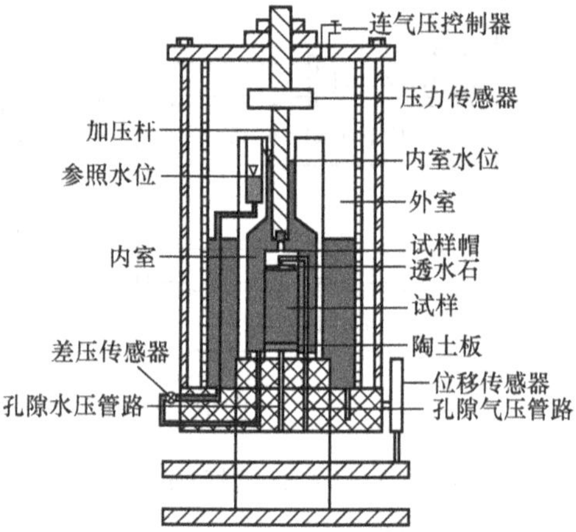

(b) GDS非饱和土三轴仪构造示意图

图 10-19　GDS 非饱和土三轴仪

国产非饱和土三轴仪为溧阳市永昌工程实验仪器厂研制的多功能三轴仪。该仪器采用模块组合结构，主要由台架与压力室、轴向加载部件、轴向荷载与轴向变形量测元件、轴向荷载与轴向变形控制系统、水-气-电路控制柜、精密体变量测装置、排水体积量测装置、孔隙水压力与孔隙气压力量测元件、微机与数据采集处理系统等组成。该仪器的特点是压力室有 5 套，分别是常规三轴压力室、非饱和土三轴压力室、CT-三轴压力室、温控三轴压力室，增湿三轴压力室；其分别用于研究饱和土、非饱和土的土结构细观变化、温度对土的力学性质的影响及黄土湿陷特性、膨胀土湿陷特性。该仪器既可以进行应力-应变控制，实现数据采集自动化，也可以测量体变、轴应变、偏应力、孔隙气压力及控制吸力。该仪器的特点有：底座构造特殊（有陶土板和螺旋槽）、双层压力室、精密体变测量装置、用微型传感器测量孔隙气压力、排水测量精度高。

10.2.4　试验步骤

采用非饱和土三轴仪按照试验方案进行控制不同基质吸力（不少于 3 个等级）、不同围压水平下的固结排水试验。试验之前需饱和陶土板和标定受压装置体积变化。

1. 饱和陶土板

采用国产应变控制式非饱和土三轴仪，在进行试验之前需对非饱和土三轴仪的高进气值陶土板进行饱和，饱和步骤如下：

1）安装压力室罩，使压力室底座上的气压三通阀处于完全关闭状态（三向互不相通）；调节压力室底座上的排水三通阀，使压力室与排水量管（或压力-体积控制器）处于关闭状态，而使压力室与该三通阀的另一端头相通，在此端头连接一段内径 4mm、长度 5～10cm 的硬尼龙管，并使硬尼龙管末端（与大气相通）上倾。

2）用无气水流冲排陶土板下螺旋槽中的空气，水从连接螺旋槽中心的阀门进入，从步骤 1）中的硬尼龙管中排出，持续 1min，关闭进水阀门。

3）宜用具有 1m 水头的无气纯净水源从下部给内、外压力室充水，待水充满后拧紧压力室顶盖上的 2 颗排气孔螺钉。

4）用压力-体积控制器同时同步给内、外压力室施加等值压力，最大压力量值宜为 300～500kPa，保持压力不变，直到排水硬尼龙管内无气泡而出现连续水流，再继续维持压力 2h，即认为陶土板已经饱和。

5）关闭排水阀，同时同步等值卸除内、外压力室压力；若要检验陶土板是否完全饱和，待压力完全卸除后，则应放掉室中全部水；若不检验高进气值陶土板是否漏气，则只需放掉内压力室中的大部分水，内压力室中保留水的水面应超过高进气值陶土板的顶面 1cm 左右以使陶土板处于饱和状态。

2. 标定受压装置体积变化

在试验前必须标定内压力室及其与压力-体积控制器连接的管路在不同压力下的体积变化，应按下述方法进行：

1）陶土板饱和后，将压力室底座上的气压三通阀的气压源方向关闭，使另一方向与压力室相通，接通该三通阀与具有 1m 水头的无气纯净水源，抬高试样帽（其上连有给试样施加气压的细尼龙管，简称为导气细尼龙管），让水流过导气细尼龙管，待出现连续水流后关闭三通阀，切断水源。

2）宜用洗耳球给试样帽外侧、导气尼龙管外侧、压力室底座上面、两个 O 形橡胶圈和压力室罩内壁喷水，以尽可能减少后续压力室充水时产生或滞留气泡。

3）把压力室盖倒置，宜用医用注射器（安装有针头）给压力室活塞下端的机械加工孔中注满水，挤出该孔中的空气。

4）把用以包裹试样的乳胶膜的内、外面和 6 条乳胶膜绑扎带用水洗净，放入压力室底座上。

5）安装压力室罩，使压力活塞的下端紧贴压力室盖的下面。

6）宜用具有 1m 水头的无气纯净水源从下部给内、外压力室注水，注水速率不宜太快，待水注满后拧紧排气孔螺钉。

7）检查内压力室中的所有物品表面和通水管道中是否有气泡存在，如有气泡，务必除净，或者把水放空重新注满。

8）将内、外压力室与各自的压力-体积控制器连通，应给内、外压力室同时同步施加 5kPa 的压力，待压力稳定后记录相应的体变值作为初始值。

9）确定需要施加的各级室压力，室压力等级宜为 10kPa、25kPa、50kPa、75kPa、100kPa、125kPa、150kPa、175kPa、200kPa、250kPa、300kPa、350kPa、400kPa、450kPa、500kPa、600kPa、800kPa、1000kPa。

10）按照步骤 9）的室压力等级，依次从低到高进行加载，必须同时同步施加内、外室压力，待压力和变形稳定后记录相应的体变值。

11）按照步骤 9）的室压力等级，依次从高到低进行卸荷，待压力和变形稳定后记录相应的体变值。

12）应按上述方法加卸载两次，取各级压力下内压力室及其水压力管道的体变平均值作为标定值。

绘制液压-平均体变曲线，作为标定曲线（图 10-20）。

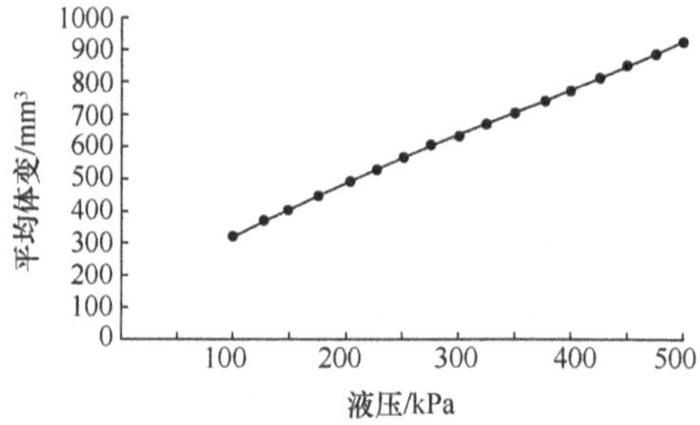

图 10-20 液压-平均体变曲线

3. 控制基质吸力和净围压都为常数的固结排水试验

1）安装试样。试验应采用无气纯净水饱和高进气值陶土板，饱和后关闭螺旋槽进口和出口的阀门，并暂时保留陶土板顶部的水分。

打开压力室底座上的气压阀门，宜用 300kPa 的压力空气冲出气体管路（包括连接试样帽的导气细尼龙管）中的水分。

借助承模筒，在试样顶上放置多孔不锈钢薄板，给试样套上乳胶膜。

用湿抹布擦去陶土板上面的余水；把套有乳胶膜的试样放在试样底座上；把承模筒套在试样外，用 3 条橡皮筋（每条折成两圈）把乳胶膜的下端绑扎在试样底座上；放置试样帽，用手指稳住试样帽，用湿抹布从下往上理顺橡皮膜，挤出橡皮膜与试样之间的空气，使两者贴紧；用 3 条橡皮筋（每条折成两圈）把乳胶膜的上端紧扎在试样帽上。

宜用洗耳球给橡皮膜外侧、橡皮筋之间、试样帽外侧、导气尼龙管外侧、压力室底座上面、两个 O 形橡胶圈和压力室罩内壁喷水，以尽可能减少后续压力室充水时产生或滞留气泡。

把压力室罩倒置，宜用医用注射器（安装有针头）给压力室活塞下端的机械加工孔中注满水，挤出该孔中的空气。

安装压力室罩，使压力活塞的下端紧贴压力室盖的下面。

应从下部给内、外压力室注水，注水速率不宜太快，待水注满后拧紧排气孔螺钉；应仔细检查内压力室中各个部位和通水管道中是否有气泡存在，若有，务必设法除净，或者把水放空重新注满。

将螺旋槽出口的三通阀置于排水状态，调整排水管的高度，使管中液面与试样中心平齐。

同时给内、外压力室施加 5kPa 的压力，使橡皮膜、多孔薄金属板、试样帽与试样之间紧密接触，测量和记录体变值和排水量作为各自的初始值。

2）固结阶段。施加预定的基质吸力，可不必待试样变形和排水稳定，紧接着给试样施加预定的净围压，以减少试验历时。

给试样施加预定的净围压（用 σ_3 表示）应分多步，按每分钟 25kPa 的速率施加，必须同时同步等值提高内、外压力室的压力（用 σ_{3t} 表示，$\sigma_{3t}=\sigma_3+u_a$）。

在施加基质吸力和净围压后，宜按下列时间顺序测记体变值和排水量。时间为 5min、10min、30min、1h、2h、4h、6h、8h、10h，至稳定为止。稳定标准是：在 2h 内，体变不超过 $6mm^3$，排水量不超过 $12mm^3$，且固结历时不宜少于 72h。在稳定过程中，每隔 6～8h 冲洗高进气值陶土板和螺旋槽一次。

3）剪切阶段。将离合器调至粗位，转到粗调手轮，当试样帽与活塞及测力计接近时，将离合器调至细位，改用细调手轮，使试样帽与活塞及测力计接触；装上变形指示计，将测力计和变形指示计调至零位，同时测记此时的体变值和排水量，将其作为剪切试验的初始值。

剪切应变速率宜为每分钟 0.0015%～0.006%。

启动电机，合上离合器，开始剪切，试样每产生 0.3%～0.4%的轴向应变（或 0.2mm 变形值），测记一次测力计读数、轴向变形值、体变值和排水量。当轴向应变大于 3%时，试样每产生 0.7%～0.8%的轴向应变（或 0.5mm 变形值），测记一次。

在剪切过程中，每隔 6～8h 冲洗高进气值陶土板和螺旋槽一次。

当测力计读数出现峰值时，剪切应继续直到轴向应变达到 15%～20%。

如需从某一压力下进行卸载，可让电动机反转，卸载过程采用的应变速率应与加载过程采用的应变速率相同。在卸载过程中，每隔 6～8h 冲洗高进气值陶土板和螺旋槽一次。

试验结束，关电动机，脱开离合器，将离合器调至粗位，转到粗调手轮，将压力室降下；先同时同步等值卸除内、外室的净围压，并使剩余的围压高于气压 5kPa，再同时同步等值卸除气压力和剩余围压；取掉两个排气孔螺钉，放掉压力室中的水，卸除压力室，拆卸试样，量测试样含水率。

4）重新饱和高进气值陶土板，安装下一个试样，改变基质吸力或净围压，按照上述方法步骤进行试验，直到完成全部试验。

5）校正排水量。根据试验结束后量测的试样含水率，对试验过程中的排水量按历时进行校正；同时应把试验过程中量测的体变按液压-平均体变曲线（图 10-20）进行校正。

10.2.5　试验数据分析

控制基层吸力和净围压都为常数的固结排水试验记录表，见表 10-14 和表 10-15。

表 10-14　固结阶段试验数据记录表

<table>
<tr><td>试样初始尺寸
（直径×高度）</td><td></td><td>初始干密度/（g/cm³）</td><td colspan="2"></td></tr>
<tr><td>初始质量含水率/%</td><td></td><td>排水量管比例系数
（cm³/排水量管 1mm 水柱）</td><td colspan="2"></td></tr>
<tr><td>基质吸力/kPa</td><td></td><td>净围压/kPa</td><td colspan="2"></td></tr>
<tr><td>试验阶段</td><td>基质吸力和净围压作用下的固结阶段</td><td>内、外压力室压力-体积控制器（PVC）分辨率</td><td colspan="2">压力：1kPa
体积：1mm³</td></tr>
<tr><td rowspan="2">经历时间</td><td colspan="4">固结阶段的体变和排水</td></tr>
<tr><td>时间
（日-时-分）</td><td>内压力室 PVC
体变读数/mm³</td><td>外压力室 PVC
体变读数/mm³</td><td>排水量管读数/mm</td></tr>
<tr><td>0</td><td></td><td></td><td></td><td></td></tr>
<tr><td>5min</td><td></td><td></td><td></td><td></td></tr>
<tr><td>10min</td><td></td><td></td><td></td><td></td></tr>
<tr><td>30min</td><td></td><td></td><td></td><td></td></tr>
<tr><td>1h</td><td></td><td></td><td></td><td></td></tr>
<tr><td>2h</td><td></td><td></td><td></td><td></td></tr>
<tr><td>4h</td><td></td><td></td><td></td><td></td></tr>
<tr><td>6h</td><td></td><td></td><td></td><td></td></tr>
<tr><td>8h</td><td></td><td></td><td></td><td></td></tr>
<tr><td>10h</td><td></td><td></td><td></td><td></td></tr>
<tr><td>12h</td><td></td><td></td><td></td><td></td></tr>
<tr><td>14h</td><td></td><td></td><td></td><td></td></tr>
<tr><td>16h</td><td></td><td></td><td></td><td></td></tr>
<tr><td>18h</td><td></td><td></td><td></td><td></td></tr>
<tr><td>20h</td><td></td><td></td><td></td><td></td></tr>
<tr><td>22h</td><td></td><td></td><td></td><td></td></tr>
<tr><td>24h</td><td></td><td></td><td></td><td></td></tr>
<tr><td>26h</td><td></td><td></td><td></td><td></td></tr>
<tr><td>36h</td><td></td><td></td><td></td><td></td></tr>
<tr><td>38h</td><td></td><td></td><td></td><td></td></tr>
<tr><td>⋮</td><td></td><td></td><td></td><td></td></tr>
<tr><td>试样总体变量/cm³</td><td></td><td></td><td></td><td></td></tr>
<tr><td>试样总排水量/cm³</td><td></td><td></td><td></td><td></td></tr>
</table>

表 10-15　剪切阶段试验数据记录表

<table>
<tr><td>试样初始尺寸（直径×高度）</td><td colspan="2"></td><td colspan="2">初始干密度/（g/cm³）</td><td></td></tr>
<tr><td>初始质量含水率/%</td><td colspan="2"></td><td colspan="2">排水量管比例系数
（cm³/排水量管 1mm 水柱）</td><td></td></tr>
<tr><td>基质吸力/kPa</td><td colspan="2"></td><td colspan="2" rowspan="3">内、外压力室压力-体积
控制器（PVC）分辨率</td><td rowspan="3">压力：1kPa
体积：1mm³</td></tr>
<tr><td>净围压/kPa</td><td colspan="2"></td></tr>
<tr><td>试验阶段</td><td colspan="2">剪切阶段</td></tr>
<tr><td>测力计率定系数 C/
（N/0.01mm）</td><td colspan="2"></td><td colspan="2">压力室活塞横截面面积/mm²</td><td></td></tr>
<tr><td>剪切速率/（mm/min）</td><td colspan="2"></td><td colspan="2">备注</td><td></td></tr>
<tr><td>时间
（日-时-分）</td><td>轴向变形/
（0.01mm）</td><td>轴向荷载读数
/N</td><td>内压力室 PVC
体变读数/mm³</td><td>外压力室 PVC
体变读数/mm³</td><td>排水量管读数
/mm</td></tr>
<tr><td></td><td>5</td><td></td><td></td><td></td><td></td></tr>
<tr><td></td><td>10</td><td></td><td></td><td></td><td></td></tr>
<tr><td></td><td>20</td><td></td><td></td><td></td><td></td></tr>
<tr><td></td><td>30</td><td></td><td></td><td></td><td></td></tr>
<tr><td></td><td>40</td><td></td><td></td><td></td><td></td></tr>
<tr><td></td><td>60</td><td></td><td></td><td></td><td></td></tr>
<tr><td></td><td>80</td><td></td><td></td><td></td><td></td></tr>
<tr><td></td><td>100</td><td></td><td></td><td></td><td></td></tr>
<tr><td></td><td>120</td><td></td><td></td><td></td><td></td></tr>
<tr><td></td><td>140</td><td></td><td></td><td></td><td></td></tr>
<tr><td></td><td>⋮</td><td></td><td></td><td></td><td></td></tr>
<tr><td></td><td></td><td></td><td></td><td></td><td></td></tr>
<tr><td></td><td></td><td></td><td></td><td></td><td></td></tr>
<tr><td></td><td></td><td></td><td></td><td></td><td></td></tr>
<tr><td></td><td></td><td></td><td></td><td></td><td></td></tr>
<tr><td>试样总体变量/cm³</td><td></td><td></td><td></td><td></td><td></td></tr>
<tr><td>试样总排水量/cm³</td><td></td><td></td><td></td><td></td><td></td></tr>
</table>

成果整理参考下列方法：

（1）偏应力-轴向应变和体应变-轴向应变曲线

分别以偏应力和体应变为纵坐标，轴向应变为横坐标，在同一图上绘制偏应力-轴向应变关系曲线和体应变-轴向应变关系。对有峰值的偏应力-轴向应变曲线，取其峰值点作为破坏点；对无峰值的曲线，取 15%轴向应变对应的点作为破坏点。

（2）径向应变-轴向应变

以径向应变为纵坐标，轴向应变为横坐标，绘制径向应变与轴向应变关系曲线如图 10-21 所示。

（3）偏应变-轴向应变

以偏应变为纵坐标，轴向应变为横坐标，绘制偏应变与轴向应变关系曲线（图 10-22）。

（4）液相体应变-轴向应变

以液相体应变、质量含水率（或饱和度）为纵坐标，轴向应变为横坐标，绘制液相体应变与轴向应变关系曲线［图 10-23（a）］和质量含水率与轴向应变关系曲线［图 10-23（b）］。

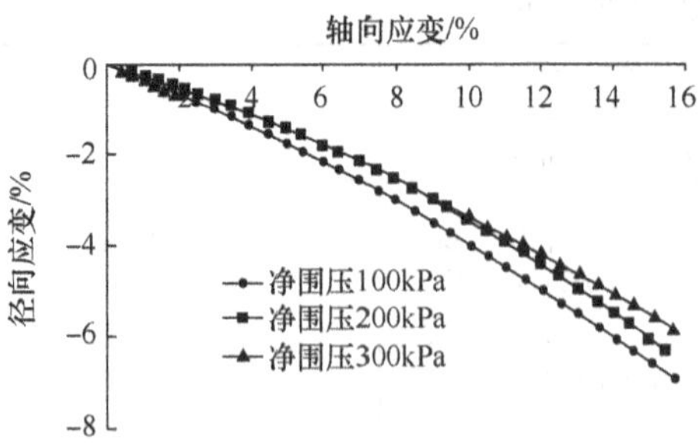

图 10-21　某非饱和土的径向应变与轴向应变关系曲线（吸力为 100kPa）

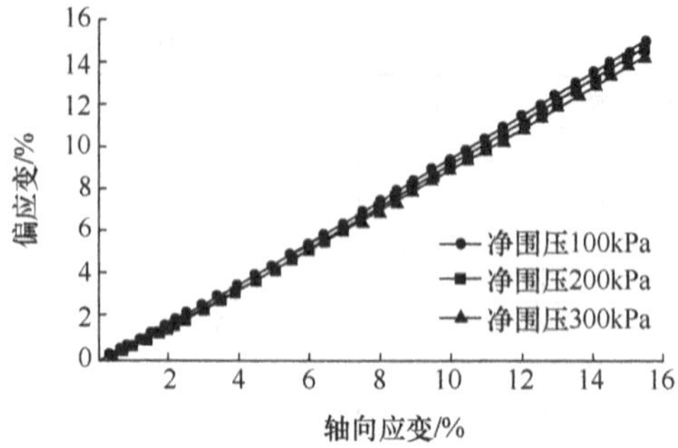

图 10-22　某非饱和土的偏应变与轴向应变关系曲线（吸力为 100kPa）

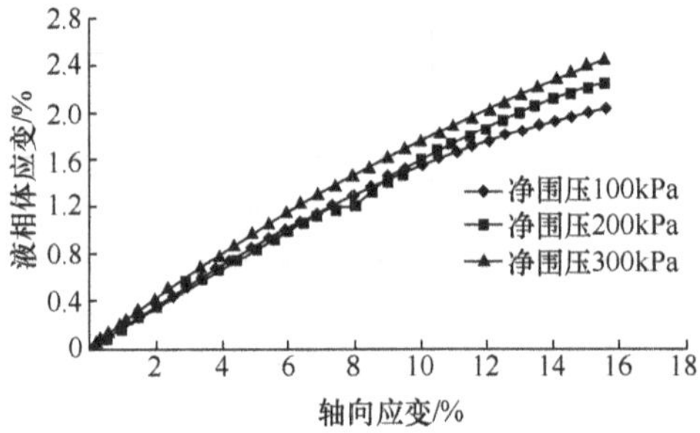

(a) 某非饱和土的液相体应变与轴向应变关系曲线（吸力为100kPa）

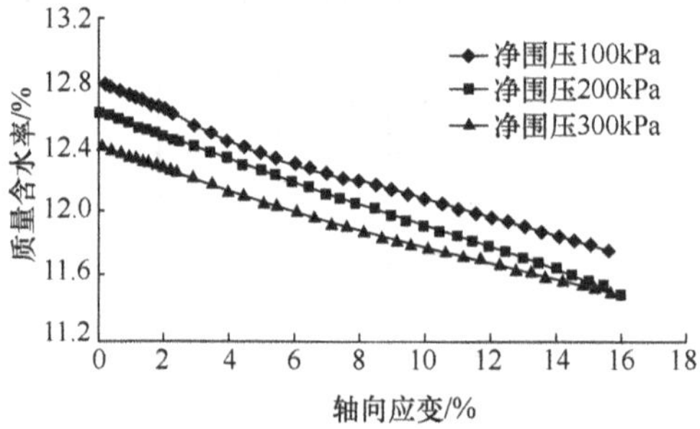

(b) 某非饱和土的质量含水率与轴向应变关系曲线（吸力为100kPa）

图 10-23　某非饱和土的液相体应变、质量含水率与轴向应变关系曲线（吸力为 100kPa）

（5）$\varepsilon_v - \lg\dfrac{q}{p}$ 关系

以各级偏应力下的体应变 ε_v 为纵坐标，以各级偏应力作用下的 $\lg\dfrac{q}{p}$ 为横坐标，绘制 $\varepsilon_v - \lg\dfrac{q}{p}$ 关系曲线（图 10-24），曲线中曲率最小的点为试样的屈服点，屈服点所对应的应力比就是在该吸力作用下的初始屈服应力比 $\left(\dfrac{q}{p}\right)_y^s$。

（6）净应力摩尔圆

以 $\overline{q}_f$ 为纵坐标，$\overline{p}_f$ 为横坐标，绘制破坏时净应力摩尔圆的半径与圆心坐标的关系曲线（破坏时净应力摩尔圆顶点的连线），可用直线拟合，直线的截距和倾角分别用 $\overline{c}$ 和 $\overline{\varphi}$ 表示（图 10-25），则破坏时与破坏面上的净法向应力相关的内摩擦角和总黏聚力应分别按以下两式计算：

$$\sin\varphi' = \tan\overline{\varphi} \tag{10-7}$$

$$C = \frac{\overline{c}}{\cos\overline{\varphi}} \tag{10-8}$$

式中：$\overline{\varphi}$——与破坏面上的净法向应力相关的内摩擦角，（°）；

C——总黏聚力，kPa。

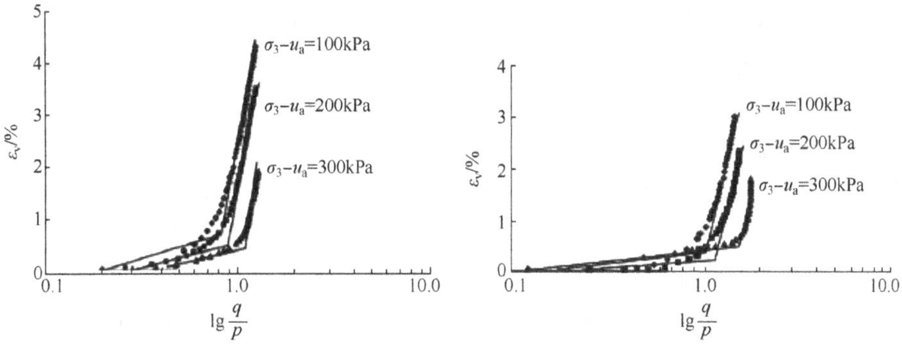

(a) S=0kPa　(b) S=100kPa

图 10-24　某非饱和土 $\varepsilon_v-\lg\frac{q}{p}$ 关系曲线

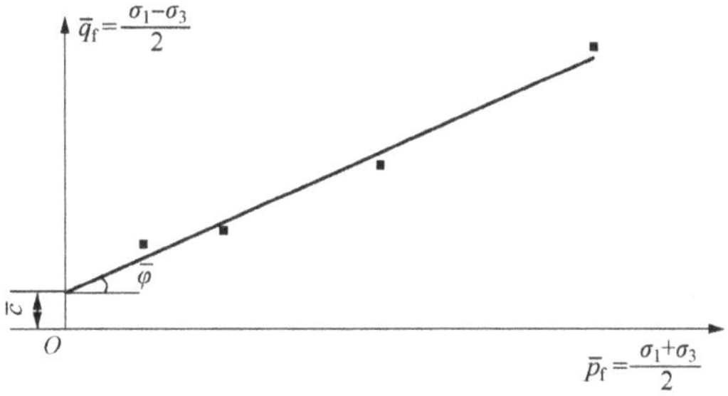

图 10-25　某非饱和土破坏时净应力摩尔圆的半径与圆心坐标的关系曲线

（7）有效黏聚力 C' 和与基质吸力相关的摩擦角 φ^b

以总黏聚力为纵坐标，基质吸力为横坐标，绘制总黏聚力与基质吸力关系曲线（图 10-26），可用直线拟合，直线的截距和倾角分别为有效黏聚力 C' 和与基质吸力相关的摩擦角 φ^b。

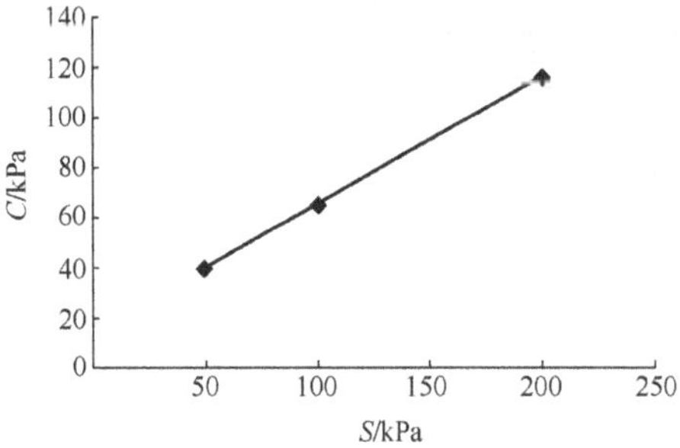

图 10-26　某非饱和黄土的总黏聚力与基质吸力关系曲线

10.2.6　实例——新近沉积粉质黏土非饱和土三轴试验

1. 试验背景

新近沉积土是指第四纪全新世中近期沉积的土，其沉积时间距今 7000～10000 年。过去一直将新近沉积土当作一般沉积土对待，按照传统测试方法得到的物理力学参数不准确。借助非饱和土三轴仪、压力板仪等新型室内岩土测试设备可以弥补新近沉积粉质黏土工程性质研究资料较少的不足，既为城市建设实现安全经济的可持续发展打下基础，也为岩土工程设计、施工提供可靠、准确、适用的基础性技术参数。

场区地下水类型属潜水，埋藏于距地表 2.3～5.2m 土体中，稳定水位为 2.30～2.90m；地下水补给方式主要来源为大气降雨，排泄方式为蒸发。地下水位随季节变化浮动较大。因此场区内距地表 1.80～5.20m 的非饱和粉质黏土的基质吸力易受降雨和季节影响。本次试验研究对象为长春市新开河东岸地下 2m 灰黑、灰色的粉质黏土，可塑偏软～软塑状态，中等偏高～高压缩性，稍有光泽，无摇振反应，含少量有机质，层厚 1.80～5.20m。土的物理力学指标范围值见表 10-16。

表 10-16 新近沉积粉质黏土物理力学指标范围值

天然密度/(g/cm^3)	饱和密度/(g/cm^3)	天然含水率/%	土粒比重	塑限/%	液限/%	液性指数	黏聚力/kPa	内摩擦角/(°)
1.967	2.024	32.76	2.71	23.54	34.9	0.681	15.9	23.7

2. 试验方案

（1）试验仪器

试验采用 GDS 非饱和土三轴仪。

（2）试验步骤

以新近沉积非饱和粉质黏土为研究对象，采用非饱和土三轴仪进行控制不同基质吸力水平的固结排水试验。基质吸力分为 25kPa、75kPa、125kPa、175kPa、225kPa 五个等级，净围压分为 100kPa、200kPa、300kPa 三种情况，共计 15 个不同的应力状态。剪切速率设定为 0.0096mm/min，以轴向应变达到 15%作为剪切破坏时的标准。

非饱和土三轴试验工作方案见表 10-17。

表 10-17 非饱和土三轴试验工作方案

编号	孔隙水压力/kPa	基质吸力/kPa	孔隙气压力/kPa	净围压/kPa	剪切围压/kPa
25-1	5	25	30	100	130
25-2				200	230
25-3				300	330
75-1		75	80	100	180
75-2				200	280
75-3				300	380
125-1		125	130	100	230
125-2				200	330
125-3				300	430
175-1		175	180	100	280
175-2				200	380
175-3				300	480
225-1		225	230	100	330
225-2				200	430
225-3				300	530

1）原状试样制备与饱和。把试样制备需要的工具都准备好放到操作台上之后，开始制备原状试样。把包裹原状试样的铁皮去除后，将圆柱形试样放置到分样器中一分为三，而后放到削土器中制成规定的尺寸（高 73mm、直径 38mm），并利用余土测定含水率。

2）饱和陶土板。当高进气值陶土板内存在气泡，会影响传感器测量排水体积的准确性，所以利用非饱和土三轴仪进行试验开始前的第一步就是要充分饱和陶土板。此步骤可以和步骤 1）同步进行，以缩短试验时间。

方法是先打开水压传感器排水阀门，利用水压控制器使陶土板底部管道中充满无气水，关闭水压传感器排水阀门。安装外压力室和反力梁，并把螺钉拧紧。打开水泵，在压力室中注入无气水，水面超过陶土板顶面至少 20mm，用围压控制器给外压力室施加 500kPa 的围压。陶土板的进气值为 5bar（$1bar=10^5Pa$），即当压力小于 500kPa 时，气体无法通过陶土板，只有水能透过。随着外压力室中的水不断透过陶土板，底部管道中的水压不断增大，当孔隙水压传感器读数达到 500kPa 时，就可以打开水压传感器排水阀门排除气泡，完成一次陶土板饱和。这个过程需要饱和 3～5 次，第一次饱和需要 2～3h，以后每次饱和所需要的时间会逐渐减少。

3）安装试样和仪器。

① 安装试样。将饱和好的试样从饱和器中取出，放进橡皮膜（提前检查是否破损）内并更换滤纸。先把外压力室、反力梁、内压力室拆除，借助辅助装样工具将试样放置在陶土板上，应当注意试样两端极易扰动，会导致破损影响试验精度。在安装试样帽之前需要先将孔隙气压调节归零，然后用细毛一面接触试样顶端。安装试样帽时，把连接管旋转缠绕到试样外侧，并调整试样保持竖直状态，否则轴向压力杆无法对中。将试样与橡皮膜之间残存的气泡赶出排除，用橡皮套箍紧试样帽。

② 安装内压力室和参照管注水。把底座上的内压力室橡胶密封圈涂一薄层凡士林防止漏水，竖直轻轻按压内压力室使其进入。将差压传感器的两根管道分别与内压力室接口和参照管接口相连。给内压力室注水，水面上升至细管中间位置时即可停止注水。打开差压传感器上部的两个堵头，利用吸球给参照管注水，注水时让水沿着参照管壁流入，排出管路中的气泡后拧紧堵头，应当保证气泡排除后参照管水位大约在 2/3 高度。

③ 安装外压力室并注水。安装外压力室时注意将轴向杆和试样帽进行对中。由于外压力室整体较重，在这个过程中极易使得压力杆和内压力室碰撞，造成内压力室倾斜并漏水。将连接在外压力室上的 6 根长螺栓对称、分多次逐渐拧紧。调节螺母并放置反力梁（注意反力梁位置不能过低，否则会压坏试样），调节好位置后将反力梁上部螺母固定。打开水泵，给外压力室注水，水位超过试样顶端即可，注意不能够超过内压力室顶部。

④ 加压检查。逐个检查一遍与外界相通的阀门是否全部关闭。通过围压控制器给外压力室施加一个 50kPa 的围压，维持时间 3～5min，目的是观察外压力室是否完全密封，当外压力室无漏水现象即说明仪器安装正常。

⑤ 传感器读数清零（图 10-27）。将所有传感器读数全部清零。逆时针将轴向杆顶部的小球旋转，同时观察荷重传感器的读数，当荷重传感器读数为 0.005 时停止旋转。

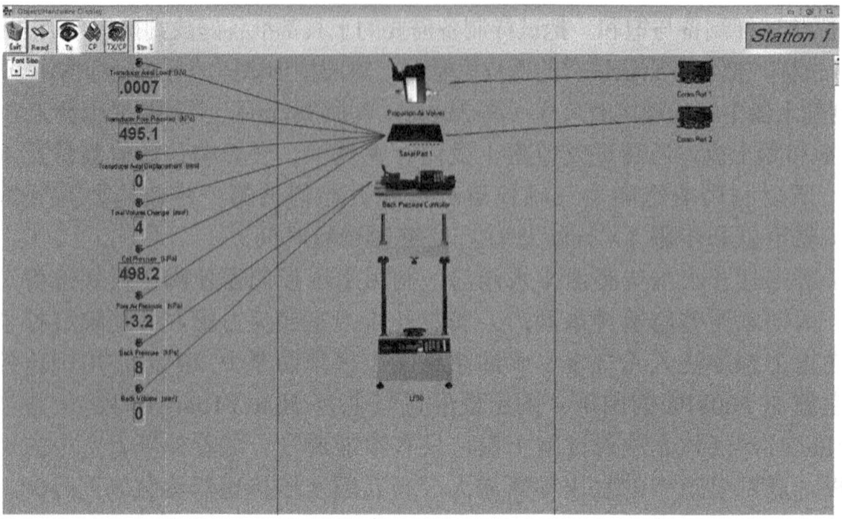

图 10-27　传感器读数清零

（3）试验参数设置

通过 GDSLAB 软件设置试验步骤。基本的非饱和土试验一般包括 3 个过程：等吸力平衡阶段、等吸力固结阶段和等吸力剪切阶段。下面以基质吸力 75kPa、净围压 100kPa 时的应力状态试验参数设置为例叙述。

非饱和吐三轴试验工作方案见表 10-18。

表 10-18　非饱和土三轴试验工作方案

试样编号 75-1			应力状态：基质吸力 75kPa、净围压 100kPa		
等吸力平衡阶段	设定轴压/kPa	105	孔隙气压力/kPa	80	时间设定：10min
	设定围压/kPa	100	孔隙水压力/kPa	5	
等吸力固结阶段	设定轴压/kPa	185	孔隙气压力/kPa	80	时间设定：10min
	设定围压/kPa	180	孔隙水压力/kPa	5	
等吸力剪切阶段	设定轴压/kPa	15	孔隙气压力/kPa	80	时间设定：1140min
	设定围压/kPa	180	孔隙水压力/kPa	5	

1）等吸力平衡阶段（图 10-28）。等吸力平衡阶段主要的目的是给试样施加一个基质吸力让试样由饱和状态变成非饱和状态。在设置压力时应该遵循设定轴向压力＞围压＞孔隙气压＞反压这个原则。其中围压比孔隙气压大 20kPa，轴向压力比围压大 5kPa。设置压力时所输入的时间为压力达到设置压力的时间。设置完成之后即可开始试验，吸力平衡阶段一般通过观察反压体积的变化来判定是否完成，当反压体积基本不变时，在时间-排水体积曲线图中出现水平渐近线，说明吸力平衡阶段完成。

具体操作：选择“4DUNSAT.dll”模块，单击“Creat New Test Stage”按钮，在下拉菜单中选择“Axial Stress Controlled”，输入所需施加的压力，加载时间为压力达到目标压力所需要的时间，设置为 10min 左右即可。

2）等吸力固结阶段（图 10-29）。等吸力固结阶段也采用“Axial Stress Controlled”。等吸力固结时孔隙水压和孔隙气压保持不变，同步增大围压和轴向压力各 80kPa。等吸力固结阶段也是通过观察反压体积是否稳定来判断固结是否完成。

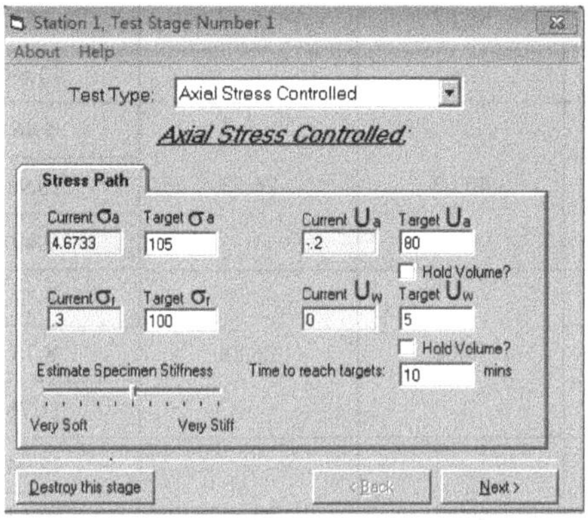

图 10-28　等吸力平衡阶段

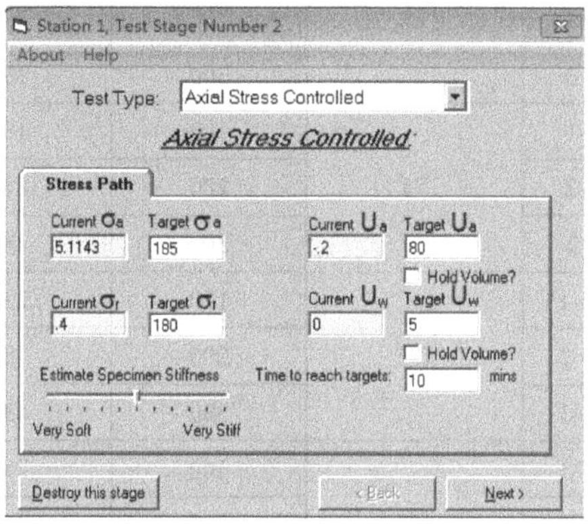

图 10-29　等吸力固结阶段

3）等吸力剪切阶段（图 10-30）。在下拉菜单中选择“Axial Strain Controlled”，围压、孔隙气压和反压均保持不变，输入轴向应变 15%和达到该应变所需要的时间 1140min。该时间由试样的变形 10.95mm 除以应变速率 0.0096mm/min 计算得出。

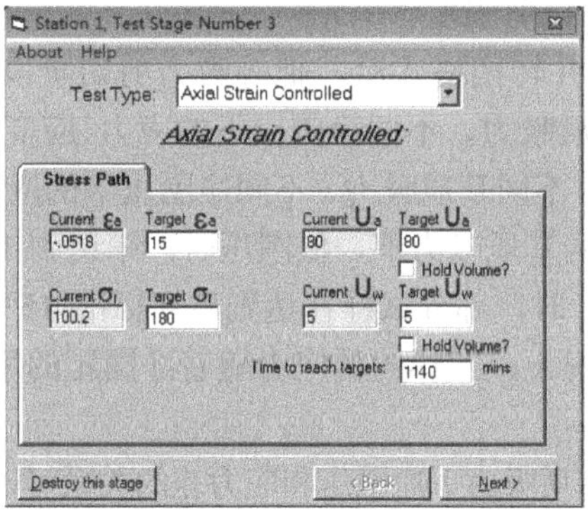

图 10-30　等吸力剪切阶段

（4）压力卸载和拆除试样

试验完成之后要及时把各种压力卸载，卸载压力时应该遵循由内向外的顺序：孔隙水压力、孔隙气压力、轴向压力和围压。拆除试样之后将陶土板、底座和试样帽清洗干净，并在陶土板上面覆盖一层水，这样可以减少下次做试验时饱和陶土板的时间。如果长时间不用应当将外压力室安装回原位，以免尘土堵塞陶土板。

3. 试验结果与讨论

通过新近沉积非饱和粉质黏土的非饱和土三轴试验可以得到试样在不同基质吸力、不同净围压下的应力-应变曲线，不同应力状态下的抗剪强度、黏聚力、内摩擦角和割线模量等结果，本试验数据汇总见表 10-19。

表 10-19 非饱和土三轴试验数据汇总

编号	基质吸力/kPa	净围压/kPa	应力差/kPa	黏聚力/kPa	内摩擦角/（°）	割线模量/MPa
25-1	25	100	130	19.82	25.18	7.19
25-2		200	230			7.53
25-3		300	330			13.69
75-1	75	100	180	40.62	26.53	5.46
75-2		200	280			10.91
75-3		300	380			9.49
125-1	125	100	230	70.02	26.88	9.32
125-2		200	330			8.76
125-3		300	430			11.76
175-1	175	100	280	99.23	29.58	12.94
175-2		200	380			12.24
175-3		300	480			16.62
225-1	225	100	330	98.38	30.45	29.14
225-2		200	430			25.58
225-3		300	530			22.73

（1）应力-应变曲线与抗剪强度

将试验结果数据导出并转换格式后，把等吸力剪切阶段的轴向应变和偏应力每隔0.6%取一点，绘制不同基质吸力、不同净围压下的应力-应变曲线如图 10-31 所示。

从图 10-31 可以看出，不同基质吸力、不同净围压下的应力-应变曲线均呈现应变硬化，且都没有峰值。在不同基质吸力下，低围压时，未达到 15%应变就提前出现了水平渐近线；净围压为 300kPa 时，部分试样在达到破坏标准 15%应变时仍未出现水平渐近线。在基质吸力相同的情况下，试样的偏应力随着净围压的增加而增大，试样的初始切线模量也同步增大。

从图 10-32（a）不同基质吸力下净围压和应力差的关系可以看出，在基质吸力不变时，应力差随着净围压的增加而近似呈直线增加；基质吸力 175kPa 和基质吸力 225kPa 时两条直线较为接近。从图 10-32（b）可以直接观察到，在净围压相同时，应力差与基质吸力呈现明显的非线性；在基质吸力等于 225kPa 时，不同净围压下的应力差增加幅度不明显，说明在大于等于基质吸力为 225kPa 时，试样的抗剪强度具有一定的阈值和界限。

图 10-33 表示的是非饱和粉质黏土的抗剪强度拟合曲面，抗剪强度与净法向应力和基质吸力呈现明显的非线性增大。

（2）基质吸力与割线模量

图 10-34 表示的是非饱和粉质黏土基质吸力与割线模量的关系，总体来看，随着基质吸力的增加，割线模量有逐渐增大的趋势。基质吸力为 225kPa 时的割线模量大约为基质吸力为 25kPa 时的 3～4 倍；这是由于在剪切过程中，试样内部的孔隙水不断排出，土颗粒之间的相对位置发生变动，试样逐渐密实，轴向应变不断增大，施加的基质吸力越

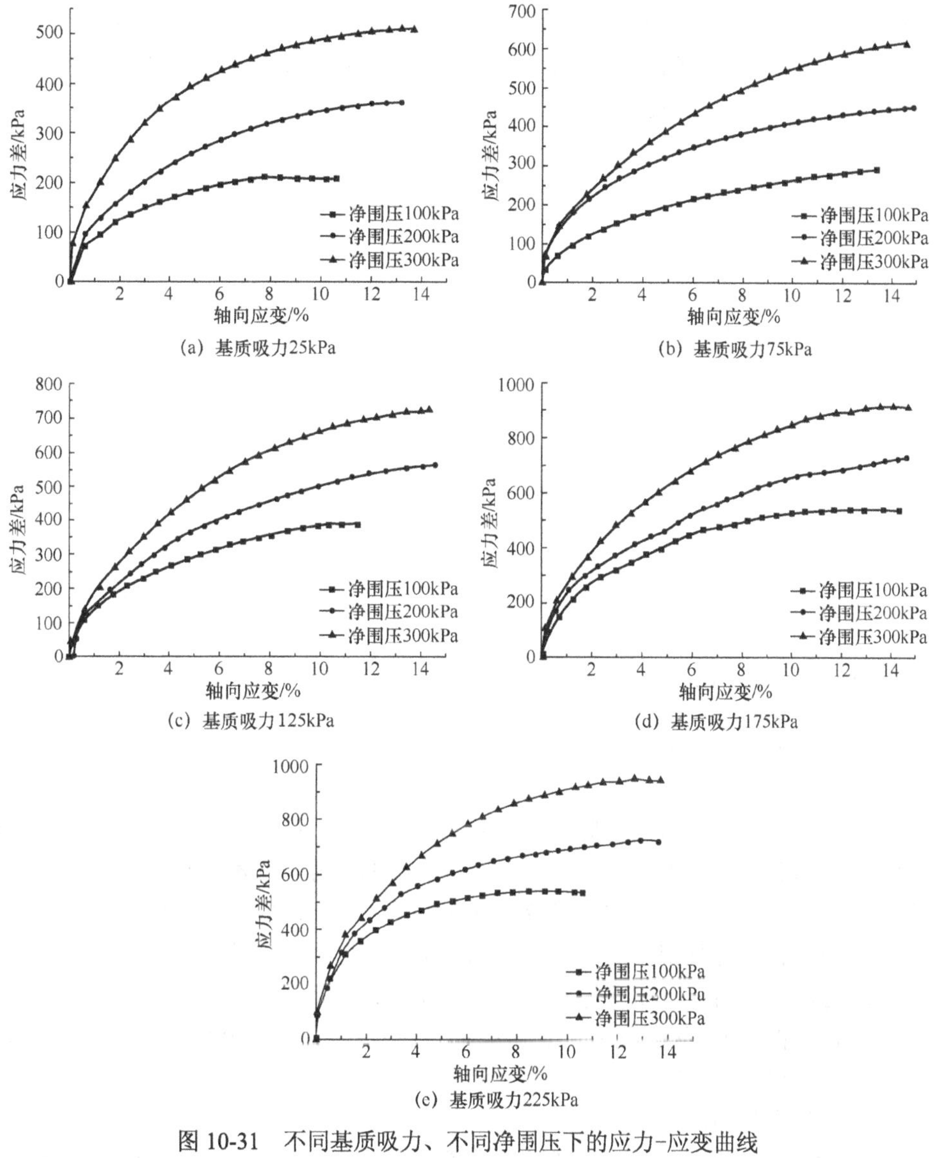

(a) 基质吸力25kPa　(b) 基质吸力75kPa　(c) 基质吸力125kPa　(d) 基质吸力175kPa　(e) 基质吸力225kPa

图 10-31　不同基质吸力、不同净围压下的应力-应变曲线

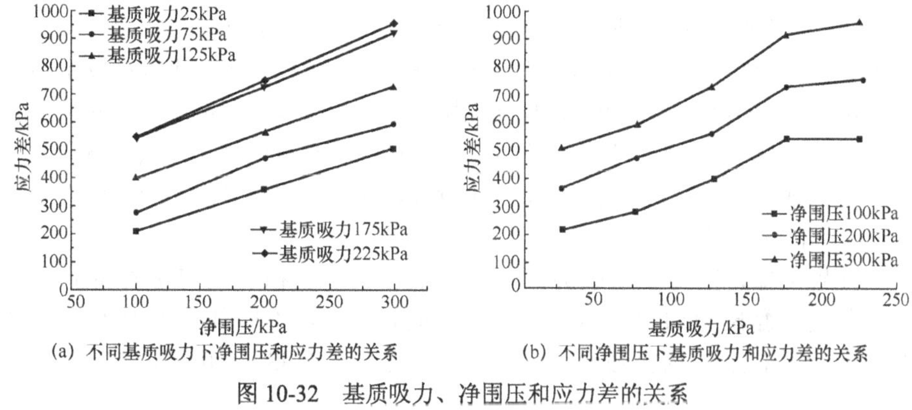

(a) 不同基质吸力下净围压和应力差的关系　(b) 不同净围压下基质吸力和应力差的关系

图 10-32　基质吸力、净围压和应力差的关系

大，则达到相同应变所需要的应力就越大。但是注意到在基质吸力为 75kPa 时不同净围压的割线模量出现较明显的波动。这主要是由两方面的原因造成，一是原状试样本身具有较大的变异性，二是由于试验误差所引起的。

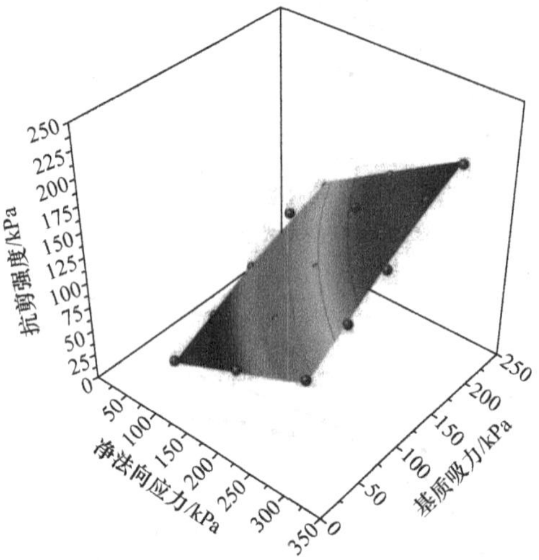

图 10-33　非饱和粉质黏土抗剪强度拟合曲面

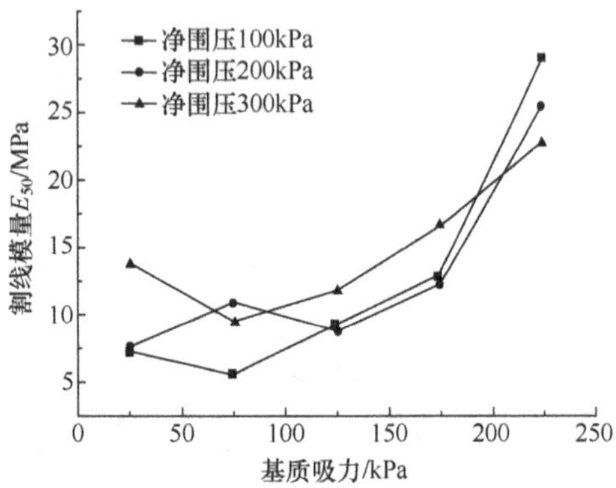

图 10-34　基质吸力与割线模量

（3）基质吸力与黏聚力

从图 10-35 基质吸力与黏聚力的关系曲线中可以看出，基质吸力对黏聚力有显著影响。相较于饱和状态时，非饱和状态的黏聚力分别增大了 1.25 倍、2.55 倍、4.53 倍、6.24 倍、6.19 倍。随着基质吸力的不断增大，试样内部的孔隙水逐渐排出，孔隙的尺寸和数量均发生了改变，土颗粒之间的相对位置逐渐靠近，使得土颗粒之间的各种作用力的合力增大，宏观上表现为黏聚力的增大。分别采用线性方程、二阶多项式和三阶多项式进行拟合，均可以得到新近沉积非饱和粉质黏土黏聚力与基质吸力的经验关系式，其中三阶多项式拟合方程的 R^2 为 0.99，比其他两种方程更适合。当采用线性拟合时，根据双应力变量理论可以得到吸力摩擦角 φ^b 为 22.8°。

（4）基质吸力与内摩擦角

从图 10-36 可以看出，内摩擦角随着基质吸力的增加略微增大。在吸力平衡和等吸力固结阶段均为排水过程，孔隙水排出，等吸力固结阶段又施加了各向等压应力，试样在未剪切之前就已经发生 0.8%～2%的应变，使得孔隙体积变小，土颗粒发生相对移动并重新排列，土颗粒结合水膜变薄，粒间作用力增加，试样体积缩小，试样密度逐渐增加。基质吸力越大，吸力平衡和等吸力固结阶段试样排水量就越大，试样被压密的程度也就越大，土颗粒发生相对移动的摩擦作用越强，此时需要更多的剪应力做功来补偿，因而内摩擦角表现为逐渐增大。

综上分析可知，随着基质吸力的不断增大，新近沉积非饱和粉质黏土的割线模量、抗剪强度、黏聚力均明显增加；相较于饱和状态，不同基质吸力水平下的新近沉积非饱和粉质黏土的抗剪强度、黏聚力分别提高了 3.43～9.06 倍、1.25～6.24 倍，由此可以看出，目前工程中利用常规测试方法得到的力学参数偏保守；内摩擦角也略微增加，但增幅有限。

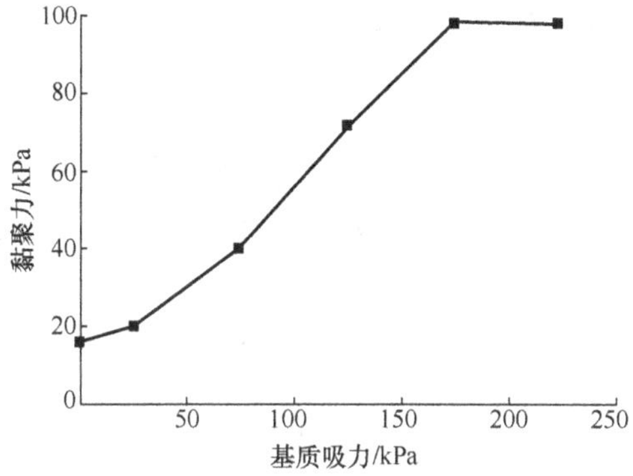

图 10-35　基质吸力与黏聚力

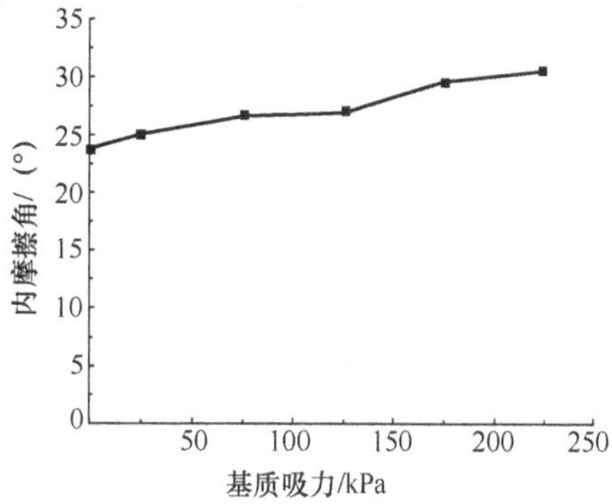

图 10-36　基质吸力与内摩擦角

第 11 章　土的三轴流变试验

土的流变是关于土的力学性质的时间效应，即土的应力、应变、强度与时间变化的关系。三轴流变试验包括蠕变试验和松弛试验，通过两种试验可研究土的蠕变、松弛、流动及长期强度的特性和规律。

在应力一定的情况下确定应变随时间增长的变化情况称为蠕变试验，用于测定土的蠕变、流动及长期强度的特性和规律。蠕变试验可采用剪切试验、扭转试验和三轴试验，其中三轴试验可全面反映土体的流变规律，因此首选三轴仪进行蠕变试验，本章也只介绍三轴试验。

应变不变的情况下确定应力随时间的变化情况，称为松弛试验。松弛试验是揭示土的应力随时间的延续而松弛的特性。

11.1　三轴蠕变试验

土的蠕变特性，即土在荷载作用下，应变 ε 随时间 t 而逐渐增加的现象。这种变化表现在土的剪应变和体积应变随时间而变化两个方面。蠕变可在排水与不排水两种条件下发生。

11.1.1　试验目的

通过蠕变试验研究蠕变、流动及长期强度的特性和规律，从而评价地基土、土坡、路堤以及土工构筑物的长期稳定性和变形特性。

11.1.2　试验原理及方法

三轴蠕变试验可采用应力控制式三轴流变仪，对试样进行不同围压下的排水、不排水流变试验，试验过程中周围压力、轴向压力均可控制，可以测得孔隙水压力，且试样的应力状态明确，从而能够全面地反映土体的流变规律。因此，凡具备条件的实验室应首选应力控制式三轴流变仪进行蠕变试验。

三轴蠕变试验与常规三轴试验的根本区别在于它必须在一个相当长的时间内保持试样的含水率和试样上的应力或应变不发生任何变化，也不受到任何因环境条件变化如温度、外来振动等引起的干扰。除此之外，它的试验设备与方法与常规的三轴试验并没有实质性的差异。

采用应力控制式三轴流变仪对岩土体进行试验，根据分级加载的方法，记录时间和土体的变形量、孔隙压力值，得到土体的应力-应变-时间关系曲线。本试验认为：在分级加载过程中，土的硬化作用会使得上一级荷载对下一级荷载造成不易估计的影响，进而假设蠕变变形结果按照线性叠加的原理进行分析，不考虑操作方法、仪器、温度、湿度带来的误差。

11.1.3　试验仪器

国内大部分流变试验机是在三轴试验设备的基础上改造而来。本次试验采用成都理工大学与长春机械科学研究院有限公司联合研发生产的土体三轴流变试验机（图 11-1），试验原理与土的三轴试验仪类似，可进行三轴压力作用下土体的流变性能测试研究。可同时对圆柱形土试样施加轴向压力和周围压力。测试在轴压和围压恒定条件下，试样轴向形变随时间的变化以及试样孔隙水压力或孔隙水量的变化，轴向应变恒定条件下轴向压力的变化。三轴流变试验机主要组成部分为压力室、加压系统和控制测量系统。

1）压力室：三轴流变试验机的压力室与常规三轴剪力仪的压力室相似（图 11-2），试样由橡皮膜固定于压力室，试验时室内充水，通过气压压水，由水压向试样施加围压。试样上端排水，并与排水量测管相连，以便观测试验过程中水的排出量；下端与孔隙压力表相连，以便观测孔隙水压力随时间的变化。

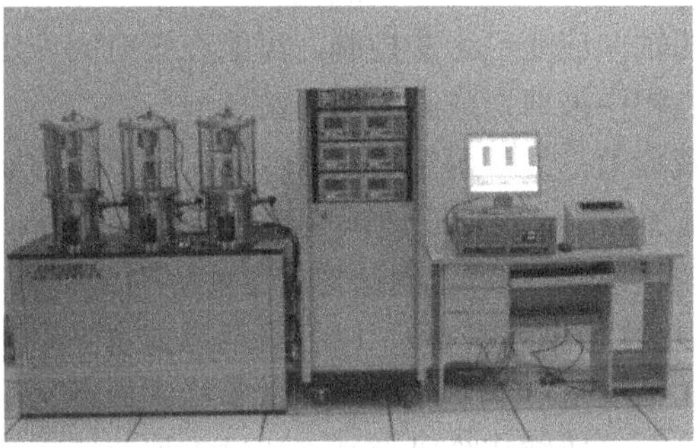

图 11-1　土体三轴流变试验机

图 11-2　三轴流变试验机的压力室

2）加压系统：围压通过空气泵产生，压力由调节阀调节。通过压力室水的传递向试样施加均匀的围压；偏压力采用交流伺服系统、全数字式控制器进行自动施加。

3）控制测量系统：计算机可对试验过程进行控制，可分级加荷，控制方式可设定力或变形控制，且 3 个试样可分别设置试验参数。控制测量系统按程序采集试验数据并进行处理，可显示各试验参数值及试验曲线。测力传感器置于围压室内，进行压力量测。

11.1.4　试验步骤

1．试样制备

根据《土工试验方法标准》（GB/T 50123—2019）规定进行原状试样或人工试样的制备，将土样制成直径 39.1mm、高 80mm 的圆柱形试样，截面面积为 12cm^2。

2．试样饱和

试样采用抽气饱和法对其进行饱和。将装有试样的饱和器放入真空缸内，真空缸和盖之间涂一薄层凡士林，盖紧。将真空缸与抽气机接通，启动抽气机；当真空压力表读数接近一个大气压力值时，抽气时间不少于 1h；然后将真空缸与抽气机断开，停止抽气，打开管夹，使清水徐徐注入真空缸；在注水过程中，真空压力表读数逐渐降低，直至真空缸注满水，压力表读数归零。试样在水中静止浸泡 24h，使试样充分饱和。

3. 试样安装

安装试样前应全面检查三轴流变试验机的各部分是否完好，然后试样装入压力室，对压力室进行充水，设置排水量测管的初读数。

4. 参数设定和施加围压

试样安装完毕后，按照试验要求，对三轴流变试验机进行抽水、排气和设定围压。对试样进行固结，量测固结过程中排水量和孔隙水压力的变化。

围压 σ_3 的确定：根据工程要求、取试样深度、土的天然密度及静止侧压力系数 K_0 确定。K_0 取值应根据土质分类而定。一般取 3～5 级围压，每个围压下取 3～4 级应力水平。

5. 剪切阶段

固结完成后，施加偏应力 Δq_1，对于固结排水蠕变试验应打开排水阀，而固结不排水蠕变试验不需要打开排水阀。当达到预定的时间后，施加下一级偏应力 Δq_2，循环加载，直到试样破坏（对于不排水试验，试样的轴向应变已无法控制，可能在短时间内迅速垮塌；而排水试验，试样会在比较缓慢的过程中被剪切成腰鼓形而破坏）。

在某级应力水平下蠕变试验结束的标准及取值：为了确定 $\Delta q_1, \Delta q_2, \Delta q_3,\cdots, \Delta q_n$ 的取值，可以先用同类试样，在预定 σ_3 作用下，施加荷载，根据三轴试验获得破坏荷重为 q，预期蠕变试验分为 N 级加载，固结不排水一般取 $5\leqslant N\leqslant 7$，固结排水 $7\leqslant N\leqslant 10$，可以取 $\Delta q=q/N$（根据试样实际的变形情况 Δq 也可能略大或略小）。以各级偏应力水平下观察的轴向变形小于 0.01mm/d、体积变形小于 0.1mL/d 作为稳定标准（试验稳定标准可根据实际情况调整）；若不能满足上述条件，则进入等速蠕变阶段而又不能进入加速蠕变阶段的偏应力水平，连续观测 14d 再进入下一级试验。

11.1.5　试验数据分析

三轴蠕变试验记录表见表 11-1。

表 11-1　三轴蠕变试验记录表

围压/kPa						轴向应力/kPa			
固结后高度/cm						剪切后高度/cm			
固结后面积/cm^2						剪切后面积/cm^2			
固结后体积/cm^3						剪切后体积/cm^3			
时间			温度/℃	经过时长/min	轴向变形/cm	轴向应变	试样体变/cm^3	体积应变	备注
d	h	min							

成果整理参考下列方法：

（1）时间-应变关系

按照设定的围压，以时间为横坐标，轴向变形为纵坐标，绘制蠕变变形与时间的关系曲线，如图 11-3 所示。轴向压力的加荷量级是根据不排水不固结三轴试验结果确定的。本次加荷量级分为 6 级，分别为 2MPa、2.41MPa、2.55MPa、2.8MPa、3.02MPa、3.3MPa（对于软土其加荷量级范围一般为 5～15kPa）。从图 11-3 中可以求得流变起始应力（$\sigma_1 = 2.4\text{MPa}$）和流变破坏应力（$\sigma_c = 3.3\text{MPa}$）的数值。

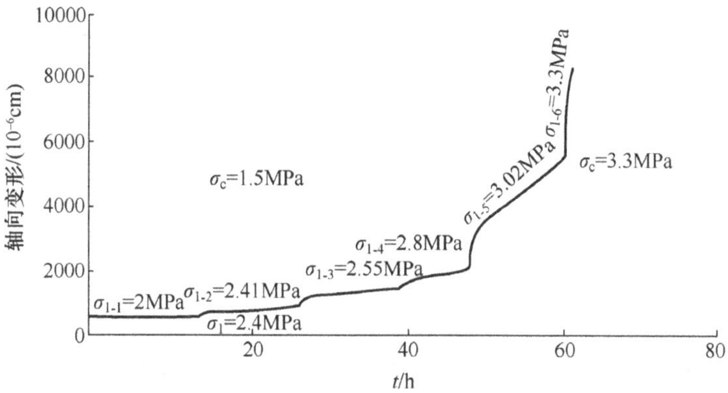

图 11-3　蠕变变形与时间关系曲线

（2）应力-应变关系及阻尼应变曲线

绘制一定围压（σ_3）下的应力-应变关系及阻尼应变曲线，如图 11-4 所示。并求出瞬时变形模量和阻尼变形模量。

（3）应变速率-轴向压力关系

绘制一定围压（σ_3）下的应变速率和轴向压力关系曲线，如图 11-5 所示。直线斜率为土的黏滞系统。在三轴蠕变试验中，黏滞系数与围压有密切关系，围压不同，黏滞系

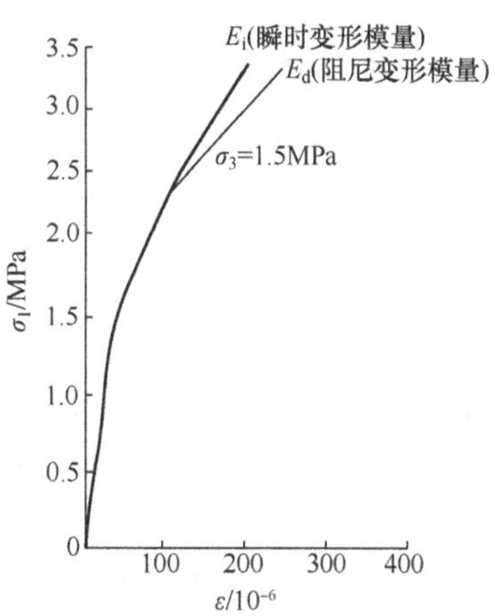

图 11-4　应力-应变关系及阻尼应变曲线

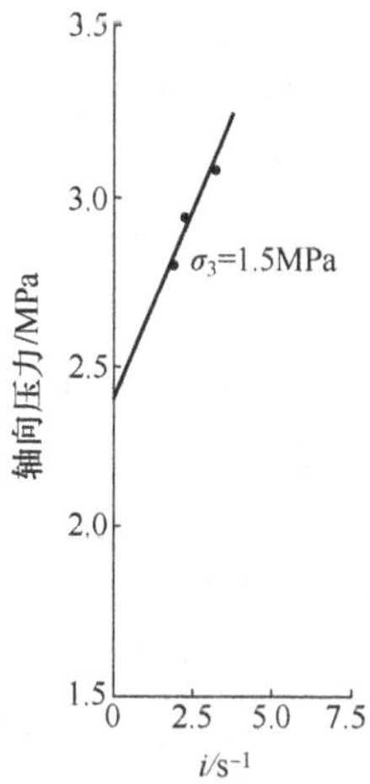

图 11-5　应变速率和轴向压力关系曲线

数也不同，且黏滞系数随着围压的增加而增大，呈直线关系。图 11-6 为一组三轴蠕变试验所获得的围压与黏滞系数的关系。

（4）瞬时强度与长期强度

以不同固结围压为小主应力，以流变起始应力为大主应力绘制出一组莫尔圆，对其作出公切线，如图 11-7 所示，可求出瞬时强度的强度参数（黏聚力与内摩擦角）。

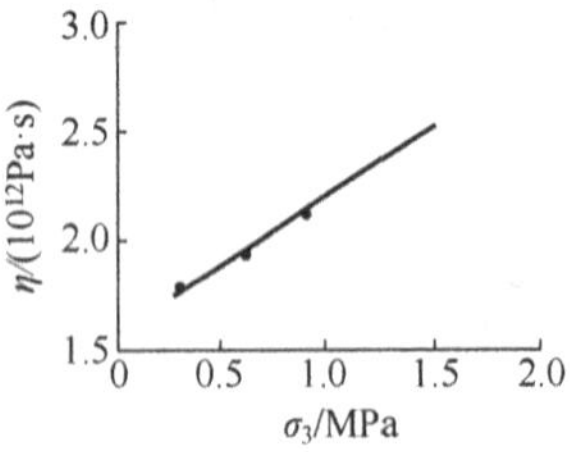

图 11-6　围压与黏滞系数的关系

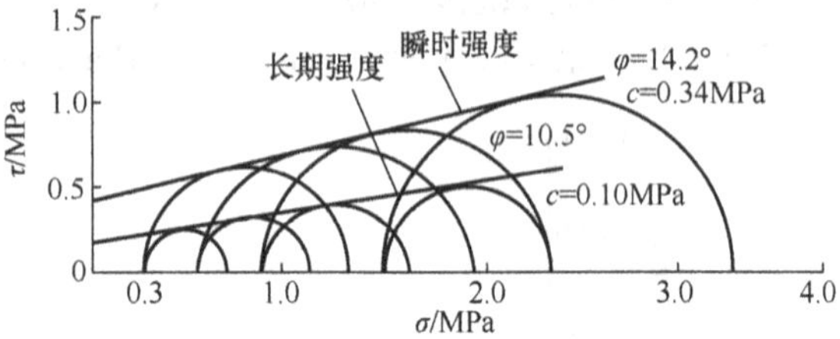

图 11-7　瞬时强度与长期强度的莫尔圆

11.1.6　实例——成都裂隙性黏土流变特性试验

1. 试验背景

裂隙性黏土具有很强的流变性，其流变性易引起各类工程地质灾害问题发生：建筑物长期变形、边坡失稳、地面沉降等。裂隙性黏土在我国西南、中南、华东、华北地区均有分布，其中成都裂隙性黏土发育非常强烈，其隙壁为灰白色黏土，裂面呈蜡光状，厚度与裂隙发育程度适应，2～10mm 出现概率最大，在裂隙交会处可达 50～100mm。本研究以成都裂隙性黏土为对象，通过三轴蠕变试验，开展了对其流变特性的研究。

2. 试验方案

本试验土样取自成都凤凰山西坡 9#、10#探坑，取样深度为 3～10m，该土为黄色黏土夹网状薄膜裂隙；将土样制成直径 39.1mm、高 80mm 的圆柱形试样，截面面积为 $12cm^2$；土样的天然含水率为 21.4%，容重为 $21.0kN/m^3$，液限为 41.8%，塑限为 19.7%。

（1）试验仪器

试验仪器采用成都理工大学与长春机械科学研究院有限公司联合开发研制的土体三轴流变试验机。

（2）试验分组及相关参数

试验根据围压不同，分成 2 组，围压分别为 100kPa、200kPa；加载方式采用分级加载；试验温度控制在（24±2）℃。

（3）试验步骤

首先进行常规固结不排水三轴试验，围压等级分别为 100kPa、200kPa、300kPa、400kPa，确定常规的抗剪强度指标、变形模量以及不同围压下破坏偏应力峰值 q_f。

安装好试样，施加围压直至试样固结完成。

将固结完成后测得的读数作为蠕变起始读数，根据 CU 试验所确定的破坏偏应力峰值 q_f，采用陈氏加载法，施加偏应力 q；每级垂直荷载的增量 $\Delta q=Kq_f/n$，其中，K 为蠕变试验时材料的强度降低系数，取 0.65～0.85。

施加偏应力 q 之后，观察轴向变形和体积变形随时间的变化过程，两者变形稳定之后施加下一级偏应力。本次试验共分 5 次加载，以各级偏应力水平下观察的轴向变形小于 0.01mm/d、体积变形小于 0.1mL/d 作为稳定标准；若不能满足上述条件，进入等速蠕变阶段而又未能进入加速蠕变阶段的偏应力水平，连续观测 14d 再进入下一级试验。

3. 试验结果与讨论

（1）应变-时间关系

以 200kPa 围压 σ_3 下的试验结果进行分析，根据试验资料，绘制各级荷载下的轴向应变全过程蠕变历时曲线，如图 11-8 所示。再根据玻尔兹曼叠加原理（Boltzmann superposition principle），采用坐标平移法，将分级加载曲线转换为分别加载下的蠕变曲线，如图 11-9 所示。

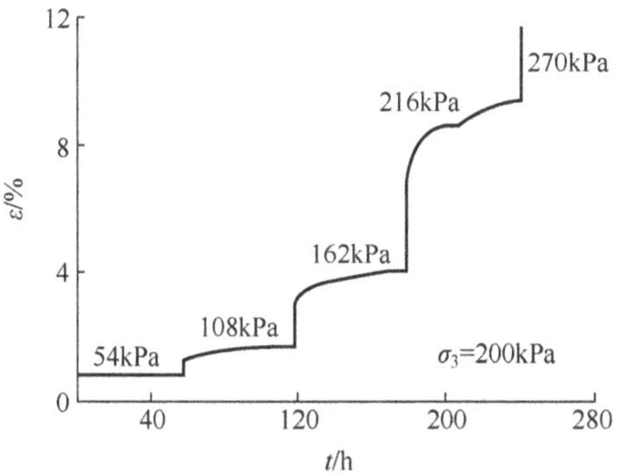

图 11-8　全过程蠕变历时曲线

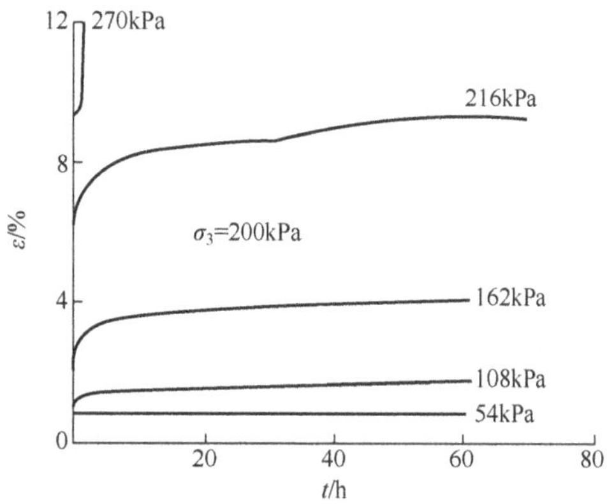

图 11-9　分别加载下的蠕变曲线

由图 11-8 和图 11-9 可以看出：

1）在各级荷载作用下，加载的瞬时都有一瞬时变形，接着随时间的增长，变形也在增长，说明该土体存在一定的流变特性，且应力水平越高，瞬时变形越大，蠕变变形也越大。

2）当应力水平较低时，蠕变曲线只出现蠕变的第一阶段，即衰减蠕变阶段，蠕变是衰减稳定的，最终的变形是一常数，变形速率为 0。当应力-应变达到一定值，蠕变曲线才出现等速蠕变阶段和加速蠕变阶段。

（2）应力-应变特性分析

通过不同应力水平下的蠕变曲线可以得到不同时刻土的应力-应变等时曲线，如图 11-10 所示。

分析等时曲线可以看出：

1）不同时刻试样的应力-应变等时曲线形状是不同的，而且不是直线，表明该地区土体具有明显的流变特性，且流变是非线性的。

2）随着时间的推移，黏性变形的发展导致应力-应变等时曲线向应变轴弯曲（曲线凹向应变轴），即时间越长，非线性流变现象越明显。

3）偏应力水平较低，应变增大较慢，应力-应变曲线较缓；偏应力水平较高，应变增大较快，应力-应变曲线较陡。而且，偏应力水平越高，应力-应变等时曲线偏离直线的程度（弯曲程度）也越大，说明非线性程度随应力水平的提高而增强。

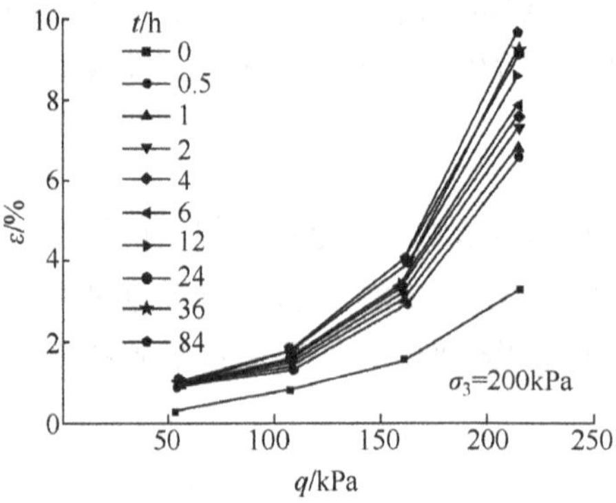

图 11-10 应力-应变等时曲线

11.2 松弛试验

11.2.1 试验目的

在应变相对恒定的情况下揭示土的应力随时间的延续而松弛的特性。

11.2.2 试验原理及方法

土的应力松弛是一种在应变保持不变情况下，其弹性变形和塑性变形重新分布的时间效应。其原理是对材料施加一个应变，然后保持该应变水平恒定，测定应力或模量随时间的变化过程。对于土的室内应力松弛试验，一般有分别加载和分级加载两种加载方式。

分别加载是指把同一种土体制成一组完全一样的试样，在外界条件（试验仪器等）相同的前提下，将这一批试样同时进行不同的应力（应变）水平的三轴试验。由于一方面要保证完全相同的外界条件不太可能；而另一方面实际中可以供同时使用的仪器数量有限，很难满足要求，因此真正做完全相同的分别加载三轴试验是不容易的。

分级加载是指应用同一个试样，进行不同应变水平的应力松弛试验，当试样在该级应变水平下达到稳定后，再进行下一等级应变水平加载，直到施加完所需的各级应变水平为止。分级加载的优势是一次只需要一个试样，对外界条件要求小，不需要很多仪器同时工作，且试验数据的也比较集中。因此，实际操作中多采用分级加载的试验方法，并且为减少甚至消除上述不利影响，试验总时间不宜过长，且加荷的比也是不宜过大的。应力松弛试验中的每级应变水平的确定应考虑如下几个方面：其一，应变水平最大不超过 15%；其二，每级应变递增应在 1%～3%以内。

11.2.3　试验仪器

参照 11.1.3 土体三轴流变试验机。

11.2.4　试验步骤

根据工程需要，进行不同条件（围压、含水率、压实度等）下的分级加载松弛试验。

1. 制样

根据《土工试验方法标准》（GB/T 50123—2019）规定进行原状试样或人工试样的制备，将土样制成直径 39.1mm、高 80mm 的圆柱形试样。

2. 安装试样

安装试样前应全面检查三轴仪的各部分是否完好，按照三轴试验的要求套乳胶膜，将试样装入压力室中，对压力室充满水，压力室的水作为水浴，并不施加固结压力。

3. 压力室注水及参数设定

试样安装完毕后，对围压室进行注水，注水过程保持气阀的通畅。围压室注满水后在操作箱上进行归零，关闭气阀。

在土体三轴流变试验机的计算机测控系统中进行参数设定，通过设定围压、变形控制以及试验终止条件等后，将参数确认并存储。

4. 施加围压和轴向压力

开始试验，首先对装好的试样施加围压，围压的加载速率为 0.5MPa/s。围压达到目标值且稳定后，再施加偏应力。在应力松弛试验中偏应力是通过施加轴向应变的加载方式进行的，加载速率控制在 0.005mm/s。当轴向应变达到目标值后，保持应变水平不变，记录轴向应力随时间的变化过程。

试验过程中，应力松弛的稳定标准一般为连续 7h 以内，当应力变化值小于 0.001MPa/h 时，认为该级应变作用下的应力松弛过程已经稳定，可以进入下一级应变水平的试验。试验过程中计算机以 1 次/mm 的采集频率自动采集数据。因试验仪器敏感性高，对温度和湿度要求严格，试验过程中应控制室内的温度为（22±0.5）℃，湿度为 40%±1%，并应控制人员进出，防止对试验结果产生不利影响。

11.2.5　试验数据分析

1. 应力松弛曲线

分级加载条件下的应变-时间关系曲线，如图 11-11 所示，曲线呈阶梯状。图 11-12 给出了一定初始条件下，土的分级加载轴向应变条件下的应力松弛曲线。

考虑到试验中采用分级加载方式导致前期加载历史对试样力学性质的影响作用，采用玻尔兹曼叠加原理对试验结果进行处理，可得到应变水平不同时的加载应力-时间曲线（即应力松弛曲线），由图 11-12 可得到各级（1.0%、4.0%、7.0%、10.0%、13.0%）恒应变条件下不同初始含水率试样的应力松弛曲线，如图 11-13 所示。

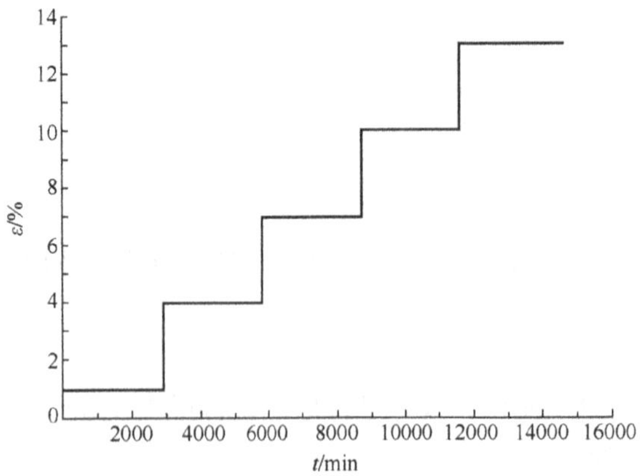

图 11-11　分级加载条件下的应变-时间关系曲线

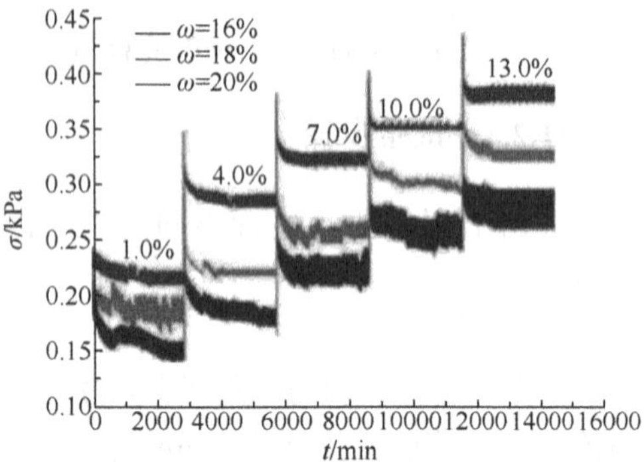

图 11-12　分级加载轴向应变条件下的应力松弛曲线（围压 150kPa，压实度 90%）

2. 不同初始条件下的应力-应变等时曲线分析

应力-应变等时曲线是土的应力和应变随时间变化的关系曲线。应力-应变等时曲线是根据不同应变水平条件下的应力松弛曲线而得到的（也可由不同应力水平条件下的蠕变曲线得到）。应力-应变等时曲线是流变学中研究蠕变、应力松弛和长期强度等问题的有效工具。在对土的应力松弛研究中，通过对应力-应变等时曲线的分析，可以建立合理的松弛模型，并为确定相关的模型参数奠定基础。

图 11-12（彩图）

以含水率 16%条件下为例画出应力-应变等时曲线如图 11-14 所示。

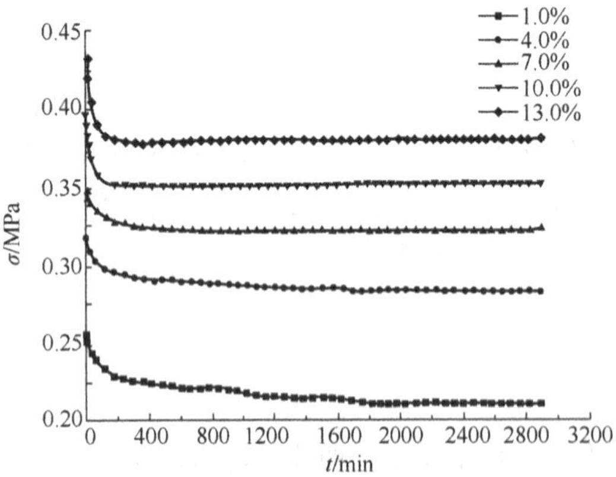

图 11-13　恒应变条件下不同初始含水率试样的应力松弛曲线（含水率 16%，围压 150kPa，压实度 90%）

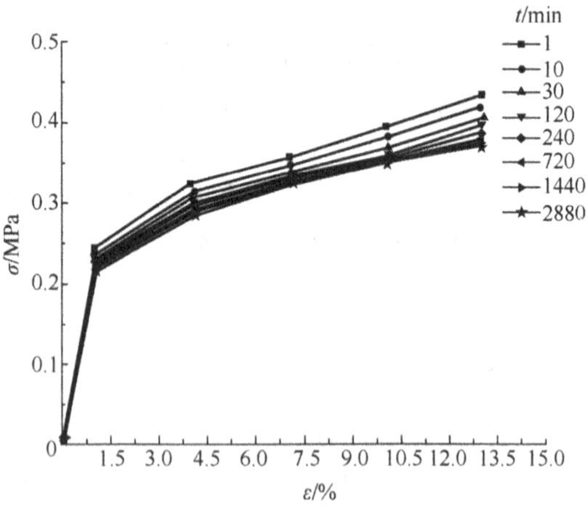

图 11-14　应力-应变等时曲线（含水率 16%）

第 12 章　动三轴试验

土在动荷载作用下的变形特性及动强度特性（包括抗液化强度）需要通过土的动力特性试验来测试。动三轴试验是在静态三轴试验的基础上，通过对试样施加模拟的动态主应力，来测定试样在承受动态载荷作用下的动力特性。动三轴试验制样方便，可精确控制应力和应变，测定孔隙水压力变化，便于施加各种应力以适应工程实际，是室内进行土的动力特性测定较为先进的试验手段。

12.1　试 验 目 的

动三轴试验目的是测定土在动应力作用下应力、应变和孔隙水压力变化规律，确定土的动弹性模量、阻尼比和动强度等。

12.2　试验原理及方法

动三轴试验是将土样按照要求的粒度、湿度、密度制备成圆柱状，用乳胶膜密封安装于试样围压容器内的传力主轴底座和反力座之间，在静力条件下固结后，施加不同形式和不同强度的动荷载，量测振动作用下试样的应力（包括孔隙水压力）和应变。在动三轴试验中，动应力尽可能地模拟不同动荷载的特性，如频率、幅值、持续时间、波形变化等。

土的动强度是指在一定循环次数条件下产生某一破坏应变时的动应力。动强度特性试验中的破坏标准有孔压标准、屈服标准和应变标准。动三轴试验测定土的动强度原理：设定某一等幅动应力作用于试样进行持续振动，直到试样的应变值或孔压值达到预定的破坏标准值，试验终止。记录试验过程中试样的动应力、动应变和动孔压随振动周次的变化过程线。相同的方法采用多个试样（一般 4 个）就可得到动应力和破坏周数的关系曲线，即动强度曲线。

动弹性模量（E_d）指试样在弹性变形阶段产生单位动应变所需的动应力，是表示试样抵抗变形能力的重要指标；其用动应力与动应变的比值表示，表达式为 $E_d=\sigma_d/\varepsilon_d$。动阻尼比（$\lambda$）表示在一个循环周期内试样内阻消耗的能量与作用在土体上总能量的比值，由于阻尼的存在应变相对应力有一定的滞后性，在同一周期内形成应力-应变滞回圈。动三轴试验测定土的动弹性模量和动阻尼比原理：作用于试样的轴向动应力从小幅值开始逐级增大，做振动试验，当应变波形明显不对称或孔压明显增大，试验终止。记录试验过程中每级荷载的动应力和动应变曲线，或直接记录应力-应变滞回圈曲线，用以确定各动应变时的动弹性模量和动阻尼比。

12.3　试 验 仪 器

动三轴试验的设备为振动三轴仪，振动三轴仪实际上是由成样系统、量测系统和激振系统三个系统的各种不同形式有机地组合而成。本书以地质灾害防治与地质环境保护国家重点实验室 MTS 810 型伺服动三轴试验机为例进行介绍。

MTS 810 型伺服动三轴试验机可测定试样动孔压、动强度、动弹性模量和动阻尼比；可施加轴向振动荷载 0～25kN、围压 0～2MPa、动载频率 0.01～10Hz；振动波形有方形波、尖波、正弦波 3 种基本波形。

MTS 810 型伺服动三轴试验机（图 12-1）属单轴试验机，主要包括以下 4 个部分。

1）加载系统：包括带有可移动横梁的机架、作动器、伺服阀、各种夹具及为提高动态性能而安装在作动器旁的储油器等；

2）液压源：通过液压驱动作用轴运动，利用作用轴的位移而实现对试样的加载；

3）传感器：包括安装在机架上的载荷传感器、位移传感器，用于测量应变的各种引伸仪等；

4）数字控制器和计算机系统：数字控制器用于管理所有的数字控制功能、控制伺服阀工作、控制各种传感器等；计算机系统是试验操作的主要工作界面，根据试验需求设置加载压力、试验参数的输入、数据测量采集与处理等。

图 12-1　MTS 810 型伺服动三轴试验机

12.4　试 验 步 骤

1．试样制备

根据 MTS 810 型伺服动三轴试验机尺寸，试样尺寸有直径 50mm（高 100mm）和直径 75mm（高 150mm）两种规格。根据试样尺寸制备试样，具体制样方法见本书第 1.2 节。

2. 试样安装

首先在试样两端分别放入滤纸和透水石。微开孔压阀，使安装底座有一层水膜，将试样平推放在底座上。给环形固定器套入乳胶膜，利用吸球将环形固定器套入试样中间，将两端乳胶膜翻转，取下环形固定器后，在底部乳胶膜上缠 2～3 条橡皮条固定试样。然后放置对开膜和上帽，翻转顶部乳胶膜包住上帽，并缠 2～3 条橡皮条进行固定。最后在底座涂上凡士林防止漏水，拔出插销、下降密封舱，扣紧螺栓、固定密封舱。关闭排水阀，打开注水阀门，向密封舱内注水，水满后关闭注水阀，清理顶盖多余的水。

3. 启动程序

启动电机，电脑开机后选择 Station Manager 程序，启用手动调节功能，调节位移观察操作界面中的数值当前值是否同步变化；调节完成后将位移、围压及孔压等清零。回到主页面打开“MPT Procedure Editor”操作界面，开始对试样进行饱和及固结。

4. 试样饱和及固结

1）试样饱和：利用反压装置进行试样饱和。电脑操作先施加 20kPa 围压，将左下方排水阀打开，可看到孔压增加，逐渐增加围压，饱和过程中围压要比反压始终大 20kPa 且围压和反压以 100kPa 为单位逐级增加。当 B 值（孔压增值/围压增值）大于 0.95，则饱和完成。除该方式外，也可选择在试验开始前将试样放入真空缸中抽气饱和。

2）试样固结：常用的固结方式有等压固结（固结应力比 $K=\sigma_1/\sigma_3=1$）和不等压固结（固结应力比 $K=\sigma_1/\sigma_3>1$）。根据试验实际情况选择固结方式，设定轴压、围压、固结比、加载时间和固结时间等参数，打开上部排水阀开始固结。当孔压缓慢减小，达到负值并趋于稳定一段时间后关闭阀门，固结完成。

5. 加载试验

根据试验方案，选择控制力或控制位移加载方式进行动荷载加载开始试验。对于动强度试验，当应变值达到应变破坏标准（通常应变达到 5%）或孔压达到侧压（$u_d=\sigma_3$），停止试验；对于动变形特性（动弹性模量和动阻尼比）试验，当动应变波形明显不对称或动孔压明显增大时，停止试验。

6. 卸样

试验完成后，卸载轴压和围压。打开排水阀和排气阀，待压力室的水完全排出后，打开压力室，卸样，记录试样变形破坏特征，清理现场。

12.5　试验数据分析

试验结束后，导出传感器采集的动应变、动应力及动孔压等试验数据，绘制动应变、动应力、动孔压的过程曲线，根据试验目的进行试验数据分析。

对于动强度特性试验，根据破坏标准确定不同动荷载 σ_d 振动下试样的破坏周数 N_f。一般 3～4 个试样就可以得出动应力与破坏周数的变化曲线，即 σ_d-N_f 曲线。当破坏标准为动强度破坏标准时，σ_d-N_f 曲线为动强度曲线；当破坏标准为抗液化强度破坏标准时，σ_d-N_f 曲线为抗液化强度曲线（图 12-2）。

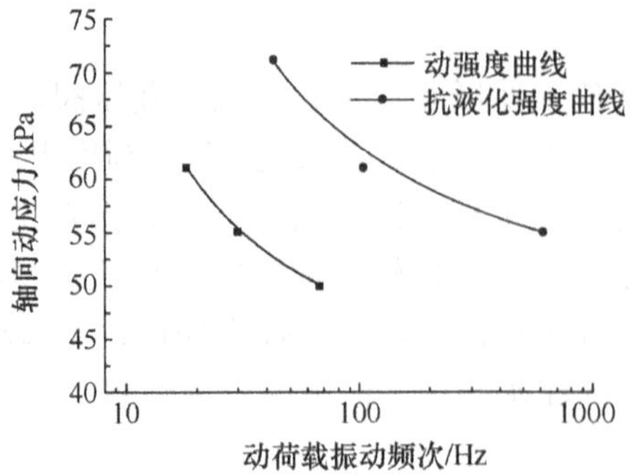

图 12-2　动应力与动荷载振动频次曲线

对于动变形特性（动弹性模量和动阻尼比）试验，根据测得的动应力 σ_d 和动应变 ε_d，利用以下公式可计算动弹性模量 G_d：

$$\gamma_d = \varepsilon_d(1+\mu) \tag{12-1}$$

$$\tau_d = \frac{1}{2}\sigma_d \tag{12-2}$$

$$G_d = \frac{\tau_d}{\gamma_d} = \frac{\sigma_d}{2\varepsilon_d(1+\mu)} = \frac{E_d}{2(1+\mu)} \tag{12-3}$$

式中：γ_d——动剪应变，%；

ε_d——轴向动应变，%；

μ——泊松比；

τ_d——动剪应力，kPa；

σ_d——轴向动应力，kPa。

将动应变-动应力关系曲线（ε_d-σ_d 曲线），转化为 $\frac{\varepsilon_d}{\sigma_d}$-$\varepsilon_d$ 曲线，可以得到直线关系，由直线的纵截距的倒数得到弹性模量 E_0，从而得到最大动弹性模量 G_{max}。

动阻尼比反映动荷载作用下土的动应力-动应变关系的黏滞性，计算公式如下：

$$\lambda = \frac{1}{4\pi}\frac{\Delta W}{W} \tag{12-4}$$

式中：ΔW——黏弹性体在一个周期内消耗的能量；

W——在一个周期内动荷载所储存的总能量。

对于黏弹性体，在一个周期内消耗的能量 ΔW，可近似地等于试验得到的滞回曲线所围定的面积 A_0，（图 12-3），即

$$\Delta W = A_0 = \pi c\omega\varepsilon_d^2 \tag{12-5}$$

又因在一个周期内动荷载所储存的总能量为

$$W = \frac{1}{2}\sigma_d\varepsilon_d \tag{12-6}$$

在数值上等于图 12-3 上阴影部分三角形的面积，因此动三轴试验中确定动阻尼比的基本关系式为

$$\lambda = \frac{1}{4\pi}\frac{\Delta W}{W} = \frac{1}{4\pi}\frac{S_{滞回圈}}{S_{\triangle OAB}} \tag{12-7}$$

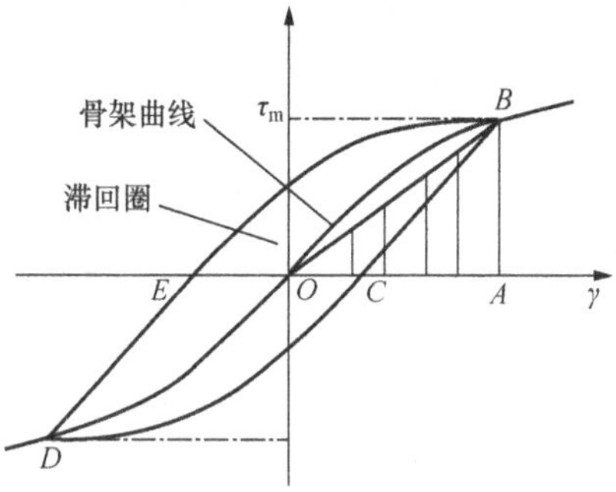

图 12-3　滞回圈曲线

12.6　实例——大光包滑坡滑带动力特性试验

12.6.1　试验背景

大光包滑坡是强震触发的巨型滑坡，其滑带构造背景是先期发育的糜棱化、泥化层间错动带。该层间错动带具有明显地下水赋存和运移特征。因此，本次试验目的是通过室内动三轴试验，研究在地下水参与下，层间错动带在动载条件下的动孔压、动强度、动弹性模量与动阻尼比特性。

12.6.2　试验方案

使用地质灾害防治与地质环境保护国家重点实验室 MTS 810 型伺服动三轴试验机（图 12-1）进行该错动带的动力特性试验。土样取自层间错动带下部的糜棱质带、泥化带，两带总厚 5～50cm，材料颗粒级配差异较大，最底部泥化带材料颗粒较细，主要以<0.075mm 的粉粒为主（C1）。C2、C3 均取于糜棱质带，两分层物质成分相同，只有颗粒级配的差异，无明显分界。其中，C2 糜棱化更强烈，主要呈粉土状，砂粒（0.075～2mm）和角砾（2～5mm）含量较少，黏粒（<0.005mm）含量达 1/3；C3 主要以砂粒为主，其次为粉粒（0.005～0.075mm），黏粒含量相对较少。对土样 C1、C2 和 C3 分别进行动三轴试验，由于试样尺寸限制，剔除其中大于 5mm 的颗粒。

首先，将平硐中取得的糜棱质材料用木锤充分击散后在烘箱中烘干，将干燥材料喷洒蒸馏水使具有一定的初始含水率（5%），而后在密闭环境中静置 24h 以使水分充分均匀。通过分层击实法制样，分 5 层击实，根据设定的试样干密度和初始含水率确定每层土的质量，倒入模具中击实，每层击实厚度为 20mm，为防止试样分层，各层接触面间

用小刀刮毛，保证制样均匀。采用二氧化碳反压饱和法进行试样饱和。试样达到饱和要求后，开始固结，增加轴压和围压到设定值，然后打开上部出水阀门进行等压固结，固结 2～3h 后，关闭阀门 5min 内孔隙水压力不上升认为固结完成。

单向动三轴试验采用频率 1Hz 正弦波，分别在不同动应力下进行试验直至试样破坏，选用应变 5%作为破坏标准。所有试样干密度均为 1.8g/cm^3，围压 100kPa，固结比 K_c=1。动强度和动孔压特性试验为一次加载完成；动弹性模量和动阻尼比试验为同一固结围压下多级加载动应力完成；由于在小应变幅下试样表现为弹性或黏弹性变形，动弹性模量和动阻尼比变化规律也更为明显，同时较小荷载水平下多做几级荷载试验能够更准确地测定动弹性模量和动阻尼比，因此本次试验从小荷载开始，逐级增加，加载不少于 5～6 级。振动次数依据试样的软硬程度及颗粒组成，建议每级荷载振动 10 次。为了消除前一级加载产生的孔压对后一级荷载的影响，每次加载完成后快速开关排水阀一次，单向动三轴试验设计了不同循环偏应力下的加载方案（S1～S9）。详细试验方案见表 12-1。

表 12-1 试验方案

分层	研究目的	试样编号	干密度 ρ_d/(g/cm^3)	循环偏应力 q^{ampl}/kPa	径向循环应力 σ_3^{ampl}/kPa	固结围压 σ_0/kPa	破坏振次 N_f/次	相位差	频率 f/Hz	饱和度/%	峰值偏应力 q_f/kPa	稳态孔压比 γ/%
C1	动力特性	S1	1.8	49.46	0	100	221		1	1		
		S2	1.8	60.77	0	100	131		1	1		
		S3	1.8	71.9	0	100	27		1	1		
C2		S4	1.8	49.46	0	100	42		1	1		
		S5	1.8	60.77	0	100	20		1	1		
		S6	1.8	71.9	0	100	11		1	1		
C3		S7	1.8	49.46	0	100	265		1	1		
		S8	1.8	60.77	0	100	91		1	1		
		S9	1.8	71.9	0	100	43		1	1		

12.6.3 试验结果与讨论

1. 动孔压特性

图 12-4 是在不同动应力作用下的动孔压比（u_d/σ_3）与振次比（N/N_f）的关系曲线。从图 12-4 中可以看出：①C1、C2 在不同动应力（不同破坏振次）作用下达到应变破坏标准时动孔压比不同，但都远小于 1，没有达到液化标准。C3 在不同动应力作用下达到应变破坏标准时动孔压比都等于 1，达到液化要求。②动应力越大（破坏振次越小），C1、C2 试样动孔压比增长曲线越往下移，达到相同振次比时动孔压比越小。C3 动孔压的增长过程与前两类试样不同，表现为动应力越大（破坏振次越小），达到相同振次比时产生的动孔压比越大，曲线越往上移。③C1 动孔压比的增长曲线呈上凸形，C2 为线性增长。C3 曲线形态随动应力大小而变化。当动应力较小时（破坏振次较大），随着振次比增加动孔压比的发展由慢到快，曲线呈下凸形，振次比到 0.9 后动孔压比增速降缓并保持稳定。当动应力较大（破坏振次较小）时，动孔压比基本保持匀速增长，振次比达到 0.9 以后动孔压比等于 1。

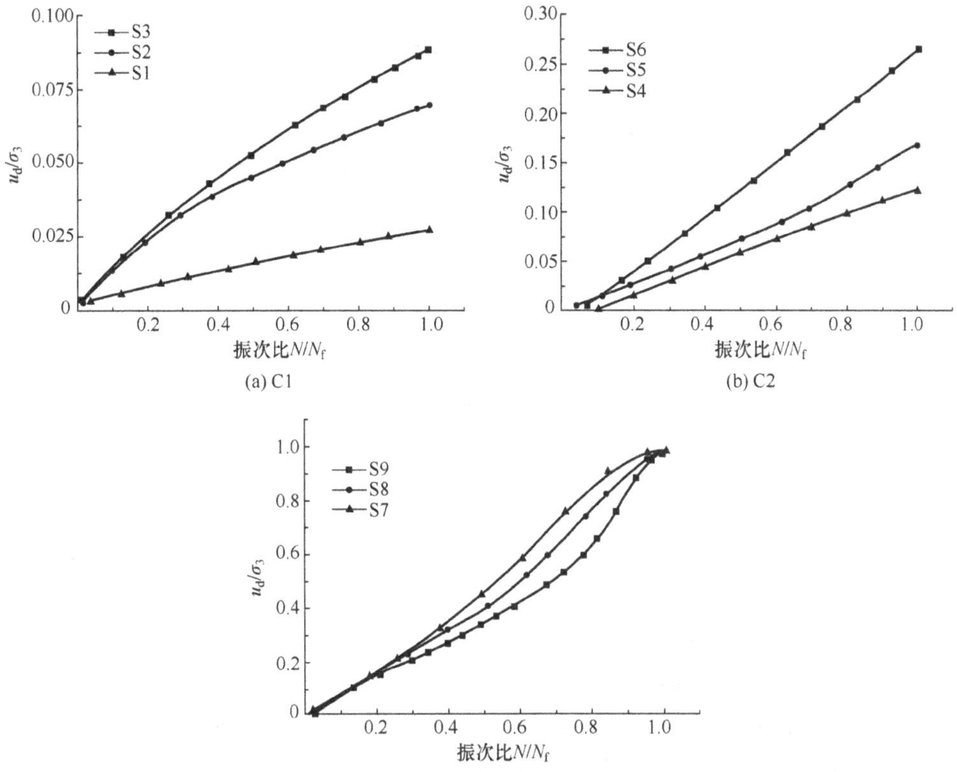

(a) C1　(b) C2　(c) C3

图 12-4　不同试样 u_d/σ_3 与 N/N_f 的关系曲线

2. 动强度特性

本次试验动强度破坏标准采用应变标准，以应变达到 5%作为样品破坏判别条件。

图 12-5 所示为试样动剪应力（$\sigma_d/2$）与破坏振次（N_f）的关系曲线，可以看出图中曲线形态类似，随着振动次数增加，动剪应力减小，但不同试样的动剪应力值差别较大。在振动次数较小时，3 种样品的动剪应力值较为接近，随着振动次数的增加，C_3 动剪应力的衰减幅值大于 C1、C2，在较大破坏振次时 C3 动剪应力远小于 C1、C2。

振动次数较小时，土颗粒间的黏聚力、摩擦力和咬合力较大，表现为试样动黏聚力和动内摩擦角较大。随着振动次数的增加，土体的结构受到一定的影响，等效循环荷载持续施加，孔隙水压力上升，使得土颗粒间有效作用力开始下降，试样破坏需要的动应力越来越小，C3 动黏聚力和动内摩擦角逐渐减小。图 12-6 为 C3 饱和试样动、静强度试验结果，可以看出静力条件下试样内摩擦角约达 22°，而在动载条件下应变达到 5%时试样内摩擦角几乎降为 0。

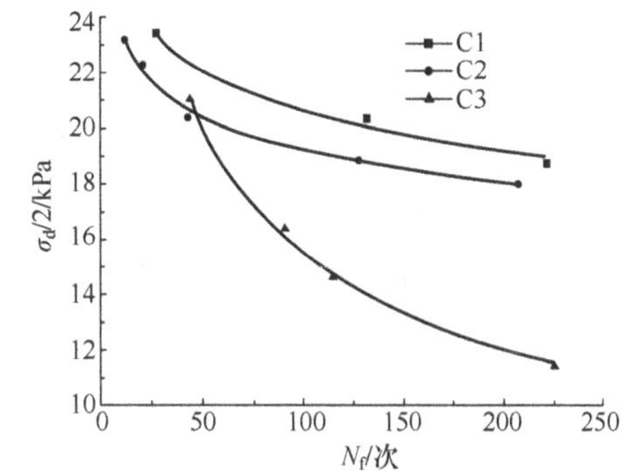

图 12-5　不同试样 $\sigma_d/2$ 与 N_f 的关系曲线

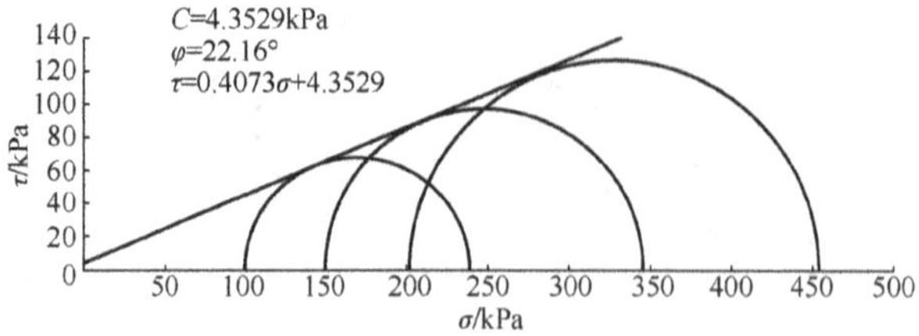

(a) 静强度莫尔包线

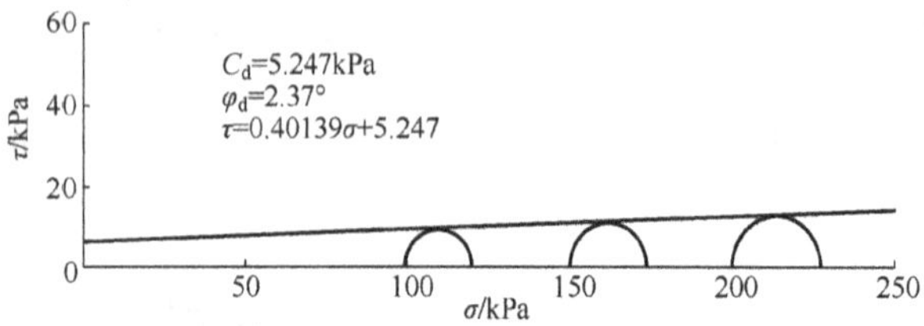

(b) 动强度莫尔包线

图 12-6　动、静强度莫尔包线

3. 动应力-动应变关系

试样的动应力（σ_d）与动应变（ε_d）的关系曲线如图 12-7 所示。由图可知：①当动应变小于 0.2%时，3 类试样达到相同应变所需的动应力差异较小。当动应变较大时，C3 所需的动应力大于 C1、C2。②在小应变下，动应力具有明显的增长趋势，随着动应变增长，动应力的上升趋势变缓并趋于稳定。

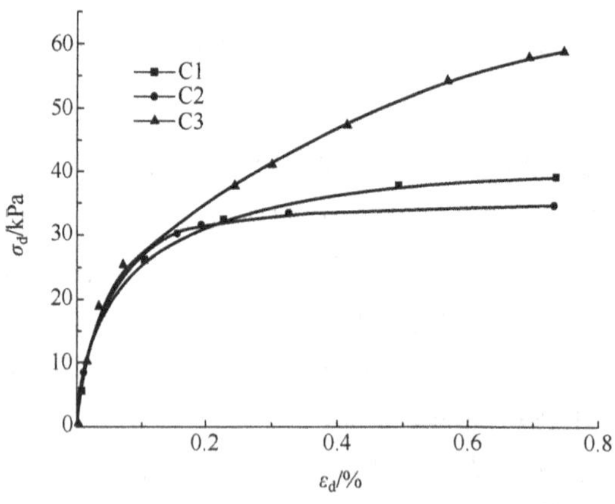

图 12-7　不同试样 σ_d 与 ε_d 的关系曲线

4. 动弹性模量与动阻尼比

根据 $1/E_d$ 与 ε_d 关系曲线近似直线，弹性模量可以用哈丁-德尼维奇（Hardin-Drnevich）双曲线模型描述：

$$\sigma_d = \frac{\varepsilon_d}{a + b\varepsilon_d} \tag{12-8}$$

$$\frac{\varepsilon_d}{\sigma_d} = \frac{1}{E_d} = a + b\varepsilon_d \tag{12-9}$$

式中：a、b——试验常数；

E_d——动弹性模量，MPa。

图 12-8 是不同试样动弹性模量（E_d）与轴向动应变（ε_d）的关系曲线，可以看出：①随着应变增长，3 类试样动弹性模量均呈非线性降低，在小应变下衰减趋势非常明显，应变增大，动弹性模量降速减缓并保持稳定；②当轴向动应变一定时，C3 动弹性模量最大，C1 次之，C2 最小。

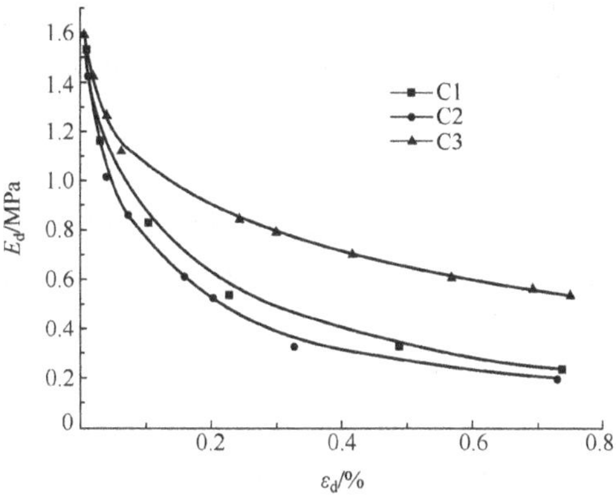

图 12-8　不同试样 E_d 与 ε_d 的关系曲线

动阻尼比（λ）表示在一个循环周期内试样内阻消耗的能量与作用在土体上总能量的比值，由于阻尼的存在，应变相对应力有一定的滞后性，在同一周期内形成应力-应变滞回圈。图 12-9 所示为不同试样动阻尼比和应变的关系曲线，从图中可以看出：①动阻尼比随着应变增长而增长，这种趋势在振动初期表现最为明显，后期曲线趋于平缓。②当应变达到某一值时，动阻尼比将不会随着应变变化，说明振动过程中试样能量的耗散有一定的极限值。③在相同应变条件下，C2 的动阻尼比最大，C1 次之，C3 最小。

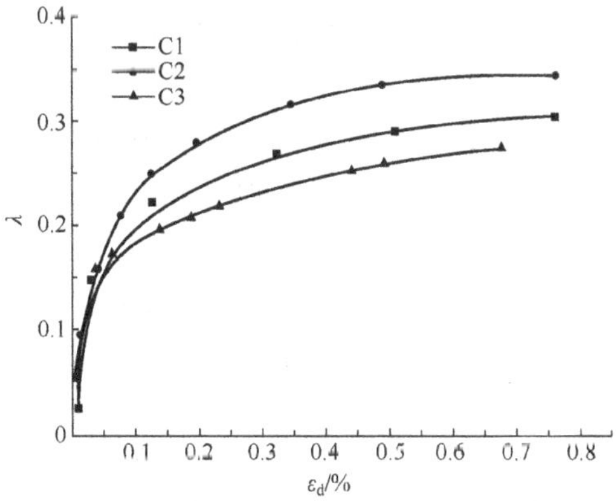

图 12-9　不同试样 λ 与 ε_d 的关系曲线

第 13 章 环 剪 试 验

超固结黏性土试样在某一有效压力作用下进行剪切试验时，当剪应力达到峰值后，若继续剪切，则剪应力随剪切位移增加而显著降低，最后达到稳定值，该稳定值称为土的残余剪切强度。通过反复直接剪切试验或者环剪试验可以进行剪力测试。反复直接剪切试验存在一定缺陷，如每次剪切都会有一个小峰值出现、剪切面可能呈现泥浆状、剪切面积发生改变等，因此不能完全模拟滑动层面的抗剪强度。与直剪仪和单剪仪相比，环剪仪具有能够实现较大的剪切位移，且在试验过程中保持剪切面积不变，以及试样可在连续的位移条件下进行剪切等优点。在岩土工程领域，环剪仪作为一种用于研究土在大剪切位移条件下力学特性的高级土工试验设备，对于边坡稳定性分析、地质灾害发生的力学机理研究及其边坡渐进式破坏过程研究等具有重要意义。

13.1 试 验 目 的

环剪试验主要用于测试重塑环状土样的残余剪切强度，进一步探求土体遭受破坏后强度衰减的变化规律，即大应变条件下强度降低的问题。

13.2 试验原理及方法

进行环剪试验时，在扭矩作用下，试样内部产生一相对的旋转面（即剪切面），环剪仪工作原理图如图 13-1 所示。

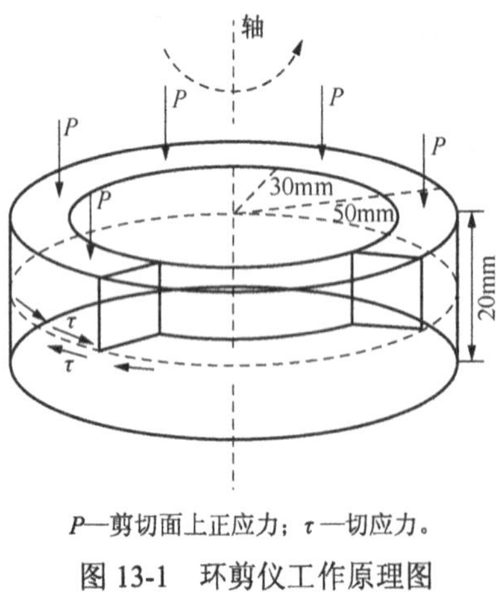

P—剪切面上正应力；τ—切应力。

图 13-1 环剪仪工作原理图

试样在剪切过程中，剪切位移可以无限增大，空心试样的剪切面积保持定值。假定在相对旋转面上法向应力和剪应力是均匀分布的，一般采用平均剪应力 τ 和平均剪切位移 S 来描述土体的抗剪切能力，这两个量可通过试验的直接成果扭矩 M 和角位移 θ 计算得出。计算公式如下。

① 平均剪应力 τ：

$$\tau = \frac{M}{\int_{r_1}^{r_2} 2\pi r^2 \mathrm{d}r} = \frac{3M}{2\pi(r_2^3 - r_1^3)} \tag{13-1}$$

② 平均剪切位移 S：

$$S = \frac{\theta \cdot \pi \cdot D_{\mathrm{m}}}{360^\circ} = 8.17\pi v_2 t \tag{13-2}$$

$$M=\int_{r_1}^{r_2}\tau\times 2\pi r^2\mathrm{d}r \tag{13-3}$$

式中：r_1——试样圆环内半径，cm；

r_2——试样圆环外半径，cm；

M——扭矩，N·m；

θ——剪切角位移，（°）；

v_2——下剪切盒转速，r/min；

D_m——试样直径，cm；

t——扭转剪切历时，min。

通过环剪仪测得不同法向荷载下土样的剪应力和剪切位移，经过一定的拟合计算就可以得到土体的抗剪强度指标。

环剪试验方法根据剪切方式可分为先预剪后剪切、单级剪和多级剪。

（1）先预剪后剪切

先对土样进行快速的剪切，形成一个预剪切面，然后再开始进行慢速的剪切直到土体达到稳定的残余强度。在正式剪切之前做预剪，可以缩短试验时间，但由于荷载板转动了一周，土样被挤出的量会较大。当正式剪切时，堆积在荷载板与试样盒之间的挤出土，会带来较大的摩擦力，影响试验的精度。故环剪试验中，尽量不要做预剪。

（2）单级剪

一个试样在一级固结压力下，做一次剪切，当剪切强度达到稳定时，停止试验。然后更换试样，加载下一级压力，再做剪切，依此得到残余强度。相对而言，单级剪的剪切位移较小，引起土样的挤出量和试验误差也就较小，试验效果较为理想。但需要土样较多，耗时较长。

（3）多级剪

用一个试样完成多级固结压力下的剪切试验。当一级固结压力下的剪切完成后，就地接着进行下一级固结剪切。与单级剪相比，多级剪更方便省时，但它也会引起较多土样被挤出，增大荷载板与试样盒之间的摩擦，影响试验精度。

以上 3 种方式都可以获取土体的残余强度指标，都有其各自的优点和不足，为了获取较为理想的结果，一般推荐单级剪方式。

13.3　试 验 仪 器

目前，国内外使用最广泛的两种环剪仪是毕晓普（Bishop）环剪仪和布罗姆黑德（Bromhead）环剪仪（图 13-2），两者在设计上，最大区别在于剪切盒的设置。Bishop 环剪仪的剪切盒是上、下分离的两个试样盒，上盒固定不动，下盒旋转，试样在位于上、下剪切盒开缝处的中部被剪切盒破坏，其主要优点是能够测量土样与上剪切盒侧壁之间的摩擦，缺陷在于试样容易被挤漏。Bromhead 环剪仪则采用一个不开缝的整体式试样盒，试样盒固定不动，扭矩施加在试样顶部的荷载板上，试样在邻近荷载板的上部被剪切破坏，Bromhead 环剪仪虽然不存在漏样的问题，但荷载板与试样盒内壁有摩擦力，从而影响试验结果的精度，且整个土体都会产生不同程度的剪切，而在实际当中，对于滑体而言只是在土体内部某一深度处形成一个剪切面，因此一般的环剪试验模拟的情况与实际情况不完全相符。为了弥补环剪仪上述不足，提高试验的精度，诸多学者对其部件进行了不同程度的改进，例如，测量 Bishop 环剪仪中土样与上盒之间的竖向摩擦力，能够精确得到作用于剪切面上的正应力；改进 Bromhead 环剪仪荷载板的形状，可以避免其与内壁的摩擦力。在日本，Bishop 环剪仪更受欢迎；在美国，Bromhead 环剪仪则被广泛使用；在我国，应用较多的是 Bishop 环剪仪，如溧阳市永昌工程实验仪器厂生产的 HJ-1 型环剪仪。

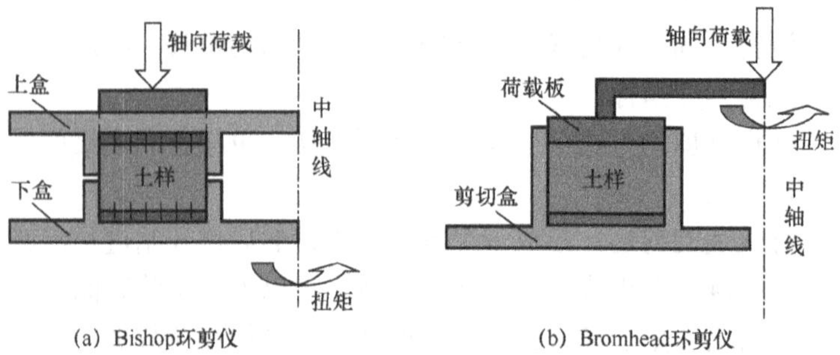

图 13-2　国内外常用的两种环剪仪

图 13-3 为日本京都大学防灾研究所研制的 DPRI 型环剪仪，属于 Bishop 环剪仪。该仪器通过不断地改进和推广，现已发展为 DPRI-4～DPRI-7 代功能齐全的试验系统。DPRI 型环剪仪与 Bishop 环剪仪具有相同的设计原理，但在设计理念和主要用途上却不尽相同。Bishop 环剪仪主要用于研究黏土滑坡在滑带土达到峰值强度之后的抗剪强度-位移曲线，重点研究滑带土的残余强度；DPRI 型环剪仪可模拟地质体内部土质单元破坏过程及其远距离运动过程中的剪切行为，最重要的设计是它的不排水剪切盒（图 13-3）设计，剪切盒由上、下半盒组成，内部环形空间为试样室。剪切盒高度为 115mm，内径为 120mm，

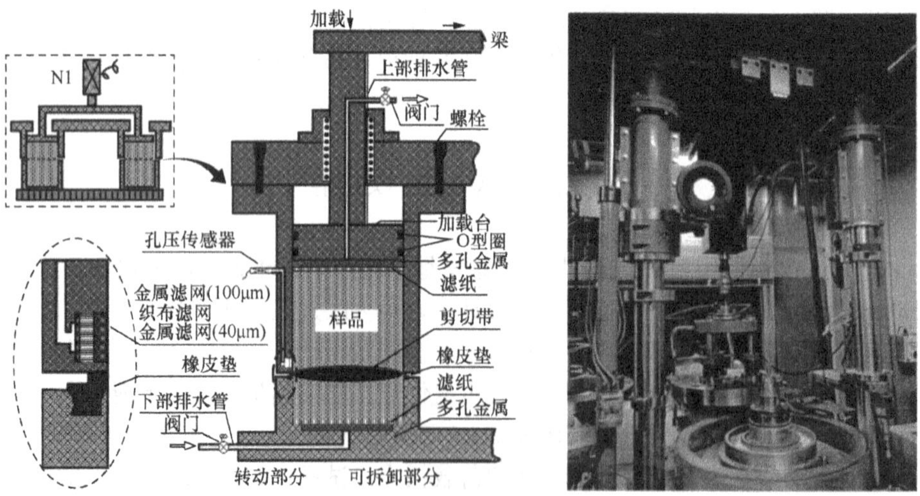

图 13-3　DPRI 型环剪仪

外径为 180mm。通过下半盒内、外环镶嵌的高耐磨性、低摩擦橡皮材料，保证在正向压力下封闭试样室，达到不排水剪切目的。通过上部加载台给试样施加正向应力，在下剪切盒驱动下，剪切盒沿橡皮垫转动，从而剪切试样。通过下部排水阀门控制排水或不排水剪切条件，试验可测试剪切面孔压、剪切位移、剪应力和正应力。通过环剪仪测得不同法向荷载下土样的剪应力和剪切位移，经过一定的拟合计算就可以得到土体的抗剪强度指标。本章以 DPRI-5 环剪仪为例进行环剪试验介绍。DPRI-5 环剪仪特征参数如表 13-1 所示。

表 13-1　DPRI-5 环剪仪特征参数

内径/cm	外径/cm	试样最大高度/cm	最大法向压力/kPa	最大剪切速度/（cm/s）	最大数据采集频率/Hz	循环扭矩控制试验（最大频率）/Hz
12.0	18.0	11.50	2000	10.0	200	5

13.4　试 验 步 骤

1. 试样制备

因原状土样在取样、运输及保存甚至制样方面都存在着很多不便，而排水剪切残余强度与土的初始结构无关，因此环剪试验一般采用重塑土进行。

将原状土样取回后进行室内试验，测定其基本物理性质，如天然含水率、天然干密度、比重、孔隙比等，确定其组成成分，计算其黏粒含量、不均匀系数等。试验试样尺寸根据仪器设备剪切盒尺寸确定。重塑土样制备过程如下：

1）将原始土料用木锤充分击碎，可选择进行充分晾晒或选用烘干箱进行烘干，用 2mm 孔径的土工筛对土料进行筛分，并把土料密闭保存。

2）测得风干状态土料的含水率，喷洒试验设定的目标含水率所需的水量，并且让水与土进行 24h 以上的充分作用。

3）根据目标干密度，环形试样的体积计算公式，每块试样的质量可由公式（13-4）求得：

$$m = \rho_d \pi \left(r_2^2 - r_1^2\right) h(1+w)/4 \tag{13-4}$$

式中：ρ_d——试样干密度，g/cm^3；

w——试样目标含水率，%；

r_1、r_2——试样盒的内径、外径，cm；

h——圆环试样高度，cm。

图 13-4　装土料

4）准备与仪器剪切盒尺寸匹配的环刀及环刀卡槽（用于盛放土样），将称量好的土料放入环刀内，利用环形短柱压实土样（图 13-4）。试样制备完成后，用顶样器把试样从环刀内顶出。

5）称量试样质量，防止称量土料时出现差错，同一组试样的干密度控制在 ±0.02g/cm^3 的误差内。若试样合格，就迅速用保鲜膜包住并放于养护缸内备用。

2. 操作步骤

1）检查仪器。检查内容包括：仪器各部件是否齐备，剪切盒里是否有残余土粒及水分，变速箱各挡位是否可以调节，传感器接触是否良好，显示器是否正常，轴向加载的横梁是否已经调平。

2）试样安装。通过干沉降方法将试样放入剪切盒中。为使制样均匀，采用漏斗放样：首先将试样装入漏斗，而后手持漏斗绕剪切盒缓缓移动，使试样均匀漏下。制样完成后，以 2cm/s 速度转动剪切盒，测试剪切盒间橡皮垫摩擦力（图 13-5）。

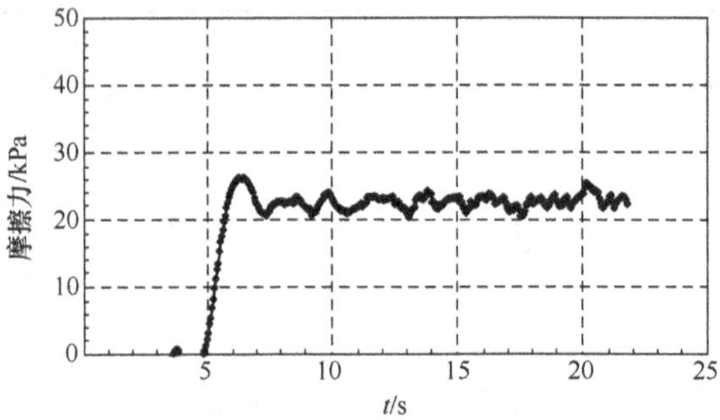

图 13-5　剪切盒间橡皮垫摩擦力测试图

3）试样饱和。从下部阀门通 CO_2 和水来饱和试样。通过孔隙水压力系数 B_D 检测试样饱和度。首先打开上部排水阀门，施加正应力，等孔压降为 0 后将阀门关闭，然后在不排水条件下增加正应力，同时测量孔隙水压力增量。B_D 为

$$B_D=\Delta u/\Delta\sigma \tag{13-5}$$

式中，Δu ——孔压增量，kPa；

$\Delta\sigma$ ——总正应力增量，kPa。

当 B_D 大于 0.95 时满足试验饱和要求。

4）试样固结。施加固结应力 σ_i 使试样固结，若试样竖向位移不再变化则表明固结完成。

5）试样剪切。固结后保持 σ_i 不变，关闭排水阀门。根据试验要求设置剪切速率，对试样施加静剪切应力或动剪切应力，当剪应力超过试样抗剪强度时试样破坏，剪切位移快速增加；当剪切到剪应力基本恒定时（表明试样达到残余抗剪强度），试验停止。

6）试验结束后，卸掉垂直荷载，关闭开关，断开电源，取下上剪切盘，观察剪切面的形态，拍照。

7）拆除试样，清理废土。

13.5　试验数据分析

环剪试验数据记录表见表 13-2。

表 13-2 环剪试验数据记录表

时间/s	剪切位移/cm	法向应力/kPa	有效法向应力/kPa	剪应力/kPa	竖向位移/mm	超孔隙水压力/kPa

通过环剪试验的数据分析，可以得出剪切速率、法向压力等因素对试样残余剪切强度的影响规律。图 13-6 展示了不同法向压力（100kPa、200kPa、300kPa）作用下饱和黄土试样的应力与孔压变化时程曲线。从图中可以看出，不同固结压力作用下饱和黄土应力与孔压时程曲线变化趋势相似，在施加正应力初期，由于土样应变的发生，剪应力与孔压均急剧增大，增大至某一峰值后逐渐下降，最后趋于稳态。

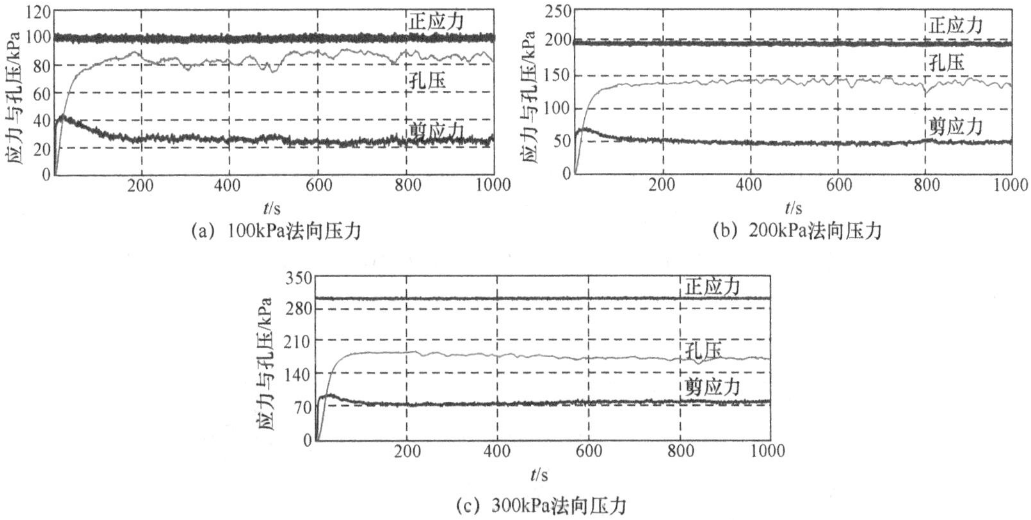

图 13-6 不同法向压力作用下饱和黄土试样的应力与孔压时程曲线

通过环剪试验得到试样的残余剪应力后，可进一步获得残余强度指标（内摩擦角和黏聚力）。环剪试验黄土试样的应力路径关系曲线如图 13-7 所示，试样在各级压力下进行剪切，最终均达到了稳态，其破坏包络线如图 13-8 所示，可见强度参数值较低，峰值状

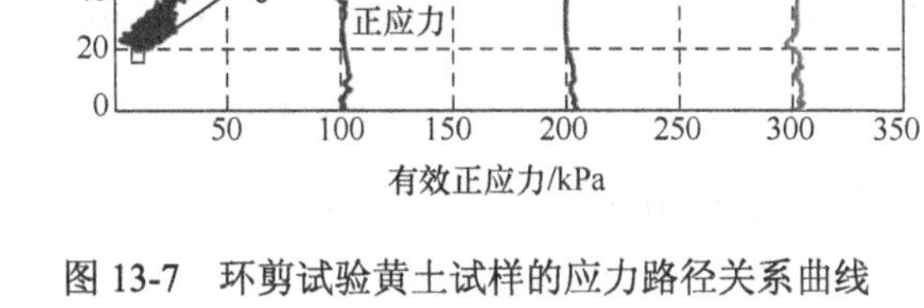

图 13-7 环剪试验黄土试样的应力路径关系曲线

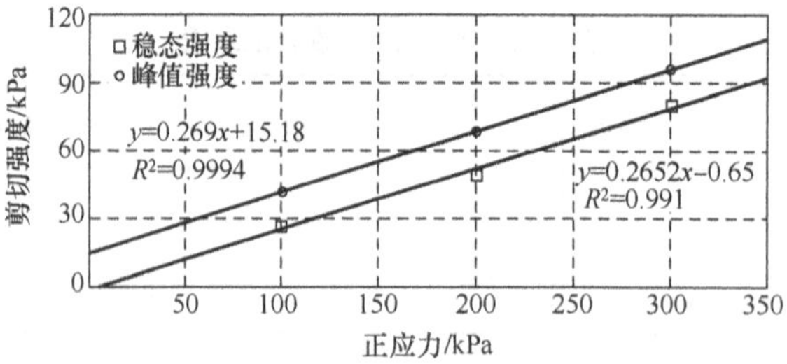

图 13-8　环剪试验黄土试样的峰值强度和稳态强度

态黄土黏聚力为 15.18kPa，摩擦角为 15.06°，而残余黏聚力为 0，摩擦角为 14.85°（拟合后黏聚力为−0.65kPa，为拟合带来的误差）。

13.6　实例——牛眠沟滑坡滑带静动剪切特性试验

13.6.1　试验背景

牛眠沟滑坡位于汶川断裂带南段的汶川县映秀镇（北纬 30.99°，东经 103.36°），属高山峡谷地形。在汶川地震所触发的 112 个大型滑坡（单体滑坡面积＞0.5km^2）中，牛眠沟滑坡是震中唯一的特大型滑坡，滑坡面积达 4.07×10^{5}m^2，最大长度为 2.8km，最大垂直高差为 0.85m。滑坡物质失稳后，沿两个坡度均小于 12° 沟谷（莲花心沟和牛眠沟）移动了约 2km（图 13-9）。

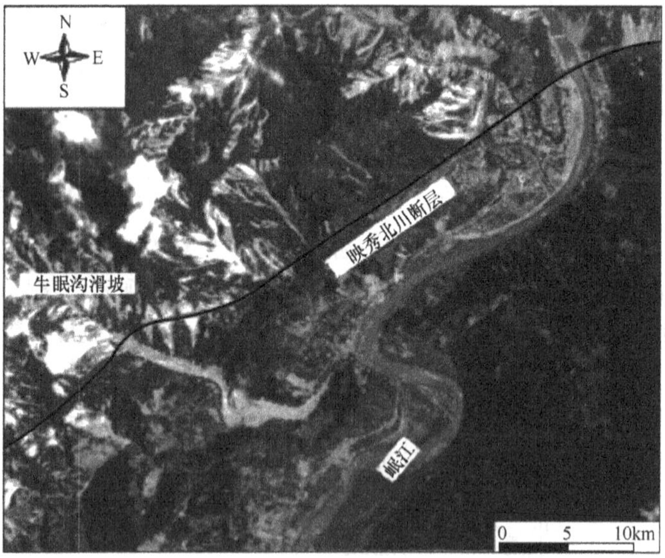

图 13-9　牛眠沟滑坡边界与映秀北川断层关系

牛眠沟滑坡滑源区面积 1.9×10^{5}m^2，平均坡度 30°，高差 300～350m，宽度 300～400m。滑源区为花岗岩地层，风化卸荷强烈（图 13-10）。滑源区滑体残留较少，且残留物粒径小于 4mm 占到 35%～50%，大于 1m 的大块石含量不足 10%。牛眠沟滑坡滑源区位于莲花心沟沟头，莲花心沟具有流水；滑带位于坡表以下逾 10m，带内岩体经历构造碎裂和热液胶结，方解石脉发育；岩石块体内部和沿方解石脉的拉张裂隙发育，这些裂隙新鲜、间距小、数量多、延伸长度不大，可见地下水从张裂隙中渗出并汇入莲花心沟。

图 13-10 牛眠沟滑坡滑源区

根据现场调查得到牛眠沟滑坡路径（图 13-11），发现滑坡启动后在 *B* 点与沟岸强烈撞击，发生超高和转弯，表明此时滑坡具有较高速度。

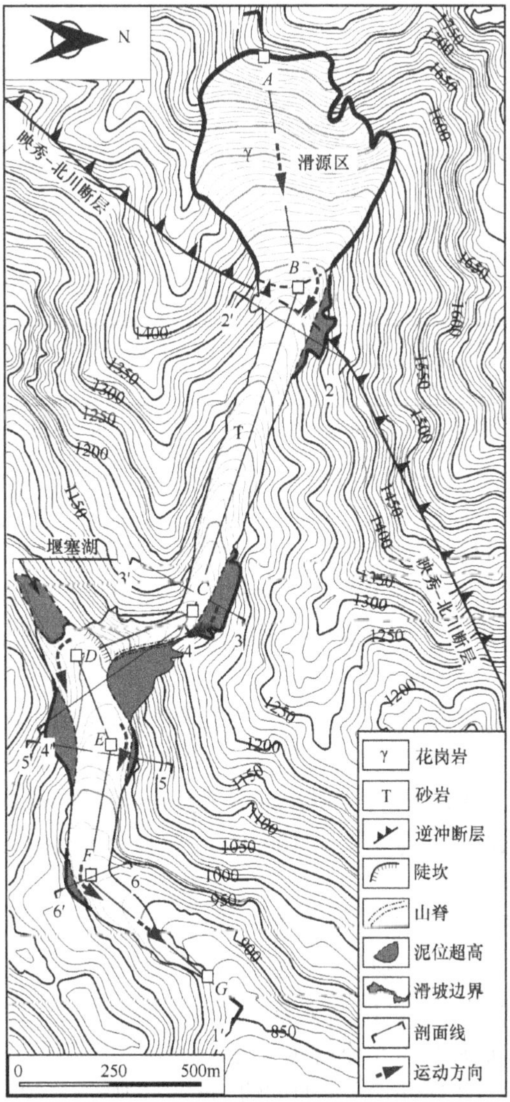

图 13-11 牛眠沟滑坡平面图

13.6.2 试验方案

1. 试验仪器及试样制备

试验采用日本京都大学防灾研究所研制的环剪仪 DPRI-5。试样取自牛眠沟滑坡滑源区滑带，为风化花岗岩碎屑材料，主要成分为石英、云母和长石。首先将土样用木锤充分击碎后在 100℃烘箱内烘干；由于环剪仪尺寸限制，在操作中，选择剔除粒径＞4.75mm 颗粒，筛除部分占土样总质量的 25.4%。对土样进行室内试样分析，图 13-12 为所得试样颗分曲线，试样物理性质见表 13-3。

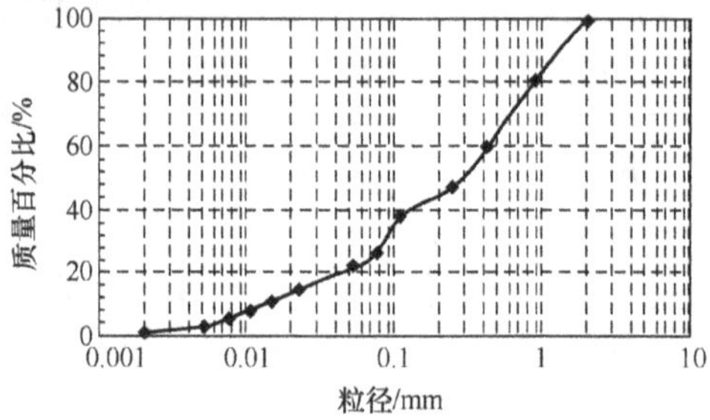

图 13-12　试样颗分曲线

表 13-3　试样物理性质

G_s	ρ_{dmin}/（g/cm³）	ρ_{dmax} /（g/cm³）	C_n/%	D_{50}/mm	U_c
2.70	1.56	2.13	21.2	0.18	1.15

注：G_s—比重；ρ_{dmin}—最小干密度；ρ_{dmax}—最大干密度；C_n—黏粒含量；D_{50}—累积质量分数占 50%的最大粒径；U_c—不均匀系数。

2. 试验步骤

为调查和分析试样材料剪切行为、液化能力、剪切强度等基本性质，进行饱和试样的不排水静力剪切试验、排水静力剪切试验和干燥试样的静力剪切试验；为研究试样材料在动剪切条件下孔压增长、液化能力、液化所需能量等特性进行饱和试样的不排水动力剪切试验。

1）不排水静力剪切试验包括不同密度试样剪切试验、不同正应力剪切试验。对于前者，分别选用干沉降法、轻度击实法和重度击实法来获得 3 种密度试样（S1、S2、S3），密度分别为 1.86g/cm³、1.91g/cm³、1.96g/cm³，剪切过程中保持正应力 200kPa 不变。对于后者，选用干沉降法制样，分别采用 100kPa、200kPa、300kPa 三种正应力（S5、S1、S4）；以 0.5kPa/s 施加剪应力。

2）排水静力剪切试验和干燥试样的静力剪切试验：试样分别为 S7、S8，与不排水静力剪切试验过程基本相同，区别是剪切过程中打开排水阀门，若产生超孔隙水可排出。

3）不排水动力剪切试验：试样 S6，首先保持正应力不变，在排水条件下以 0.5kPa/s 速率施加初始剪应力；而后切换至不排水状态，并施加动荷载。考虑汶川地震由弱到强再到弱，以及持时较长（约 2min，主震时间约 1min）的特征，频率采用 0.5Hz，动荷载设置为 20 个正弦递增波和 20 个正弦递减波（即持时 80s）。按照 13.4 节操作步骤进行试验。

13.6.3　试验结果与讨论

试验参数和结果记录见表 13-4。

表 13-4　试验参数和结果

编号	试验类型	干密度 ρ_d/(g/cm^3)	孔隙比 e	饱和孔隙水压力系数 B_D	正应力 σ_i/kPa	峰值强度 τ_f/kPa	残余强度 τ_s/kPa	孔压比 r
S1	不排水静力剪切	1.86	0.45	0.99	198	64.3	21.8	0.91
S2	不排水静力剪切	1.91	0.41	0.96	197	82.1	23.1	0.87
S3	不排水静力剪切	1.96	0.38	0.95	198	140.7	34.3	0.76
S4	不排水静力剪切	1.87	0.44	0.97	291	105.2	25.6	0.93
S5	不排水静力剪切	1.84	0.46	0.98	99.7	57.2	22.6	0.96
S6	不排水动力剪切	1.86	0.45	0.96	201.7	162.3	29.8	0.89
S7	排水静力剪切	1.86	0.45	0.95	198.6	91.2	102.7	
S8	干燥试样的静力剪切	1.73	0.56		191.4	142.3	141.7	

根据试验数据分析试样的剪切行为及液化特征如下：

（1）不排水静力剪切试验

根据图 13-13 可以看出，试样 S1 随着剪应力增加，孔压逐渐增大，当到达剪应力峰值 τ_f（64.3kPa）后，剪切位移和孔压快速增加，剪应力快速降低。随着剪切位移进一步增加，剪应力逐渐稳定在一个较小值（SSP 点），表明试样达到残余抗剪强度（21.8kPa），试样液化。此时孔压（180.1kPa）基本稳定，并将此状态称为稳态，稳态时孔压与正应力比值称为孔压比（r），对于 S1 为 0.91［图 13-13（a）］。

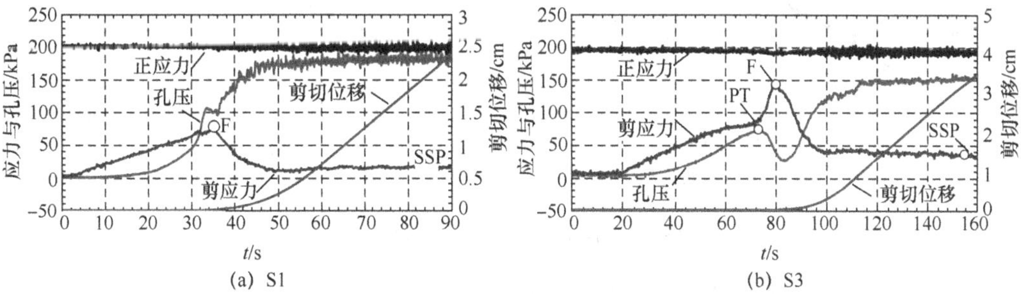

图 13-13　典型不排水静力剪切试验数据

S3 与 S1 类似，随着剪应力增加，孔压逐渐增大，所不同的是在到达剪应力峰值前发生了剪切状态改变（PT 点），曲线表现为孔压快速下降，剪应力快速增加，表明试样发生了扩容。当到达剪应力峰值 F 点（140.7kPa）后，孔压再次上升，剪应力快速降低。随着剪切位移进一步增加，剪应力逐渐降低到一个较小值并基本保持不变，即达到残余抗剪强度（34.3kPa），试样液化，此时孔压基本稳定（150.5kPa），孔压比 0.76［图 13-13（b）］。由表 13-4 可以看出，与 S1 相比，S2 和 S3 孔压比都偏小，可能是因为两者干密度较大，剪切过程中发生了明显扩容。

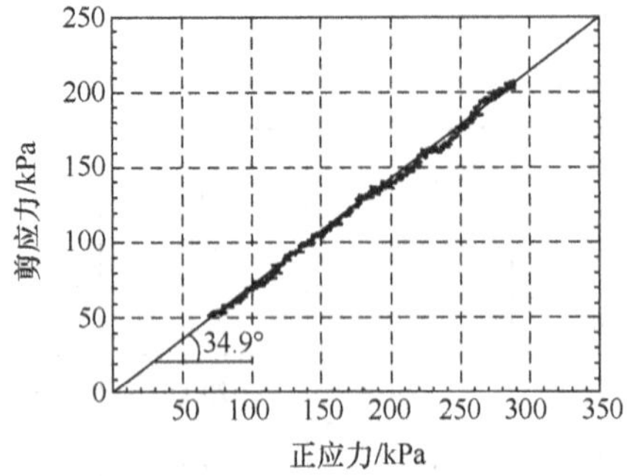

图 13-14　残余抗剪强度线

试验结束后，打开排水阀门待孔压消散，由剪切应力控制转换成剪切速度控制，并以 0.5mm/s 剪切速率剪切试样，同时以 0.5kPa/s 速率降低正应力。通过绘制该过程中剪应力与正应力关系曲线可获得残余抗剪强度线（residual shear strength line，RFL）（图 13-14），由此可知试样残余内摩擦角为 34.9°。

图 13-15（a）为不同密度试样（S1、S2、S3）有效应力路径。试验开始后，随有效应力逐渐减小，剪应力逐渐增大，有效应力路径向左偏转；试样破坏后，应力路径沿残余强度线向下发展，直至稳态点。S1 和 S2 应力路径形态基本相同，S3 出现较大差别。主要表现在 PT 点后，S3 有效应力路径突然向右偏转，剪应力和正应力增加，达到峰值（F 点）后，剪应力和正应力均降低，曲线再次向左发展，并沿 RFL 逐渐达到稳态点，试样液化。

图 13-15（b）为不同正应力作用试样（S5、S1、S4）有效应力路径。3 条曲线形态基本相同，随着试验进行，剪应力逐渐增加，有效应力逐渐减小。试样破坏后剪应力降低，有效应力继续减小，有效应力路径沿 RFL 逐渐向下发展，直至达到稳态点，试样液化。

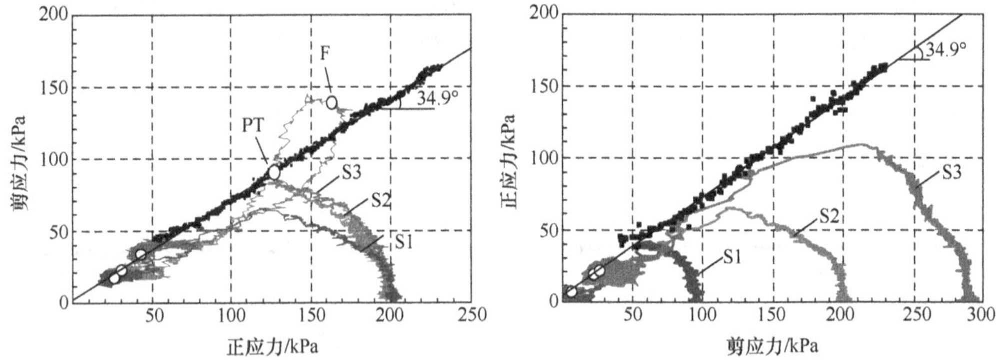

（a）不同密度试样有效应力路径　（b）不同正应力作用试样有效应力路径

图 13-15　不排水静力剪切有效应力路径

不同试样密度、不同正应力条件下，试样剪切过程中都产生了较高孔压，且残余抗剪强度均降低到较小值，表明试样极易发生液化，且液化受试样密度、正应力影响较小。

（2）排水静力剪切试验和干燥试样的静力剪切试验

排水静力剪切试验（S7）结果如下：随着剪应力增加，孔压增加，当达到试样抗剪强度（91.2kPa）时孔压增至最大值，试样破坏，剪应力降低；而后孔压逐渐消散，剪应力在不大降幅后开始增加；随着孔压消散到 0，剪应力逐渐增至稳定值（102.7kPa）。结果表明排水条件下试样抗剪强度不会大幅降低［图 13-16（a）］。

干燥试样的静力剪切试验（S8）结果如图 13-16（b）所示。由时间与应力、孔压、位移曲线可以看出，随着剪切位移增加，剪应力不断增加，当垂直位移达 1.3mm 时，试样破坏，破坏时抗剪强度为 142.3kPa，剪切位移快速增加，剪应力略有降低并进入稳定状态，残余抗剪强度为 141.7kPa。结果表明没有水参与下滑带材料剪切强度不会大幅降低。

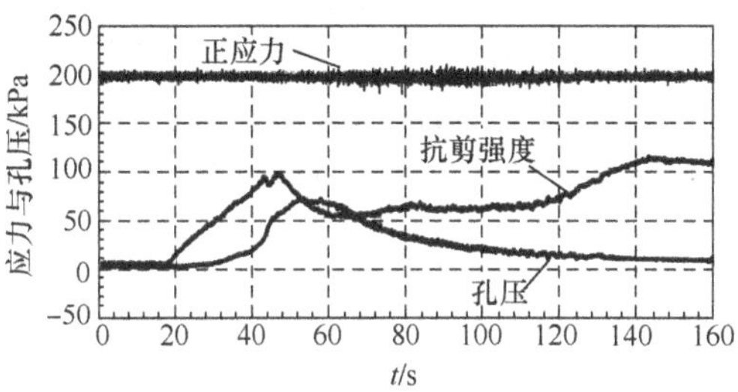

(a) 饱和试样的排水静力剪切试验结果

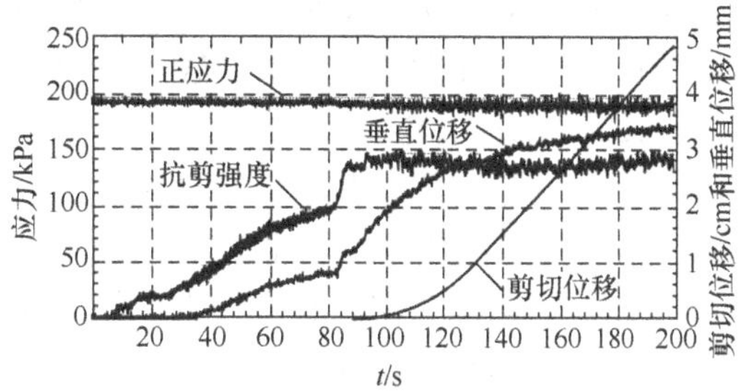

(b) 干燥试样的静力剪切试验结果

图 13-16　对比试验

（3）不排水动力剪切试验

不排水动力剪切试验（S6）结果如下：图 13-17（a）所示为剪切时间与应力、孔压、位移关系曲线。可以看出，试验开始后孔压波动增加，至第 5 个周期后剪应力达到最大值，对应剪应力增量 $\Delta\tau$ 为 45kPa；随后动应力（幅值和上、下限应力）减小，孔压和剪切位移快速增加；当剪应力降低到 CF 点后，由于抗剪强度较低，动载幅值基本为零。随着剪切位移的快速增加，剪应力继续降低，直至维持在一个较小值（29.8kPa），试样液化，此时孔压比为 0.89。

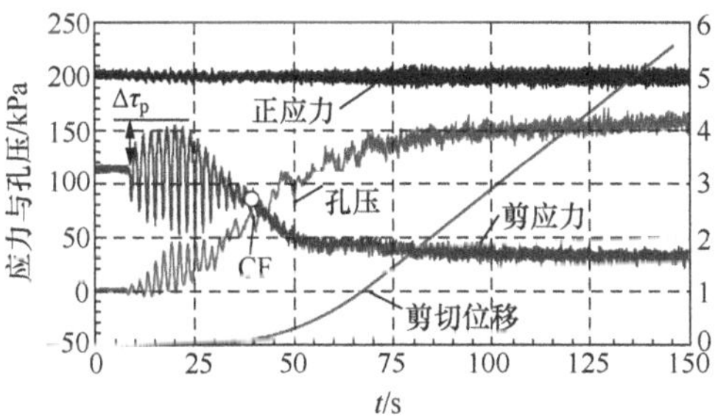

(a) 剪切时间与应力、孔压、位移关系曲线

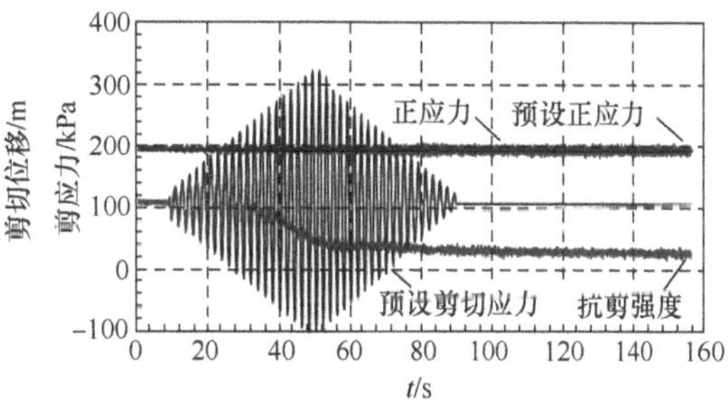

(b) 应力施加值与实测值

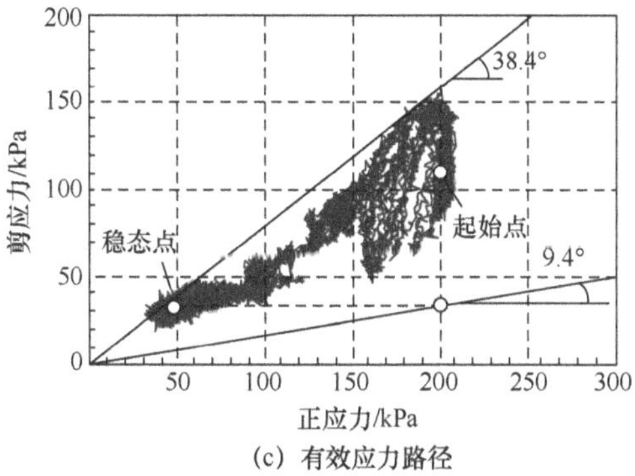

(c) 有效应力路径

图 13-17　不排水动力剪切试验结果

由图 13-17（b）可以看出，加载初期孔压生成，试样不能承载驱动剪应力，导致抗剪强度逐渐小于预设剪应力值；试样液化所需剪应力仅为预设剪应力值的很小部分。本试验设计较大动载信号是为保证试样能发生剪切破坏；在此前提下不管动载信号幅值大小，同一试样剪切破坏过程是相同的。

图 13-17（c）为有效应力路径。试验初始阶段，有效正应力逐渐降低，剪应力呈波动增加。经过较小剪应力增量（较短路径）后，达到抗剪强度峰值，峰值点对应的似摩擦角 $\arctan[\tau_p/(\sigma_i-u_e)]$（其中 u_e 为超孔隙水压力）为 38.4°。随后剪应力降低，有效正应力继续下降，应力路径基本呈斜直线向左发展，直至稳态点，对应似摩擦角 $\arctan(\tau_s/\sigma_i)$ 仅为 9.4°。试验结果表明，试样在动载下易液化。

牛眠沟滑坡滑带材料在不排水条件下具有很强的抗剪切液化能力，且动剪应力下容易液化，液化后材料似摩擦角仅为 9.4°。滑带材料液化可能导致牛眠沟滑坡高速启动。

第 14 章 物理模型试验

物理模型试验是将现场实际的缩放模型置于试验体（如模型架、风洞、水槽、试验装置等）内，以相似理论为基础，在满足基本相似条件（包括几何、运动、热力、动力和单值条件相似）下，通过在模型上的试验所获得的某些量间的规律再回推到原型上，从而获得对原型的规律性认识，以此模拟真实工程主要特征的试验方法。

物理模型试验是一种在实验室模拟再现现场无法直接观测的具体工程现象的试验手段，具有很强的适用性，是工程建设及科学研究中不可缺少的重要内容，也是岩土地质工程专业十分重要的实践教学环节之一。本章主要介绍地质工程模型试验相关理论、模型试验设计、制作与验证、测量仪器及方法、试验数据整理与分析等。物理模型试验按模型加载方式和模型材料分为底摩擦试验、大型振动台模型试验和大型离心模型试验三类。

14.1 底摩擦试验

14.1.1 试验目的

底摩擦试验是通过将模型置于可定向平移的底盘上，借助底盘和模型之间产生的摩擦力来模拟重力的一种物理模拟试验，其试验目的在于研究岩土在重力场中的破坏机制。

底摩擦试验虽然无法定量地描述斜坡的岩体力学现象，但能较为直观地反映斜坡岩体在重力作用下变形破坏的发展趋势，且其操作简单快捷，对多种材料破坏判据的定性度好，是定性判别斜坡变形发展规律的重要试验方法之一。

14.1.2 试验原理及方法

底摩擦试验是根据摩擦力在摩擦方向上的分布与重力场相似的性质，利用模型和底摩擦仪橡皮带之间的摩擦力来模拟模型的重力（体积力）。原理示意如图 14-1 所示，将研究对象的概化模型制作为底摩擦试验模型 C，将模型 C 平放在可持续移动的底板 B 上，使原剖面的深度方向与底板移动 X 方向一致。随着底板持续移动，模型也随之移动并受到固定框架 D 的阻挡，在模型 C 与底板 B 接触面上的每一点形成摩阻力 F：

$$F=(p+\gamma_{M}t)\mu \tag{14-1}$$

式中：p——作用于模型法向单位面积上的压力，kN；

γ_{M}——模型材料容重，kN/m^3；

t——模型厚度，m；

μ——模型与橡皮带接触面滑动摩擦系数。

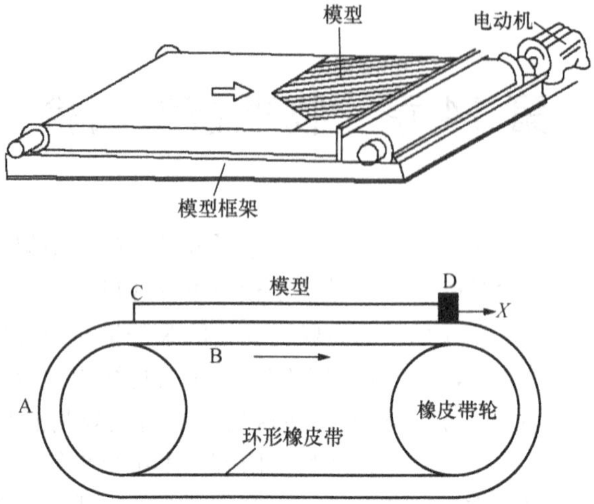

图 14-1　底摩擦试验工作原理图

根据圣维南原理，物体一小部分边界上的面力是一个平衡力系（主矢量和主矩都等于零），那么这个面力就只会使得近处产生显著的应力，远处的应力可以不计。所以在底摩擦试验中只要模型厚度足够薄时，摩擦力的作用点将位于模型厚度的中间点上，整个模型处于均匀摩擦力作用下。

底摩擦试验模型与原型相似需要在几何条件、受力条件和摩擦系数等方面满足一定的相似关系。

1）几何条件相似系数：

$$C_L = \frac{L_{\mathrm{P}}}{L_{\mathrm{M}}} \tag{14-2}$$

2）受力条件相似系数：

$$C_\gamma = \frac{\gamma_{\mathrm{P}}}{\gamma_{\mathrm{M}}} \text{或} C_\sigma = \frac{\sigma_{\mathrm{P}}}{\sigma_{\mathrm{M}}} \tag{14-3}$$

3）摩擦系数相似系数：

$$C_f = \frac{f_{\mathrm{P}}}{f_{\mathrm{M}}} \tag{14-4}$$

式中：C——相似系数；

L——几何尺寸，下标 P 和 M 分别代表原型和模型，m；

γ——材料重度；

σ——应力，kPa；

f——摩擦系数。

上述相似系数确定的条件为 $C_\sigma = C_\gamma C_L$， $C_f = 1$。

14.1.3　试验仪器

底摩擦仪器目前都是各高校和科研单位自主研制，如成都理工大学、中国矿业大学

（北京）以及贵州大学等都相继研制了底摩擦试验仪。以地质灾害防治与地质环境保护国家重点实验室自主研制的全自动底摩擦试验仪（图 14-2）为例。该试验仪主要由橡皮带传动框架、模型框架、力传感器、摩擦力观测仪、转速控制器及电源构成。其中转速控制器可保障橡皮带的速度均匀增减，通过力传感器及摩擦力观测仪可以实时调控试验中摩擦力，进而通过调控橡皮带转速来控制模型稳定变形。仪器的模板尺寸为 800mm×1000mm，调速范围为 0～100r/min，摩擦力为 0～1000N。

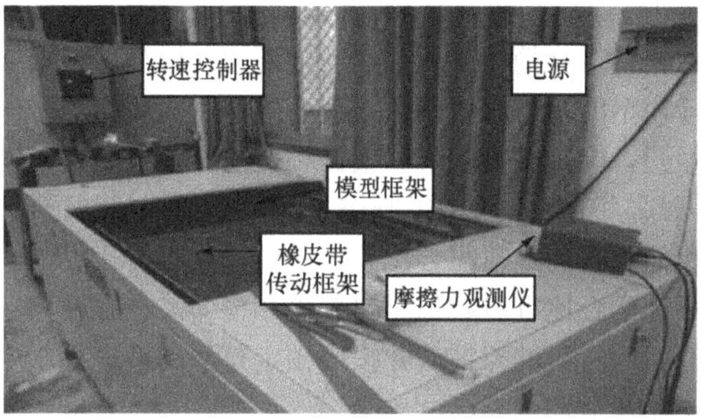

图 14-2　全自动底摩擦试验仪

试验过程中可以随时暂停橡皮带运转，实时观察模型在不同时刻的破坏特征，观察试验的各个环节，不会影响模型位移变化的准确性。

14.1.4　试验步骤

1. 模型制备

（1）模型试验材料

模型试验材料基本上可以归纳为以下两类：

1）可重复使用的可塑性材料，如石蜡油、黏土、石英砂、重晶石、水等。控制各种材料的质量分数，可相对调整材料的可塑性与模拟不同力学性质的岩层。这种材料的最大优点是可任意切割和重复使用，从而可用较低的成本与简便的手段获得一系列不同岩体结构或不同边界条件下岩体破坏机理的研究成果；缺点是塑性引起的变形大。

2）各种硬质的块体成型材料，如木块、软木块、塑料块、石膏块等。这种材料像积木一样可任意配置成不同的岩体结构系统与边界条件，而且材料可以在很广的范围内选取，从而可以更好地模拟岩层的物理力学性质与破坏机理。但是，当块体的几何尺寸一旦选定，只能在限定的范围内重复使用。因此，就切割性而言，其不如塑性材料方便。

（2）模型制备要求

1）模型相似参数：底摩擦试验是利用模型和底面之间的摩擦力来模拟重力的一种试验方案，因此试验中力求使主要的力学参数中重度及内摩擦角相似，并尽可能地兼顾应力、应变、黏聚力等其他因素。

2）模型材料强度：除了满足试样与原型力学性质相似的条件，还需要考虑试样的强度参数，如单轴抗压强度和变形模量。这有利于克服因试件底面与表面应力不一致而导致平面方向上的畸变。

3）材料厚度：对材料厚度的考虑，主要是为了防止在模型剖面上产生位错。从大量软材料试验数据来看，一般厚度在 1～2cm 较为合适，所产生的剖面位错小。

4）摩擦系数：摩擦系数在实际中是变量，即试验材料与传动带的摩擦力，在克服静摩擦后，动摩擦值常为变数。为了避免动摩擦力在某一范围内出现来回跳动变化，需要在模型材料制作上注重精细化、模型试验中转速慢而恒定、传动带衔接处理良好。

（3）模型制备流程

对试验原型坡体结构进行简化处理，建立地质力学模型。根据原型边坡尺寸及试验设备尺寸，确定试验模型的几何相似常数，从而确定试验模型的几何尺寸。

参考已有试验经验，确定试验材料。根据相似理论，采用正交设计原理计算并确定相似材料配比。制作试验模型（一般每组制作 4 个），分别对模型进行物理力学性质试验，根据试验结果确定相似材料的最佳配合比。

试验中，根据最佳配合比准备相似材料并拌和搅匀。在底摩擦仪平台上按照确定的模型尺寸及结构进行不同材料的摊铺，并按照预定模型高度进行压实、整平。用小刀切割模型边界、岩层层面及节理面。

2. 操作步骤

1）接通电源，让底摩擦试验系统进行自检并稳定 10～15min。然后，按照模型制备要求制作底摩擦边坡模型，在模型的表面用图钉做好位移标示。

2）打开转速控制器电源开关，让橡皮带转动，通过控制橡皮带传动框架的频率来控制摩擦力。当转速稳定一段时间后停机，对模型进行拍照，对位移观测点进行测量。

3）按照设定的边坡开挖步骤进行边坡模拟开挖，再开机运行，观测边坡开挖后的变形破坏情况。稳定运转一段时间后停机，进行拍照，对位移观测点进行测量。

4）重复步骤 3），逐级进行边坡开挖，并进行相应的观察和记录。

14.1.5 试验成果

底摩擦试验可借助摩擦力观测仪、摄像机等设备直接观察、记录边坡的变形、破坏过程。试验中还可利用直尺、角度量尺等工具测量边坡变形（如裂缝扩展方位、延伸长度和张开度等）。

14.1.6 实例——反倾层状岩质斜坡倾倒变形底摩擦试验

1. 试验方案

基于底摩擦试验，研究岩质斜坡倾倒变形的裂隙结构面效应。试验设计了三类不同岩质斜坡模型：第一类在底摩擦仪上放置无裂隙的反倾层状岩质斜坡模型，进行底摩擦试验，观测岩质斜坡倾倒变形特征及破坏面的发育过程；第二类在底摩擦仪上放置单组陡裂隙的反倾层状岩质斜坡模型，进行底摩擦试验，观测岩质斜坡倾倒变形特征及破坏面的发育过程；第三类在底摩擦仪上放置陡缓双裂隙的反倾层状岩质斜坡模型，通过试验观测岩质斜坡倾倒变形及破坏面的发育过程与相应特征。

底摩擦试验采用地质灾害防治与地质环境保护全国重点实验室自主研制的全自动底摩擦模型试验仪（图 14-2）。

岩质斜坡模型尺寸如图 14-3 所示，高为 60cm，宽为 80cm，坡角为 70°，岩层宽度为 2cm。模型制作过程中，以模型框架中某两处固定参照点为基准，保证每个模型中刀刻的层面、裂隙位置保持一致。模型以坡面和层面间距为基准，每一岩层中间隔 5cm 刻一条长 1cm 的裂隙。单组陡裂隙岩质斜坡模型中的裂隙沿层面等距离布设，长度为 1cm；陡缓双裂隙岩质斜坡采用相邻岩层交叉方式布设，长度均为 1cm，裂隙的角度变化设计见表 14-1。

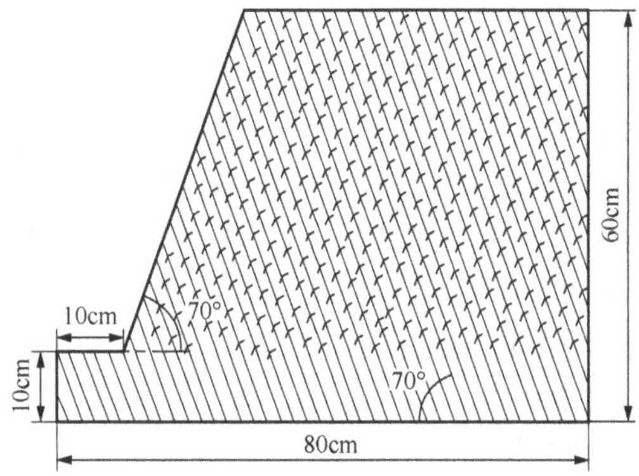

图 14-3　底摩擦模型设计图（含陡缓裂隙）

表 14-1　裂隙岩质斜坡底摩擦试验设计

试验编号	裂隙长度/cm	裂隙角度设计	试验编号	裂隙长度/cm	裂隙角度设计
1-0	0	无裂隙	2-1	1	双裂隙 50°与 10°
1-1	1	单裂隙 50°	2-2	1	双裂隙 60°与 10°
1-2	1	单裂隙 60°	2-3	1	双裂隙 70°与 10°
1-3	1	单裂隙 70°	2-4	1	双裂隙 90°与 10°
1-4	1	单裂隙 90°			

岩质斜坡模型所用的材料为石英砂、重晶石粉、石蜡油，根据配比混合搅拌而成（图 14-4）。模型试验材料配比见表 14-2。试验中选用试样编号 4 的配比设定，制作相似材料模拟一般层状砂岩。模型的各个层面采用刻刀按照模型岩层尺寸设计进行刻画分层，裂隙分布同样用刻刀制作并对潜在剧烈变形部位进行标记。

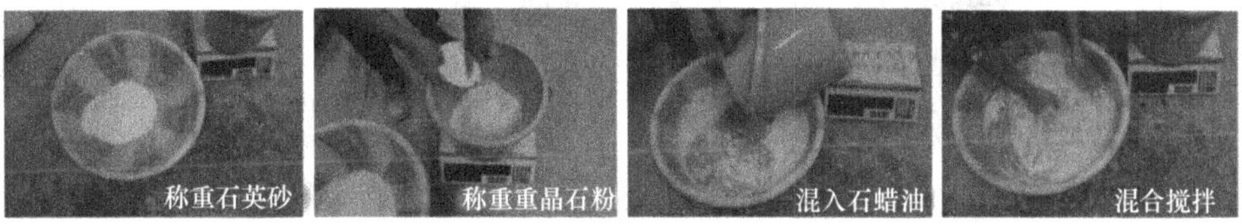

图 14-4　相似材料配制

表 14-2　模型材料配比试验成果表

试样编号	材料质量配比/%			重度 r/（kN/m^3）	黏聚力 C/kPa	内摩擦角 φ/（°）
	重晶石粉	石英砂	液体石蜡			
1	61	30	9	26.2	7	32
2	60	31	9	25.3	6	33
3	60.5	30.5	9	25.7	4	33
4	60	30	10	24.5	16	30
5	59.5	30.5	10	24.2	13	31

2. 试验结果与讨论

试验过程中，使用佳能 D70 单反相机固定位置和角度拍摄，采用间隔时间拍照模式每隔固定时间拍照，同时使用摄像头记录试验全过程影像；试验结束后，首先通过对拍摄的照片及影像对模型试验发展演化过程进行划分，并选出每一阶段具有代表性的典型照片，对每一张选出的照片记录裂隙扩展方位、延伸长度和张开度。

（1）无裂隙的反倾层状岩质斜坡倾倒变形破坏特征

如图 14-5 所示，对于无裂隙的反倾层状岩质斜坡，其主破坏面大致分为两部分：一部分由坡脚垂直层面向上发展，止步于坡顶前段岩层处；另一部分由坡体顶部后缘向坡体前端垂直层面发展。但反倾层状岩质斜坡发生倾倒破坏时，前端破坏面部分发挥主要作用，形成倾倒垮塌，后端破坏面在形成贯通裂缝后由于前端破坏卸荷而产生变形休眠。在前端破坏面贯通使前端岩质斜坡发生倾倒破坏的过程中，破坏面上部层状岩体由于惯性会产生超前的中部反向弯曲折断。从图 14-5 中标记的裂缝可以看出，随着模拟重力（面摩擦力）持续作用，岩层的拉裂逐渐贯通形成裂缝①与裂缝②，进而变形加剧形成裂缝③，裂缝①开裂加剧，导致上部层状岩体反向弯曲折断，形成折断破坏带④，折断破坏带④上部岩层首先发生向临空方向倒伏，继而牵引下部岩层继续发生倒伏破坏，而此时，初期的裂缝②与裂缝③却基本进入了变形休眠时期。

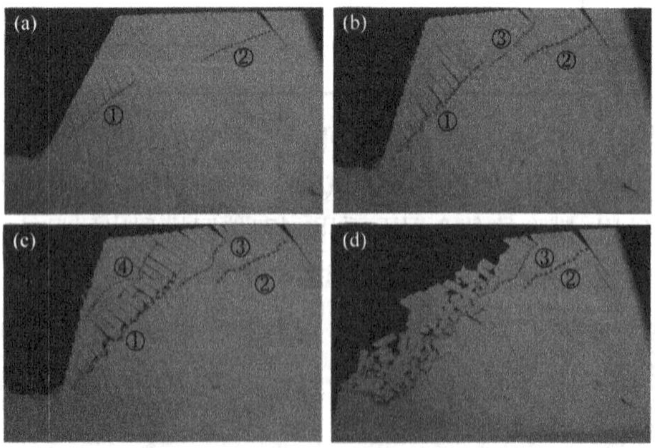

图 14-5（彩图）

图 14-5　无裂隙的反倾层状岩质斜坡倾倒变形破坏过程

（2）含单裂隙的反倾层状岩质斜坡倾倒变形破坏特征

如图 14-6～图 14-9 所示，岩质斜坡中含有一组陡倾裂隙（50°、60°、70°、90°）。

随着裂隙倾角逐渐增大，反倾层状岩质斜坡的变形出现一定的变化。首先从破坏面积上分析，裂隙倾角越大，首次发生倾倒破坏的部位逐渐偏浅，其破坏面积相对减小；从岩质斜坡首次发生倾倒破坏的破坏面分析，随着裂隙倾角的增大，从最初的近直线形逐渐转变成近弧形；从裂缝数量、裂缝的发育位置及裂缝形态上看，随着裂隙倾角的增大，裂缝数量呈减小的趋势，发育位置逐渐靠向坡外，形态逐渐从与坡面斜交转向与坡面平行。除此之外，在主破坏面上的层状岩体，其整体失稳过程亦如无裂隙反倾层状岩质斜坡，当主破裂面贯通导致上覆岩体向临空方向发生时效倒伏时，上覆层状岩体会在其中部产生反向弯曲折断，继而带动岩层在主破裂面的倒伏破坏。

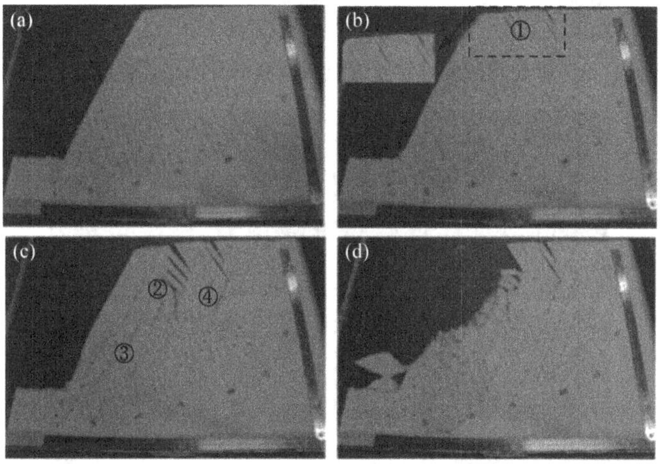

图 14-6（彩图）

图 14-6　单裂隙的反倾层状岩质斜坡倾倒变形破坏过程（50°）

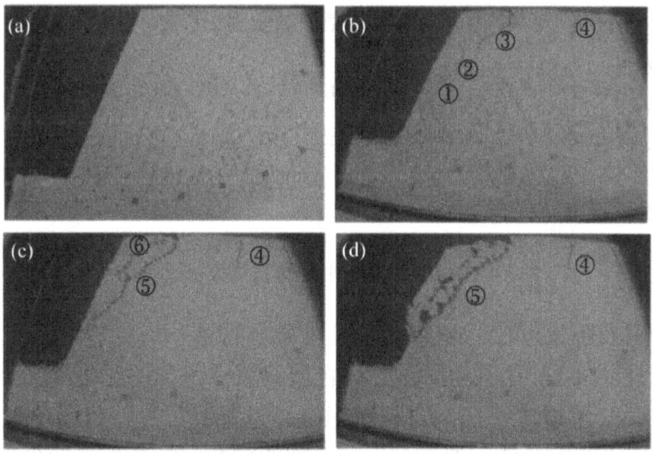

图 14-7（彩图）

图 14-7　单裂隙的反倾层状岩质斜坡倾倒变形破坏过程（60°）

上述特征进一步说明裂隙的存在对材料受拉之后的开裂破坏具有引导作用。如图 14-10 所示，顺坡向的平行裂隙在拉应力下于尖端发生开裂向前生长，由于裂隙角度的增大，其裂隙生长的方向逐渐向竖向偏转，致使最终贯通裂缝由初始的近直线形态向弧形曲线形态转变。

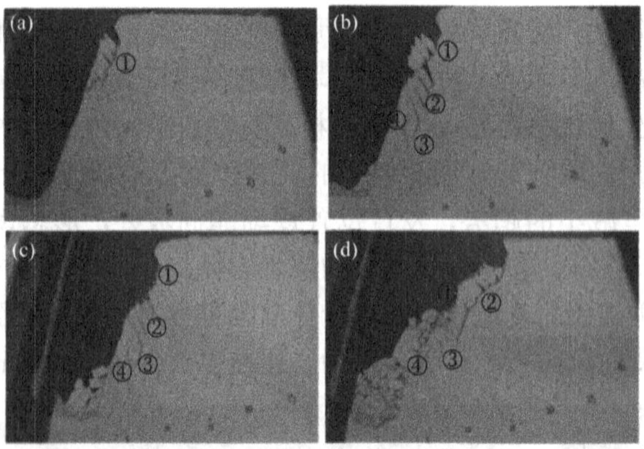

图 14-8（彩图）

图 14-8　单裂隙的反倾层状岩质斜坡倾倒变形破坏过程（70°）

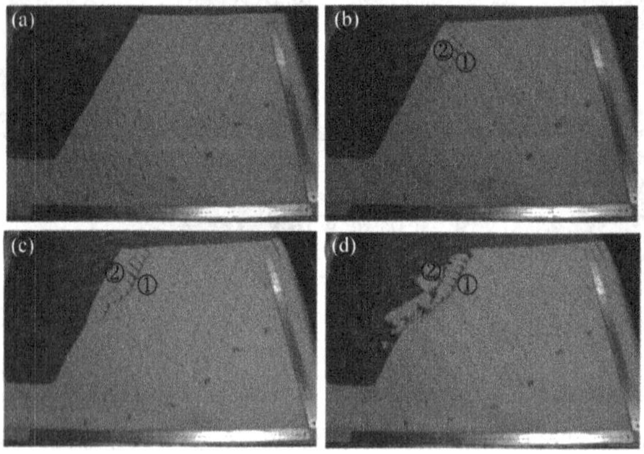

图 14-9（彩图）

图 14-9　单裂隙的反倾层状岩质斜坡倾倒变形破坏过程（90°）

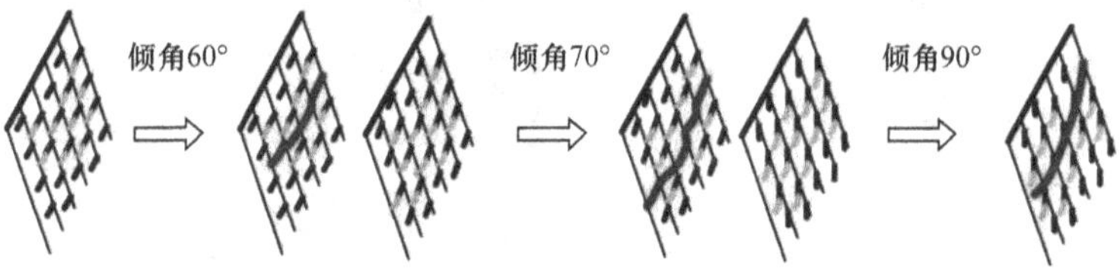

图 14-10　单裂隙组主裂缝贯通发展示意图

（3）含陡缓双裂隙反倾层状斜坡倾倒变形破坏特征

如图 14-11～图 14-14 所示，反倾层状岩质斜坡中包含两组裂隙，一组陡倾（50°、60°、70°、90°），一组缓倾（10°）。从变形破坏过程看，其与前述单裂隙的反倾层状岩质斜坡变形破坏模式基本一致。但随着缓倾裂隙的赋存，陡倾裂隙顺尖端开裂增长并且相互连通形成贯通的破裂面过程更加快捷及容易。同样，随着陡倾裂隙角度的增大，反倾层状岩质斜坡发生倾倒变形破坏的范围及深度也随之减小；相应的破坏轨迹长度亦随之降低。其余如裂缝的发育模式、裂缝数量及裂缝形态均与单裂隙的反倾层状岩质斜坡倾倒变形破坏时基本一致。

对比单裂隙的反倾层状岩质斜坡裂缝发育，双裂隙的反倾层状岩质斜坡裂缝发育模

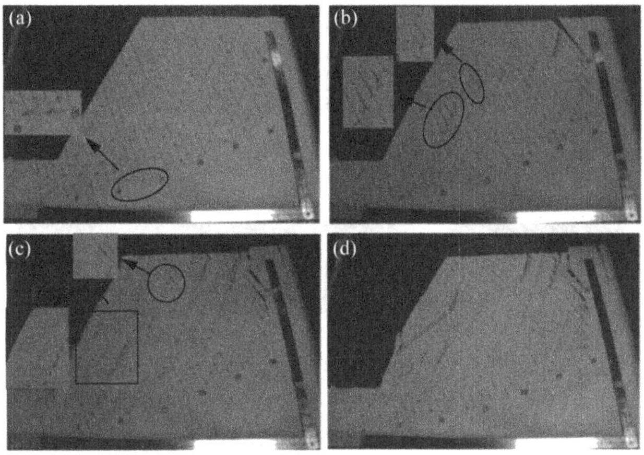

图 14-11（彩图）

图 14-11　双裂隙岩质斜坡倾倒变形破坏过程（陡倾 50°与缓倾 10°）

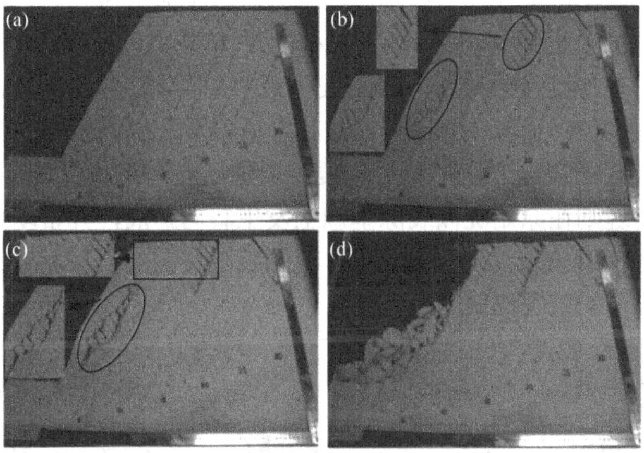

图 14-12（彩图）

图 14-12　双裂隙岩质斜坡倾倒变形破坏过程（陡倾 60°与缓倾 10°）

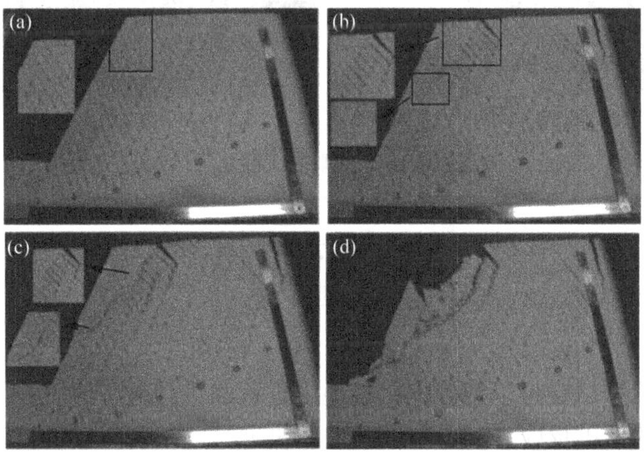

图 14-13（彩图）

图 14-13　双裂隙岩质斜坡倾倒变形破坏过程（陡倾 70°与缓倾 10°）

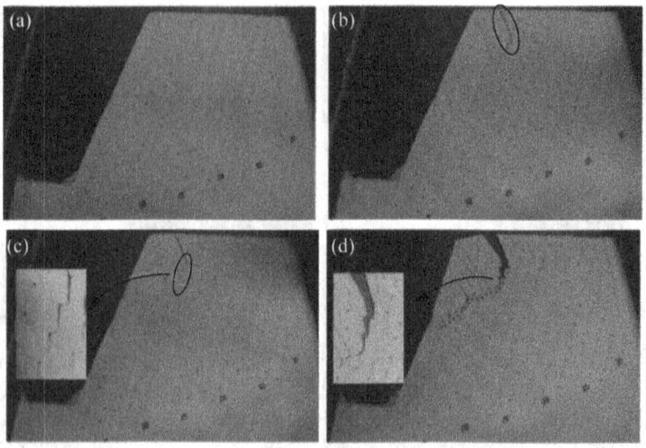

图 14-14（彩图）

图 14-14　双裂隙的反倾层状岩质斜坡倾倒变形破坏过程（陡倾 90°与缓倾 10°）

式虽然与其基本相似，但也存在一些不同的地方。以单裂隙 90°岩质斜坡与相应双裂隙（陡倾 90°与缓倾 10°）岩质斜坡为例（图 14-15），单裂隙的反倾层状岩质斜坡裂缝的发育及生长主要还是在原陡倾裂隙的基础上发生近“S”形斜向扩展，进而相互连通形成近平行坡面的贯通裂缝；而双裂隙的反倾层状岩质斜坡裂缝的发育及生长首先出现在坡体上端，基本沿着陡倾裂隙方向扩展后与缓倾裂隙连通，形成反“L”形的阶梯型裂缝（Ⅰ类），而下段裂缝则在原始陡倾裂隙基础上发生斜向扩展，并带动部分岩层在非裂隙处发生开裂（Ⅱ类）。从宏观贯通裂缝上看，缓倾裂隙存在的岩质斜坡比单裂隙岩质斜坡更容易形成上端弧形的破裂迹线。

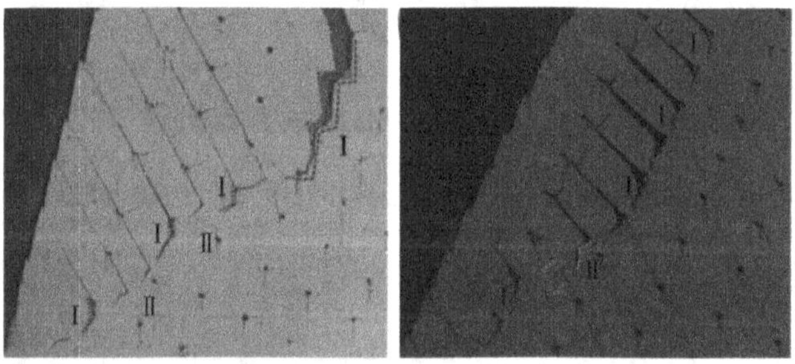

(a) 双裂隙（陡倾90°与缓倾10°）　　(b) 单裂隙（90°）

图 14-15（彩图）

图 14-15　裂隙生长特征对比

14.2　大型振动台模型试验

14.2.1　试验目的

大型振动台模型试验可以很好地再现地震过程和进行人工地震波的试验，其目的在于研究原型结构的地震反应、动力特性及破坏机理等。

14.2.2　试验原理及方法

相似材料模型法的实质是用与原型（岩体、大坝或其他人工结构等）力学性质相似的材料按几何相似常数缩制成模型。人为地不断增加模型上的各个作用力，一直到模型破坏，研究模型受力破坏机理及变形特征等。

原型材料模型试验也是物理模型试验主要方式之一，它是采用原型材料，在试验体内按一定比例建造一个相似于原型的力学结构系统,施以相似于原型的载荷和工程活动,借以研究原型的受力过程及力学结果。

因此，相似材料模拟和原型材料模拟都是从模型材质出发，根据模型建造过程中对模型材料的选择不同而分类的。概化模型都建立在相似原理的基础上，保证几何相似、物理相似、应力相似。

物理模型的原理是相似原理，遵循相似三定理。

1）相似第一定理（正定理）：对相似的现象，其相似指标等于 1。相似第一定理是对相似现象相似性质的一种说明，也是现象相似的必然结果，揭示了现象相似的基本性质。

2）相似第二定理（白金汉定理）：设一个物理系统有 n 个物理量，其中有 k 个物理量的量纲（ $x_1,x_2,\cdots,x_k$ ）是相互独立的，那么这 n 个物理量可表示成是相似准则 $\pi_1,\pi_2,\cdots,\pi_{n-k}$ 之间的函数关系。

3）相似第三定理（相似逆定理）：对于同一类物理现象，如果单值量相似，而且由单值量所组成的相似准则在数值上相等，则现象相似。单值量是指单值条件中的物理量，单值条件包括几何条件（或空间条件）、介质条件（或物理条件）、边界条件和起始条件（或时间条件）。

相似三定理明确了模型满足什么条件、现象时才能相似，它是模型试验所必须遵循的法则。

14.2.3 试验仪器

物理模拟试验需根据试验目的，选择合适试验设备，也可根据需要进行自制，如模型箱、应力-应变测试系统和仪器测量系统。

以重庆大学振动台 1 实验室的振动台为例进行说明，该振动台由美国 ANCO 工程设备公司设计安装，可加载正弦波及实际地震波。详细技术参数见表 14-3。

表 14-3 振动台详细参数

项目	参数
台面尺寸	1.2m×1.2m
最大载重量	1000kg
频率范围	0～50Hz
振动方向	水平与垂直双向同时振动
加载方式	液压式
同向振动水平向加速度	1.2g（1000kg 载重），2.0g（500kg 载重）
同向振动垂直向加速度	1.2g（1000kg 载重），2.0g（500kg 载重）
同向振动水平最大速度	0.5m/s（500kg 载重），载重越小速度越大
同向振动水平最大位移	100mm
“叠梁式模型箱”尺寸	1.0m×1.0m×0.6m（长×宽×高）

振动台试验使用的传感器有三向电容式加速度传感器、应变式土压力盒和拉杆式位移传感器。

14.2.4　试验步骤

1）对试验原型进行简化处理，建立地质力学模型。根据原型边坡尺寸及选用的试验设备，确定试验模型几何尺寸及几何相似常数。

2）针对原型材料模拟试验，将取回的原型材料进行打碎重塑。按照设计的含水率配土，控制模型材料与原型材料密度和含水率等参数相同，达到模型与原型重度相似。针对相似材料模拟试验，需参考已有试验经验，先确定试验材料。根据相似理论，采用正交设计原理计算确定相似材料配比。制作试验试样（一般每组制作 4 个），分别对试样进行物理力学性质试验，根据试验结果确定相似材料的最佳配合比。

3）模型材料配制完成后，模型的制作分为材料拌和、模型堆积及模型养护 3 个步骤（图 14-16～图 14-19）。

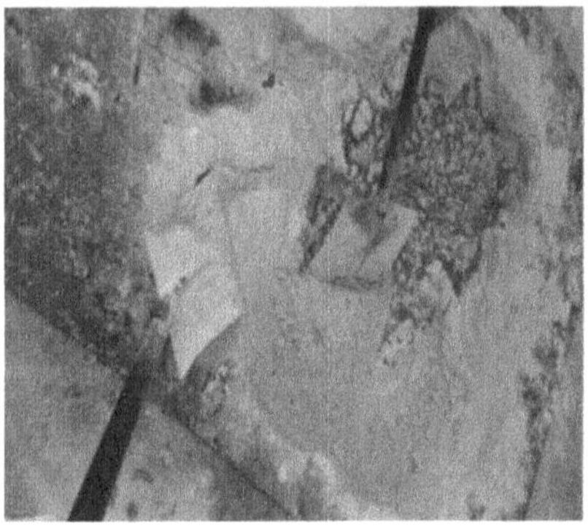

图 14-16　材料拌和

图 14-17　模型堆积

图 14-18　模型养护

图 14-19　模型完成

① 材料拌和：将原型材料/相似材料按照设计量称重，相似材料须在搅拌机内拌和均匀，把拌和好的材料放在塑料板上，加入水再进行人工拌和，准备放入模型箱内进行模型堆积填筑。

② 模型堆积：填筑过程中，分层填筑，每层厚度按经验选取 10cm，提前计算每层

所需材料量，均匀布置并逐层夯实，确保坡体的均匀性。每一层填筑结束后，在填筑好的各土层的中部和两侧，用 61.8mm×20mm 的环刀分别取样，测试各试样的密度和含水率，计算压实度。若压实度偏小，则进一步夯实，若压实度过大，则需要将这一层挖出重填。填筑下一层之前，要注意对坡面进行刮毛处理，填至模型需要高度结束。模型制作过程中，按试验方案布设传感器。

③ 模型养护：模型建好后，盖上塑料薄膜，按实际情况选择静置天数对模型进行养护。在模型填筑过程中，按照设计的传感器布置方案进行传感器埋设。埋设过程中应确保传感器位置处的材料夯实，传感器与材料充分接触。传感器需提前进行校核。基质吸力传感器应事先在水中进行陶土板的饱和过程。

4）模型养护完成后，将传感器连接数据采集仪，采集仪连接控制计算机，并架设好监测仪器，启动振动台仪器，按照试验方案开始振动试验。

5）试验结束后，拆除模型并整理收纳各个传感器。

14.2.5　试验成果

振动台试验结束后，对试验模型拍照记录模型变形破坏特征，将监测仪器数据和传感器数据导出并进行分析。

通过监测仪器图片、视频等分析试验加载过程中模型的宏观变形特征；通过土压力、孔隙水压力、加速度等类型的传感器数据分析得到模型的动力响应特征。

14.2.6　实例——强震过程大光包滑坡滑带动力学行为模拟试验

1. 试验背景

大光包滑坡是汶川地震触发的最大规模滑坡，滑坡体积达到 $11.59\times10^8\text{m}^3$，滑坡剪滑破坏发生于构造活动形成的层间错动带中。根据平硐揭露大光包滑坡层间错动带厚为 3～5m，根据岩体的碎裂化程度从上到下可分为：①破裂岩带，该带受断层影响，岩体节理发育，较破裂；②碎裂岩和构造角砾岩带；③糜棱质带，灰白色，厚为 3～45cm；④泥化带，黄褐色，呈稍湿软塑状态，厚为 2～5cm（图 14-20）。

根据前人研究结合宏观和微观研究，层间错动带原岩是震旦系灯影组三段富藻白云岩，后期该层白云岩经历多次构造活动，并伴随着后期热液上升的充填和置换，形成现今的滑带碎裂状白云岩。同时在平硐中可以看到有地下水渗出（图 14-21）。材料天然含水率达到 9.44%，基本处于饱水状态。该层间错动带的存在对大光包滑坡启动具有重要意义。

以大光包滑坡为原型，建立含软弱夹层概化模型进行振动台试验，研究在强震作用下软弱夹层及上下硬层的动力响应特征。

2. 试验方案

试验仪器使用重庆大学振动台实验室的振动台。试验模型长为 640mm、高为 600mm、宽为 345mm，在模型埋深 435mm 处有一层厚为 60mm 的软弱层（图 14-22），模型箱选用层状剪切变形模型箱，模型边界用聚乙烯泡沫，该泡沫厚为 100mm，具有很好的减震效果。

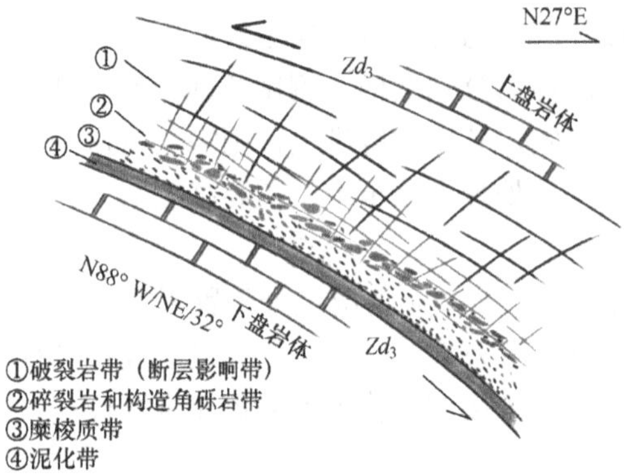

图 14-20　层间错动带地质断面素描图

图 14-21　平硐中层间错动带

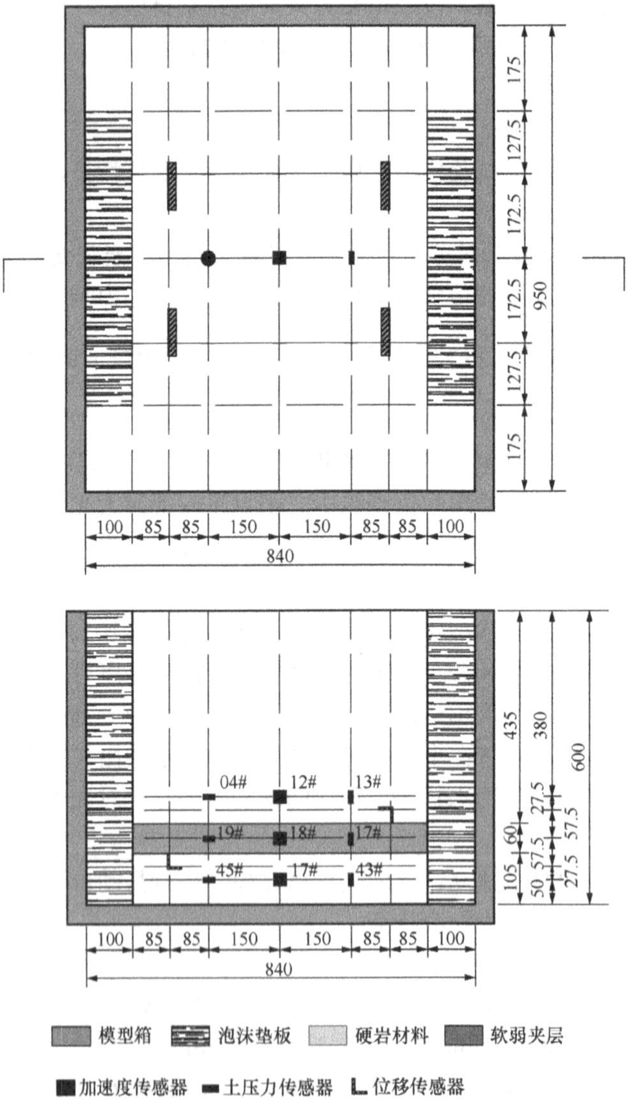

图 14-22　振动台模型设计（单位：mm）

本次试验模型，在软弱夹层和上下硬岩材料中均埋设了土压力传感器和加速度传感器。土压力传感器一组水平埋设，测量面朝上，用于测量垂直振动时土压力，一组竖直埋设，用于测量水平振动压力，为防止土压力传感器在埋设过程中进水，需在表面涂上玻璃胶。在安装位移传感器时，分别在软弱夹层上下边界埋设了 90° 钢角片，将位移传感器探头抵靠 90° 钢角片并适当压缩，位移传感器量程为 50mm，在位移监测过程中可以得到两个传感器的相对位移，使用上硬层传感器的位移数据减去下硬层的位移数据得到的位移差即代表软弱夹层的变形量。图 14-23 所示是设计的位移传感装置。

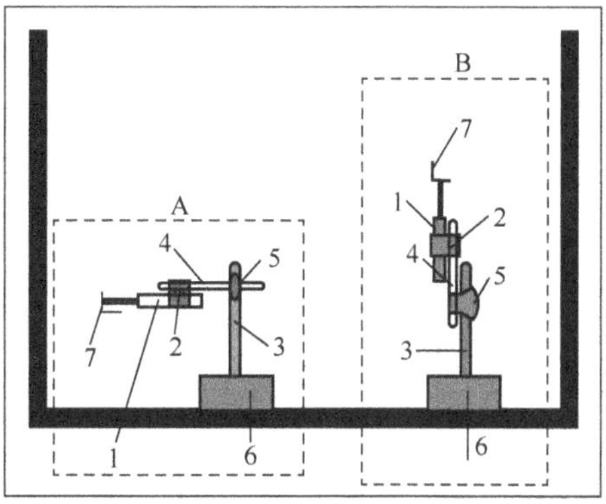

A—测量振动时的水平位移装置；B—测量垂直位移装置。

1—压杆式位移传感器；2—8 字管夹；3—主杆；4—副杆；5—接管夹头；6—磁力座；7—90°钢角片。

图 14-23　位移传感装置

使用江苏东华测试技术股份有限公司生产的 DHDAS 动态信号采集分析系统，数据采集频率可达 1000Hz，采集的数据可以直接输出为 Excel 格式，如图 14-24 是该系统数据采集界面。

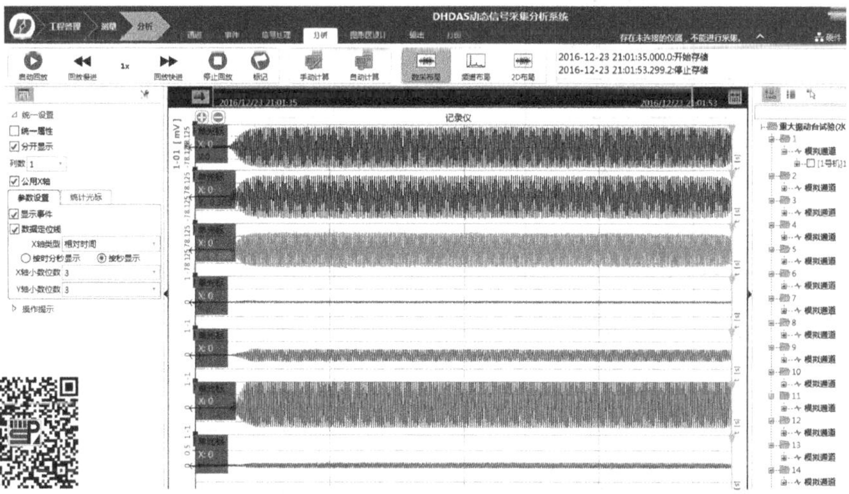

图 14-24（彩图）

图 14-24　数据采集界面

按设计的加载方案（表 14-4）开始振动试验。

表 14-4　加载方案

<table>
<tr><th>工况</th><th>波形</th><th>频率/ Hz</th><th>激振方向</th><th>幅值</th><th>持续时间</th></tr>
<tr><td>1</td><td colspan="2">白噪声</td><td rowspan="37">垂直+水平</td><td>0.05g</td><td rowspan="37">每级持续时间 15s</td></tr>
<tr><td>2</td><td rowspan="3">正弦波</td><td>5</td><td rowspan="3">0.05g</td></tr>
<tr><td>3</td><td>10</td></tr>
<tr><td>4</td><td>15</td></tr>
<tr><td>5</td><td colspan="2">白噪声</td><td>0.05g</td></tr>
<tr><td>6</td><td rowspan="3">正弦波</td><td>5</td><td rowspan="3">0.1g</td></tr>
<tr><td>7</td><td>10</td></tr>
<tr><td>8</td><td>15</td></tr>
<tr><td>9</td><td colspan="2">白噪声</td><td>0.05g</td></tr>
<tr><td>10</td><td rowspan="3">正弦波</td><td>5</td><td rowspan="3">0.2g</td></tr>
<tr><td>11</td><td>10</td></tr>
<tr><td>12</td><td>15</td></tr>
<tr><td>13</td><td colspan="2">白噪声</td><td>0.05g</td></tr>
<tr><td>14</td><td rowspan="3">正弦波</td><td>5</td><td rowspan="3">0.3g</td></tr>
<tr><td>15</td><td>10</td></tr>
<tr><td>16</td><td>15</td></tr>
<tr><td>17</td><td colspan="2">白噪声</td><td>0.05g</td></tr>
<tr><td>18</td><td rowspan="3">正弦波</td><td>5</td><td rowspan="3">0.4g</td></tr>
<tr><td>19</td><td>10</td></tr>
<tr><td>20</td><td>15</td></tr>
<tr><td>21</td><td colspan="2">白噪声</td><td>0.05g</td></tr>
<tr><td>22</td><td rowspan="3">正弦波</td><td>5</td><td rowspan="3">0.5g</td></tr>
<tr><td>23</td><td>10</td></tr>
<tr><td>24</td><td>15</td></tr>
<tr><td>25</td><td colspan="2">白噪声</td><td>0.05g</td></tr>
<tr><td>26</td><td rowspan="3">正弦波</td><td>5</td><td rowspan="3">0.6g</td></tr>
<tr><td>27</td><td>10</td></tr>
<tr><td>28</td><td>15</td></tr>
<tr><td>29</td><td colspan="2">白噪声</td><td>0.05g</td></tr>
<tr><td>30</td><td rowspan="3">正弦波</td><td>5</td><td rowspan="3">0.7g</td></tr>
<tr><td>31</td><td>10</td></tr>
<tr><td>32</td><td>15</td></tr>
<tr><td>33</td><td colspan="2">白噪声</td><td>0.05g</td></tr>
<tr><td>34</td><td rowspan="3">正弦波</td><td>5</td><td rowspan="3">0.8g</td></tr>
<tr><td>35</td><td>10</td></tr>
<tr><td>36</td><td>15</td></tr>
<tr><td>37</td><td colspan="2">白噪声</td><td>0.05g</td></tr>
</table>

3. 试验结果与讨论

试验结果和数据分析如下：

（1）加速度响应特征

1）垂直振动。图 14-25 所示是在振动幅值 0.1g、正弦波 15Hz 垂直振动下测得的模型上层、软弱夹层和下层加速度时程曲线，可以看出在振动荷载下模型上层及软弱夹层具有随高程增加的加速度放大效应，同时上中下层峰、谷值点加速度具有位错现象，但由于试验模型的尺寸限制，这种分离现象不太明显。取一时间段的加速度响应数据比较（表 14-5），以下层加速度为基准值，计算上层及软弱夹层加速度放大系数，可以看出，在振动幅值 0.1g、正弦波 15Hz 的垂直振动下，加速度的放大系数呈现上层＞软弱夹层＞下层，总体呈现高程放大效应，但总体上加速度放大不明显，幅度较小。

图 14-25（彩图）

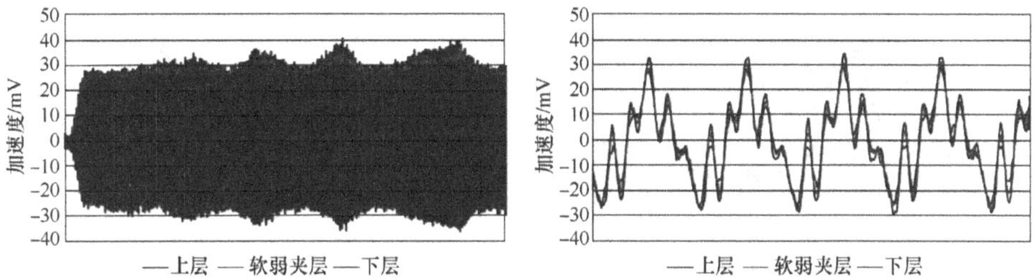

(a) 全过程加速度时程曲线　　(b) 截取部分时段的加速度时程曲线

图 14-25　0.1g-15Hz 垂直振动下加速度时程曲线

表 14-5　0.1g-15Hz 垂直振动下加速度峰值及放大系数

层位	上层	软弱夹层	下层
加速度峰值/mV	33.88	30.21	28.84
放大系数	1.17	1.05	1.00

图 14-26 所示是在振动幅值 0.3g、正弦波 5Hz 垂直振动下测得的模型上层、软弱夹层和下层加速度时程曲线，相比图 14-25，在该条件下模型上层、软弱夹层和下层的加速度响应变化较小，上层具有一定的加速度高程放大效应；根据取同一时间段的加速度峰、谷值比较加速度放大系数（表 14-6），发现上层加速度放大系数最大，软弱夹层加速度放大系数最小，加速度放大系数总体呈现上层＞下层＞软弱夹层。

图 14-26（彩图）

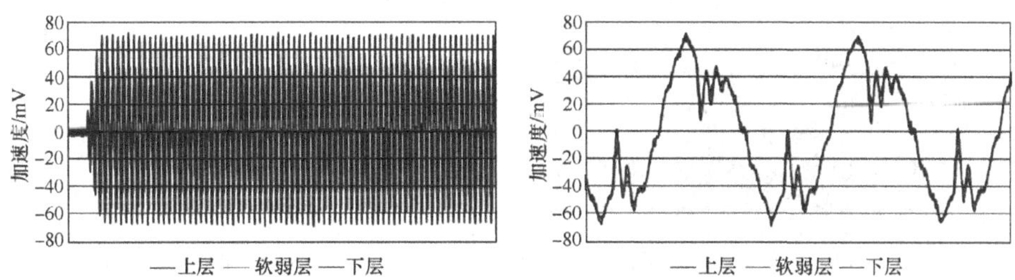

(a) 全过程加速度时程曲线　　(b) 截取部分时段的加速度时程曲线

图 14-26　0.3g-5Hz 垂直振动下加速度时程曲线

表 14-6　0.3g-5Hz 垂直振动下加速度峰值及放大系数

层位	上层	软弱夹层	下层
加速度峰值/mV	71.87	68.97	69.43
放大系数	1.04	0.99	1.00

选择一个能量最大的正弦波，在振动幅值 0.7g、正弦波 15Hz 垂直振动下模型上层、软弱夹层和下层加速度时程曲线如图 14-27 所示，可以看出 3 个分层在加速度峰值处具有明显的分离。根据同一时间段的监测点结果可以看出软弱夹层的加速度放大系数最小，而上、下层的加速度放大系数基本一致，高程放大效应不明显，模型的加速度放大系数总体呈现上层＞下层＞软弱夹层（表 14-7）。同时相比于低幅值和低频率情况，该条件下模型加速度响应曲线的次峰值点较少，更接近正弦曲线变化。

图 14-27（彩图）

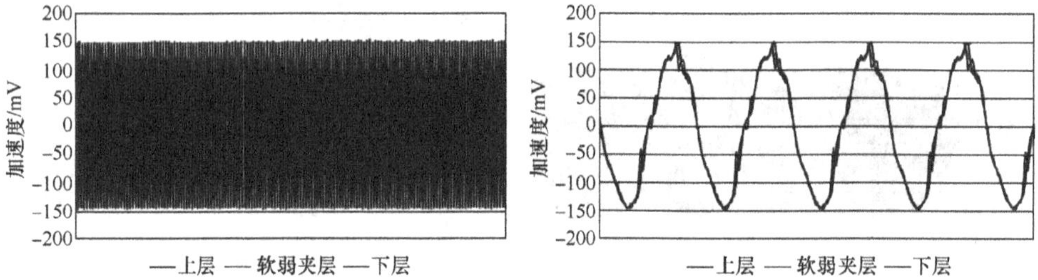

(a) 全过程加速度时程曲线　　(b) 截取部分时段的加速度时程曲线

图 14-27　0.7g-15Hz 垂直振动下加速度时程曲线

表 14-7　0.7g-15Hz 垂直振动下加速度峰值及放大系数

层位	上层	软弱夹层	下层
加速度峰值/mV	153.68	141.3	152.9
放大系数	1.01	0.92	1.00

2）水平振动。图 14-28 所示是在振动幅值 0.3g、正弦波 15Hz 水平振动下不同层位加速度时程曲线。可以看出相比于垂直振动，水平振动下加速度具有明显的高程放大效应，上层加速度＞软弱夹层加速度＞下层加速度，且 3 个层位的加速度值具有明显的分离。取一时间段的加速度数据进行比较（表 14-8），可以看出在振动幅值 0.3g、正弦波 15Hz 水平振动下上层加速度放大系数达到 1.43，软弱夹层加速度放大系数也达到了 1.31。

图 14-28（彩图）

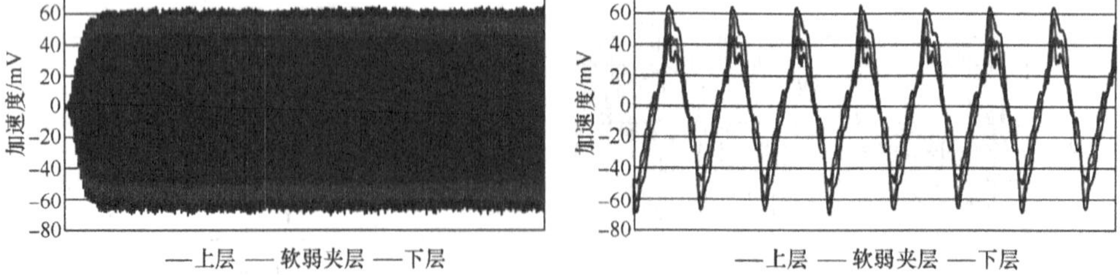

(a) 全过程加速度时程曲线　　(b) 截取部分时段的加速度时程曲线

图 14-28　0.3g-15Hz 水平振动下加速度时程曲线

表 14-8　0.3*g*-15Hz 水平振动下加速度峰值及放大系数

层位	上层	软弱夹层	下层
加速度峰值/mV	63.78	58.75	44.71
放大系数	1.43	1.31	1.00

图 14-29 所示是在振动幅值 0.3*g*、正弦波 5Hz 水平振动下监测得到的模型上层、软弱夹层和下层加速度时程曲线，相比于图 14-28，在该条件下模型上层、软弱夹层和下层的加速度响应变化较小，加速度的高程效应不明显，上层峰值加速度最大，软弱夹层次之，下层最小（表 14-9），具有一定的高程规律性。但相比于高频振动，在低频时加速度的放大系数明显减小。

图 14-29（彩图）

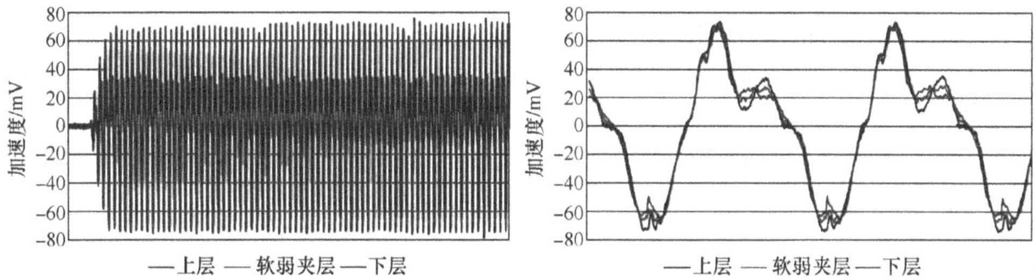

(a) 全过程加速度时程曲线　　(b) 截取部分时段的加速度时程曲线

图 14-29　0.3*g*-5Hz 水平振动下加速度时程曲线

表 14-9　0.3*g*-5Hz 水平振动下加速度峰值及放大系数

层位	上层	软弱夹层	下层
加速度峰值/mV	72.33	69.43	67.14
放大系数	1.07	1.03	1.00

在振动幅值 0.6*g*、正弦波 15Hz 水平振动下模型上层、软弱夹层和下层加速度时程曲线如图 14-30 所示，可以看出增大振动幅值，加速度的响应规律发生较大变化，下层峰值加速度最大，软弱层次之，上层最小（表 14-10）。软弱夹层的加速度响应曲线相比正弦曲线较为紊乱，出现了多次波动，说明地震波传播在软弱夹层中时发生多次反射和折射，使软弱夹层的受力状态非常复杂。

图 14-30（彩图）

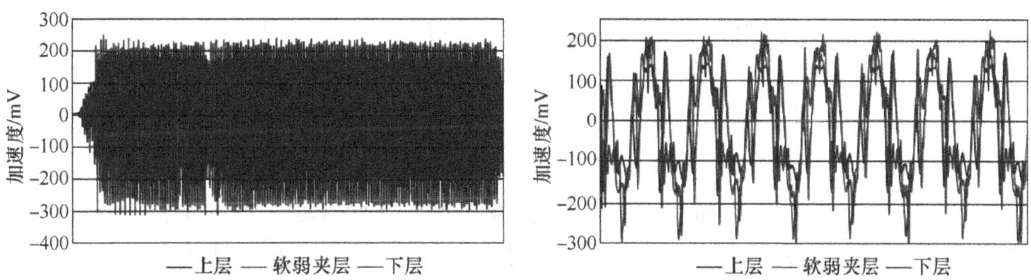

(a) 全过程加速度时程曲线　　(b) 截取部分时段的加速度时程曲线

图 14-30　0.6*g*-15Hz 水平振动下加速度时程曲线

表 14-10　0.6g-15Hz 水平振动下加速度峰值及放大系数

层位	上层	软弱夹层	下层
加速度峰值/mV	174.41	210.57	211.65
放大系数	0.82	0.99	1.00

综上可知，在垂直振动作用下，较小荷载时加速度呈单调的高程放大效应，加速度放大系数上层＞软弱夹层＞下层随着地震荷载的增大，软弱夹层的加速度响应小于上、下层的加速度响应，上层的加速度放大系数也在减小。水平振动下，在低幅值高频时加速度具有显著的高程放大效应，低幅值低频时也具有一定的高程放大效应；随着幅值增加，加速度放大系数出现变化，出现加速度放大系数下层＞软弱夹层＞上层的情况。

（2）土压力响应特征

1）垂直振动。图 14-31 所示是在振动幅值 0.3g、正弦波 5Hz 垂直振动下不同层位土压力响应曲线。根据表 14-11 对同一时间段的土压力峰值统计结果可以看出，在垂直振动下模型各分层土压力响应具有明显差异，软弱夹层土压力峰值远大于上、下硬层，达到硬层土压力的 10～20 倍，且在正弦波振动下各层的土压力曲线形状不规则，波动变化较大。

图 14-31（彩图）

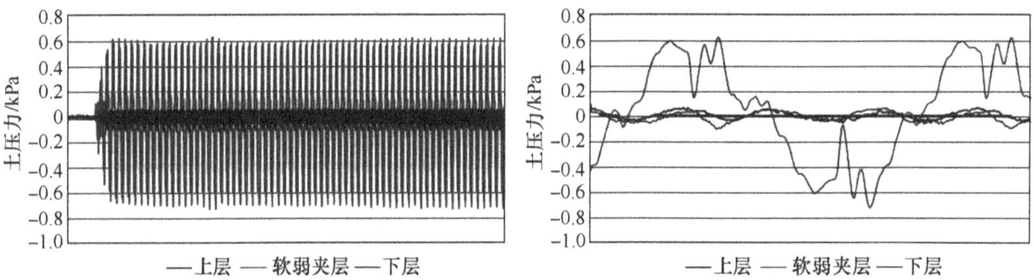

(a) 全过程土压力响应曲线　　(b) 截取部分时段的土压力响应曲线

图 14-31　0.3g-5Hz 垂直振动下土压力响应曲线

表 14-11　0.3g-5Hz 垂直振动下土压力峰值

层位	上层	软弱夹层	下层
土压力峰值/kPa	0.059	0.606	0.032

在振动幅值 0.3g、正弦波 15Hz 垂直振动下不同层位土压力响应曲线如图 14-32 所示。与图 14-31 类似，软弱夹层土压力具有明显放大，根据表 14-12 对同一时间段的土压力峰值统计结果可以看出，软弱夹层土压力大概是上、下硬层的 10 倍，除此之外，在高频下各分层土压力的峰值点发生位错，出现软弱夹层谷值对应上、下硬层峰值点的情况。

图 14-33 所示是在振动幅值 0.6g、正弦波 15Hz 垂直振动下不同层位土压力响应曲线，相比于前两者，从图中可以看出，增大振动幅值，软弱夹层土压力值与上、下硬层土压力值差距更大，表 14-13 的统计结果显示软弱夹层土压力值约是硬层的 35～50 倍。同时软弱夹层土压力峰值点与上、下硬层土压力谷值点基本对应。

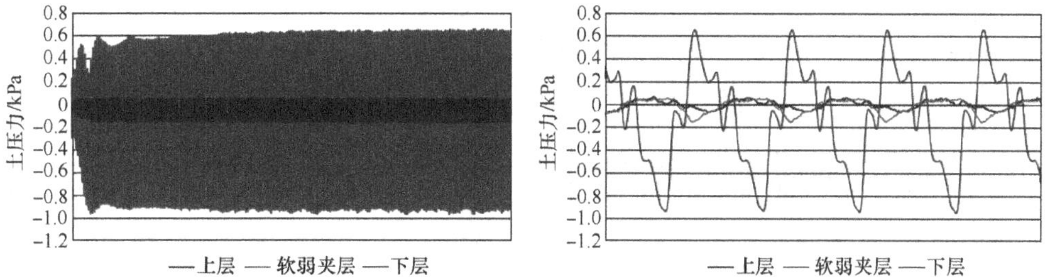

(a) 全过程土压力响应曲线　(b) 截取部分时段的土压力响应曲线

图 14-32 0.3g-15Hz 垂直振动下土压力响应曲线

表 14-12 0.3g-15Hz 垂直振动下土压力峰值

层位	上层	软弱夹层	下层
土压力峰值/kPa	0.067	0.649	0.056

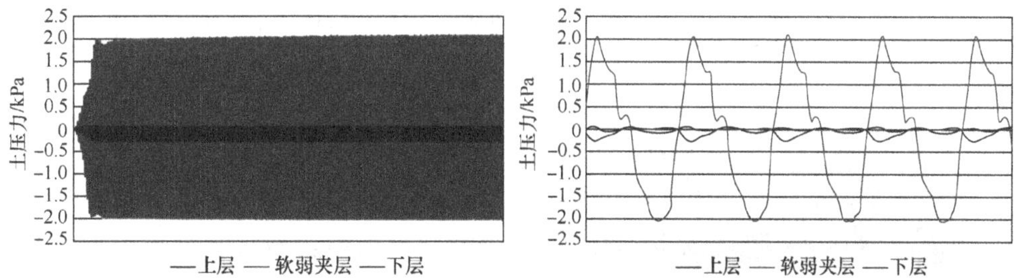

(a) 全过程土压力响应曲线　(b) 截取部分时段的土压力响应曲线

图 14-33 0.6g-15Hz 垂直振动下土压力响应曲线

表 14-13 0.6g-15Hz 垂直振动下土压力峰值

层位	上层	软弱夹层	下层
土压力峰值/kPa	0.059	2.041	0.04

图 14-32（彩图）　图 14-33（彩图）

2）水平振动。图 14-34 所示是在振动幅值 0.3g、正弦波 5Hz 水平振动下不同层位土压力响应曲线。从图中可以看出，与垂直振动相似，水平振动也具有软弱夹层土压力明显增大的特征，在压缩阶段（峰值）软弱夹层土压力增大 13～20 倍（表 14-14），但与垂直振动土压力峰、谷值点基本相近，不同的是，在水平振动下土压力峰值点明显大于谷值点绝对值，软弱夹层土压力谷值点是硬层的 2～5 倍，且水平振动在低频下就出现了软弱夹层土压力峰值点与硬层谷值点对应的情况。

图 14-35 所示是在振动幅值 0.3g、正弦波 15Hz 水平振动下不同层位土压力响应曲线。由于土压力盒的反应有限，在振动过程中使部分数据出现波动，但对研究软弱夹层土压力的响应规律没有影响。从表 14-15 中可以看出，在增大频率时软弱夹层的土压力在压缩阶段放大 15～25 倍，同时与图 14-34 中规律相同的是软弱夹层的峰值点明显大于谷值点，软弱夹层谷值点是硬层的 2～4 倍，且软弱夹层峰值点与上、下硬层谷值点对应。

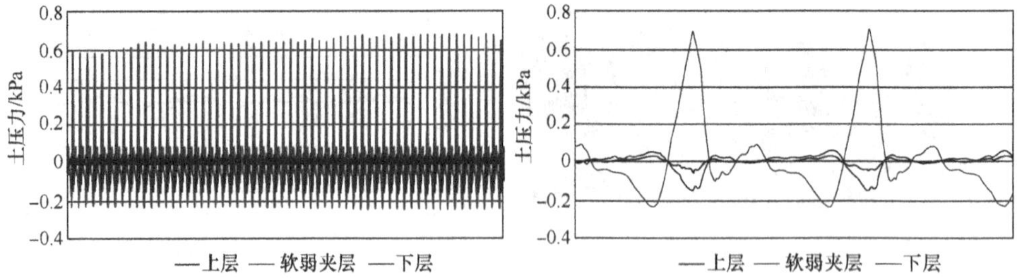

(a) 全过程土压力响应曲线　(b) 截取部分时段的土压力响应曲线

图 14-34　0.3g-5Hz 水平振动下土压力响应曲线

表 14-14　0.3g-5Hz 水平振动下土压力峰、谷值

层位	上层		软弱夹层		下层	
土压力峰、谷值/kPa	峰值	谷值	峰值	谷值	峰值	谷值
	0.028	−0.05	0.682	−0.237	0.053	−0.154

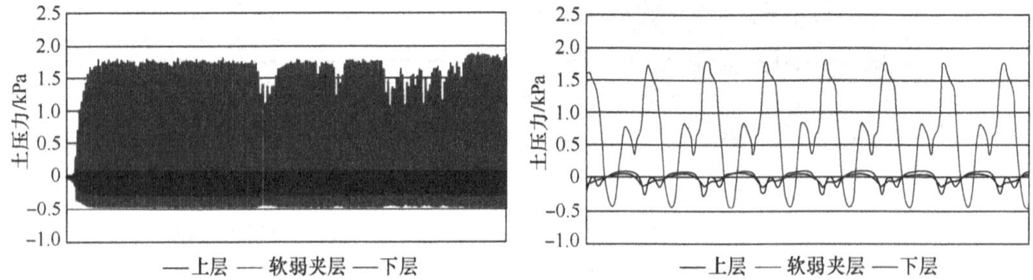

(a) 全过程土压力响应曲线　(b) 截取部分时段的土压力响应曲线

图 14-35　0.3g-15Hz 水平振动下土压力响应曲线

表 14-15　0.3g-15Hz 水平振动下土压力峰、谷值

层位	上层		软弱夹层		下层	
土压力峰、谷值/kPa	峰值	谷值	峰值	谷值	峰值	谷值
	0.064	−0.129	1.688	−0.442	0.107	−0.243

图 14-36 所示是振动幅值 0.5g、正弦波 15Hz 水平振动下不同层位土压力响应曲线。可以看出，增大振动幅值，软弱夹层与上、下硬层的土压力值差距更大，在压缩阶段软弱夹层土压力值是上、下硬层的 30 倍。软弱夹层谷值点是硬层的 1.5～3 倍（表 14-16）。

图 14-34（彩图）　图 14-35（彩图）

综合分析垂直和水平振动下模型各层位土压力响应结果，可以得出，振动荷载下软弱夹层的土压力显著大于上、下硬层，随着振动幅值的增加这种差异会更大，同时软弱夹层与上、下层土压力响应曲线明显不对应，在同一时间点软弱夹层土压力出现峰值点时，上、下硬层为谷值点。

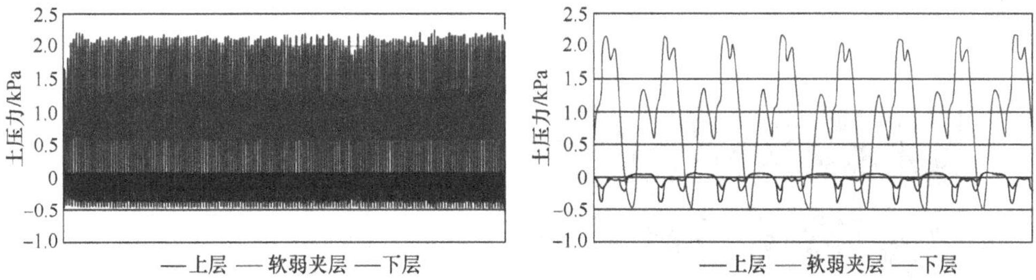

(a) 全过程土压力响应曲线　　(b) 截取部分时段的土压力响应曲线

图 14-36　0.5*g*-15Hz 水平振动下土压力响应曲线

表 14-16　0.5*g*-15Hz 水平振动下土压力峰、谷值

层位	上层		软弱夹层		下层	
土压力峰、谷值/kPa	峰值	谷值	峰值	谷值	峰值	谷值
	0.073	−0.154	2.12	−0.466	0.071	−0.374

（3）位移响应特征

1）垂直振动。图 14-37 所示是振动幅值 0.3*g*、正弦波 5Hz 垂直振动下不同层位位移响应曲线。可以看出，上层位移和下层位移差值较大，在垂直振动作用下上层发生了较大的位移，上层峰值点（压缩）是下层的 6 倍，谷值点（拉伸）是下层的 6 倍（表 14-17），且在振动作用下上层和下层位移峰、谷值点发生错动。

图 14-36（彩图）　图 14-37（彩图）

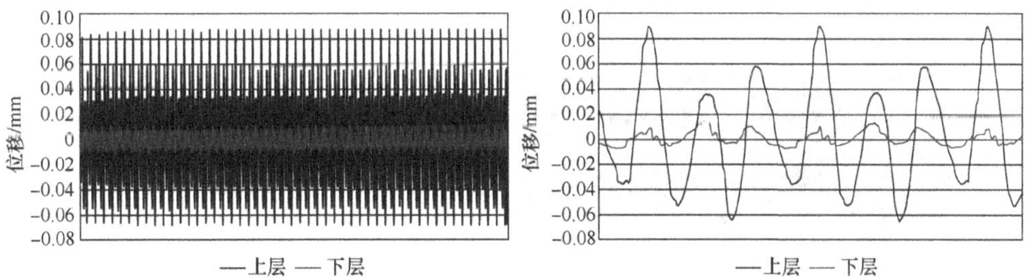

(a) 全过程位移响应曲线　　(b) 截取部分时段的位移响应曲线

图 14-37　0.3*g*-5Hz 垂直振动下位移响应曲线

表 14-17　0.3*g*-5Hz 垂直振动下位移峰、谷值

层位	上层		下层	
位移峰、谷值/mm	峰值	谷值	峰值	谷值
	0.0834	−0.057	0.013	−0.01

图 14-38 所示是振动幅值 0.3*g*、正弦波 15Hz 垂直振动下不同层位位移响应曲线。可以看出，频率增加，上、下两层的位移也会随着增大，上层位移峰值点明显大于下层，

大概是下层的 4 倍，谷值点约 10 倍（表 14-18），振动作用下、上下两侧的位移曲线具有明显分离，位移峰值点明显不对应。

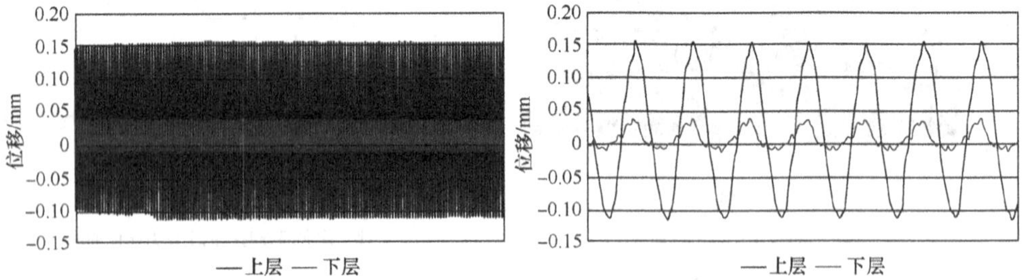

(a) 全过程位移响应曲线　　(b) 截取部分时段的位移响应曲线

图 14-38　0.3g-15Hz 垂直振动下位移响应曲线

表 14-18　0.3g-15Hz 垂直振动下位移峰、谷值

层位	上层		下层	
位移峰、谷值/mm	峰值	谷值	峰值	谷值
	0.154	−0.115	0.0362	−0.011

图 14-39 所示是振动幅值 0.6g、正弦波 15Hz 垂直振动下不同层位位移响应曲线。可以看出，幅值增大，上、下两层位移值也会增大，根据对图中两层的位移量统计，上层位移最大值（峰值点）约是下层的 2 倍，谷值点是下层的 8 倍（表 14-19），与上述相同的是，位移曲线具有相似规律，在试验过程中两层的位移曲线发生明显分离，同一时间点的上层位移峰值点与下层不对应，出现错动。

图 14-38（彩图）　图 14-39（彩图）

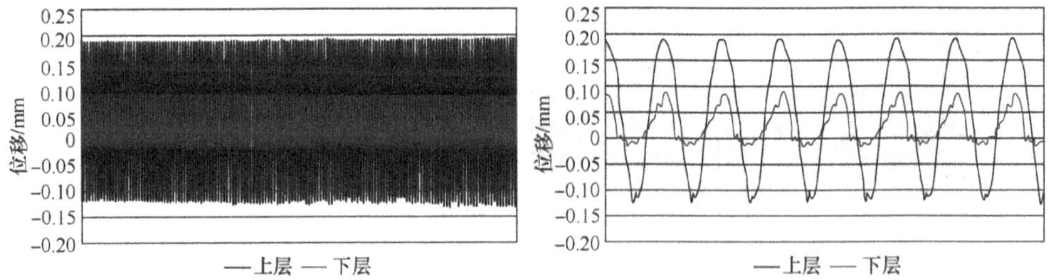

(a) 全过程位移响应曲线　　(b) 截取部分时段的位移响应曲线

图 14-39　0.6g-15Hz 垂直振动下位移响应曲线

表 14-19　0.6g-15Hz 垂直振动下位移峰、谷值

层位	上层		下层	
位移峰、谷值/mm	峰值	谷值	峰值	谷值
	0.189	−0.124	0.0858	−0.015

2）水平振动。图 14-40 所示是振动幅值 0.3g、正弦波 5Hz 水平振动下不同层位位移响应曲线。在水平振动下、上层位移值明显大于下层，下层位移值很小，上层发

生了较大的位移，上层峰值点（压缩）是下层的 6 倍，谷值点（拉伸）是下层的 4 倍（表 14-20）。

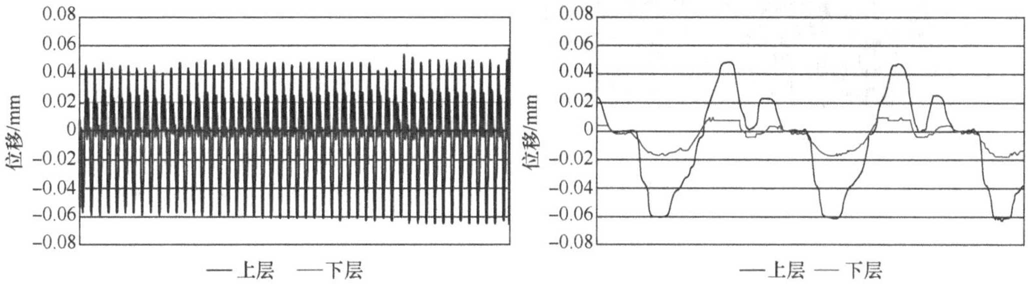

(a) 全过程位移响应曲线　　(b) 截取部分时段的位移响应曲线

图 14-40　0.3g-5Hz 水平振动下位移响应曲线

表 14-20　0.3g-5Hz 水平振动下位移峰、谷值

层位	上层		下层	
位移峰、谷值/mm	峰值	谷值	峰值	谷值
	0.048	−0.059	0.008	−0.017

图 14-41 所示是振动幅值 0.3g、正弦波 15Hz 水平振动下不同层位位移响应曲线。增大振动频率，上层和下层位移值明显增大，上层峰值点是下层的 4 倍，谷值点是下层的 5 倍，与前述类似，两层的位移曲线明显不对应（表 14-21）。

图 14-40（彩图）　图 14-41（彩图）

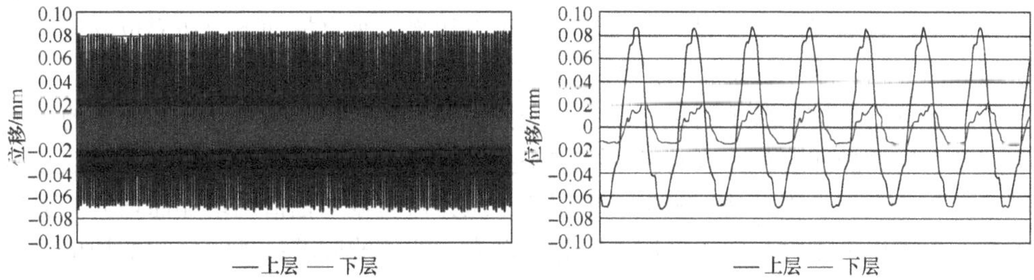

(a) 全过程位移响应曲线　　(b) 截取部分时段的位移响应曲线

图 14-41　0.3g-15Hz 水平振动下位移响应曲线

表 14-21　0.3g-15Hz 水平振动下位移峰、谷值

层位	上层		下层	
位移峰、谷值/mm	峰值	谷值	峰值	谷值
	0.086	−0.071	0.021	−0.013

图 14-42 所示是振动幅值 0.5g、正弦波 10Hz 水平振动下不同层位位移响应曲线。增大振动频率，上层和下层位移值明显增大，上层峰值点是下层的 20 倍，谷值点是下层的 14 倍（表 14-22）。

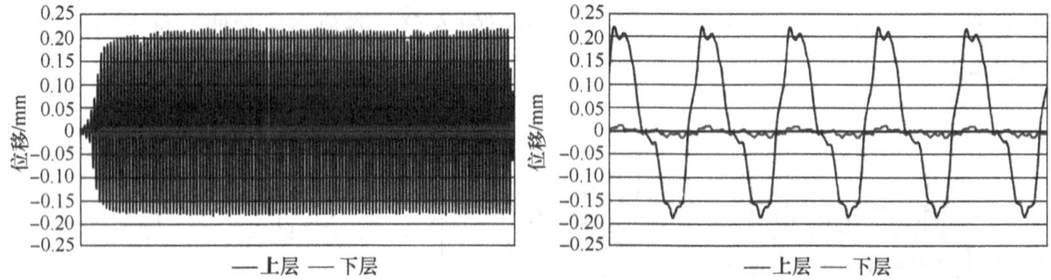

(a) 全过程位移响应曲线　　　(b) 截取部分时段的位移响应曲线

图 14-42　0.5*g*-10Hz 水平振动下位移响应曲线

表 14-22　0.5*g*-10Hz 水平振动下位移峰、谷值

层位	上层		下层	
位移峰、谷值/mm	峰值	谷值	峰值	谷值
	0.221	−0.183	0.011	−0.013

综合分析不同方向荷载作用下模型上层位移和下层位移监测结果。可以得出，振动荷载作用下，上层位移明显大于下层位移，随着振动幅值的增加，位移明显增大，同时上层位移与下层位移曲线峰值点出现了明显位错。

图 14-42（彩图）

含软弱夹层的振动台概化模型在较小荷载作用时，加速度放大系数随高程增加而明显增大，且水平振动比垂直振动更明显，随振动幅值增加加速度放大系数减小，高程放大效应不明显；在水平和垂直荷载作用下，软弱夹层的土压力远大于上、下硬层，且在振动过程中各层位的土压力峰、谷值点出现明显位错；在水平和垂直振动作用下，软弱夹层上边界位移量显著大于下边界，垂直振动下上边界位移最大可达到下边界的 6 倍，水平振动下可达到近 20 倍。

考虑了振动幅值和频率对模型动力响应的影响。垂直振动下，随振动幅值的增加软弱夹层及上层的加速度放大系数减小；水平振动下，随振动幅值的增加放大系数先增加后减小。在垂直和水平振动下模型 3 个层位土压力值随振动幅值的增加而增大，随幅值增加上、下硬层土压力与软弱夹层差距越来越大。位移响应随振动幅值的增加也明显增大。垂直振动下软弱夹层加速度放大系数随振动频率增加先增大后减小，在 10Hz 时最大；水平振动下软弱夹层加速度放大系数随振动频率增加先减小后增大，在 10Hz 时最小；在垂直和水平振动作用下软弱夹层土压力值随频率增加而增大，规律性较好。对于位移响应，在垂直振动下软弱夹层变形随频率增加先减小后增大，在 10Hz 时最小，在水平振动下变形随频率增加而增大。

14.3　大型离心模型试验

离心模型试验是岩土力学与岩土工程研究的物理模型方法，土工离心模型试验技术是近二三十年迅速发展起来的一项崭新的土工物理模型技术，即借助离心场与引力场的近似性，将 n 倍缩尺比的场地地基，岩土、水利等建（构）筑结构模型置于转臂端部的吊篮内，通过离心机转臂高速旋转提供 n 倍于重力的离心力，使试验对象处于超重力场模拟环境中，并获得与原型相似的自重内部应力状态，从而有效保证试验体静（动）态响应、应力路径、变形与破坏机理与原型的高度一致，满足工程整体性能评价与行为准确预测的要求。离心模型是各类物理模型中相似性最好的模型。

在岩土工程领域，离心模型试验通过再现模型与原型一致应力水平、空间材料及结构变化，能直接研究自重及地震等荷载作用下边坡滑塌、堤/坝/堰开裂、场地液化、地基失效、挡土墙失稳等岩土工程对象的破坏过程与失效机理，突破了传统物理试验由“介质”到“对象”的束缚。

离心模型试验方法在国内外受到广泛的重视，也有了飞速的发展与进步，试验的研究内容已涉及了几乎所有的岩土工程研究领域。它在岩土工程、岩土力学研究中不仅可以研究自然现象与复杂工程结构物的工作机理和破坏机理，为建立解释复杂现象的理论提供定性依据；也可以用于实际工程问题的研究，比选验证优化设计方案，了解工程运行状况，预测未来的运行安全性与可靠性等。

14.3.1　试验目的

离心模型试验目的：再现滑坡变形破坏全过程，分析研究滑坡的启动机理、运动特征、内部应力-应变响应规律、位移场演化趋势及致灾范围等。

14.3.2　试验原理及方法

离心模型试验主要是根据离心力场和重力场等价的原理，并考虑土工材料的非线性和自重应力对土工结构物的影响，将模型置于高速旋转的离心机中，使模型承受大于重力加速度的离心加速度的作用，来补偿因模型尺寸缩小而导致土工结构自重的损失。即利用人造之离心力来模拟重力，将大地工程结构模型的自重提高到与原型相同的状态。

离心模型试验原理是基于以下两个物理原理。

1）根据近代相对论解释牛顿的重力与惯性力是等效的，所以原型受地球的重力与模型在离心机上受离心惯性力其物理效应是一致的。

2）材料的力学性质主要与电子云内的电磁力有关，重力或离心力与电磁力相比微不足道。一般的机械设计并未对处于高速度的机械零件做特殊的考虑，因此在离心力场内土体材料性质也不至于改变。

离心模型试验能较为直观地反映岩土体在实际工程中的力学性状，为设计、施工提供依据；能使模型和原型相应点的应力-应变达到相同、变形达到相似、破坏机理相同等，从而再现原型特性，并为理论和数值分析方法提供真实可靠的参考依据。

离心模型试验最大的技术难点在于如何处理好试验模型与原型的相似关系问题，模型比例尺缩小时，模型各层相似材料的选择应当符合相似原理。模型试验结果的可靠性取决于试验模型是否真实地再现原型的工作状态，对于模型和原型来说，几何尺寸、位移、重力、摩擦力、内聚力等物理量应保持相似。一般地质力学破坏模型包括弹性变形、塑性变形和流变破坏 3 个阶段。这就要求在模拟滑坡破坏过程中必须满足弹性阶段的应力、应变状态与原型相似，超出弹性阶段后残余应变相同，变形随时间的变化，还需要考虑流变阶段的时间相似常数。总的来说，相似关系包括几何、物理、力学、应变、应力、强度、时间等各方面。下面分别用原型和模型之间相同物理量，基于弹性理论，根据相似理论和单值条件，以重力比尺、几何比尺（长度）、密度等为基本量纲，根据白金汉（Buckingham）定理导出了各物理量之间的相似关系，见表 14-23。

表 14-23 离心模型试验各物理量相似关系

试验参数		相似比尺（模型：原型）
基本几何量	加速度	N：1
	线性尺寸	1：N
	面积	1：N^2
	坡度	1
材料性质指标	颗粒尺寸	1：N
	质量	1：N^3
外部条件	集中力	1：N^2
	均布荷载	1：1
	能量、力矩	1：N^2
	频率	N：1
性状反应	密度	1
	含水率	1
	内摩擦角	1
	剪切模量	1
	颗粒	1
	应力	1
	应变	1
	容重	N：1
渗流参数	时间（渗流、固结）	1：N^2
	基质吸力	1
	毛细水上升高度	1：N
	渗透系数	N：1
	固结度	1
	黏滞性系数	1

图 14-43 TLJ-500 型土工离心机

14.3.3 试验仪器

本章以 TLJ-500 型土工离心机为例进行介绍。TLJ-500 型土工离心机是成都理工大学地质灾害防治与地质环境保护国家重点实验室与中国工程物理研究院总体工程研究所联合研制的（图 14-43）。

该土工离心机主机采用三层布局结构形式（图 14-44）。底层在离心机室地面以下，主要用于安装离心机传动系统中的电机、减速器、稀油润滑站，以及油、水、气旋转接头等系统。中层，也就是离心机室，主要用于安装离心机转动系统（包括转臂、配重系统、吊斗等）、传动支撑系统部分（包括主轴系和机座等）和下仪器舱等。该层是离心模型试验模型安装和转臂配平衡等工作开展的主要工作场所。顶层在离心机室顶面以上，主要用于安装上仪器舱、集流环系统等。

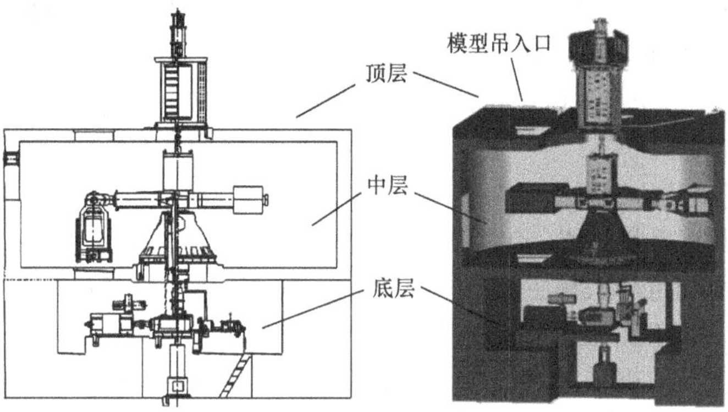

图 14-44　TLJ-500 型土工离心机总体布局示意图

TLJ-500 型土工离心机由离心机主机、数据采集及传输系统、拖动系统、监视系统及数据处理系统等部分构成，各部分主要技术指标如下：

（1）离心机主机

1）离心机主机主要由吊斗、转臂、模型箱（图 14-45）、电机、减速箱、主传动系统、配重系统、仪器舱、集流环等组成；离心机主机常采用单吊斗、不对称转臂结构。

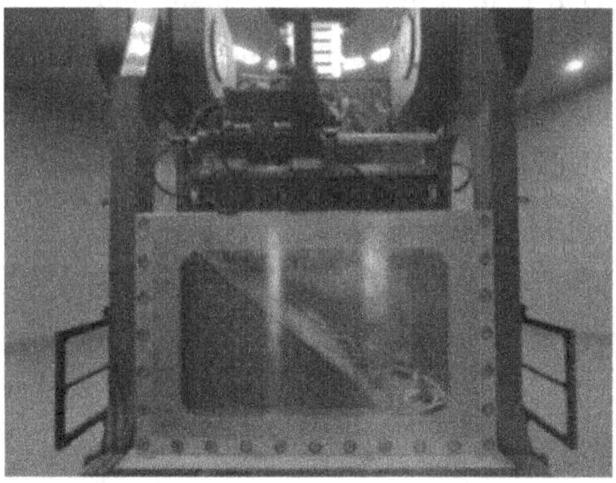

图 14-45　模型箱（机械手臂装置）

2）离心机最大容量：500g·t。

3）转动半径：4.5m；有效半径：4m。

4）离心机加速度值：10*g*～250*g*。

5）有效载荷：100*g* 下最大有效荷重 5t；250*g* 下最大有效荷重 2t。

6）吊斗设计空间：1.5m×1.4m×1.5m（长×宽×高），空间尺寸同时满足常规试验系统和动态试验系统的安装要求。

7）离心机转臂不平衡监测：离心机转臂在旋转时保持平衡，设定离心机容量的 5% 为不平衡停机限；具有设备运行安全报警、自动（或手动）停机功能。

8）工作制：连续运行不小于 24h；启动停止历时：从静止加速到 200g 最快 15min，停机最快 15min。

9）旋转接头：油 5 路，压力 21MPa，内径 φ10mm；水 2 路，水压 1.8MPa，内径 φ10mm；气 2 路，其中水和气共用 2 路通道；提供相应的油水站。

10）集流环：总计 108 环，其中功率环（20A）30 环，信号环 70 环，视频环 8 环，光纤集流环 1 通道。

（2）数据采集及传输系统

1）动静态数据采集系统，包括静态数据采集 80 通道，动态数据采集 32 通道。

2）静态信号测量与采集主要包括应变、位移、压力等信号；动态信号测量与采集主要用于应变、加速度、位移等动态变化量的测试测量，也可用于静态信号测量。

3）信号测量与数据采集系统中的测量模块，性能稳定，抗干扰能力强，并能够抵抗离心机的最大离心加速度，采集模块采用国外模块。

4）采用静态与动态数据采集相结合的方式，组成 112 通道数据采集系统。

5）静态、动态采集频率可以依据应用要求设置，每一采集循环的时间不得大于 1s。

（3）拖动系统

采用电机驱动式直流拖动系统，拖动系统以全数字直流调速器为核心，以电流反馈为内环、以转速反馈为外环，构成双闭环控制系统。

（4）监视系统

1）视频监视系统设置 8 路摄像机，用来监视离心机运行和试验情况。

2）采用数字视频监控方式，对图像进行数字化处理，然后进行存储、传输及相关处理。

3）配置的视频监控系统（图 14-46 和图 14-47），在一台显示器上同时显示多幅画面，并能切换，可以对任何一幅画面进行设置，以数字方式存储在系统配置的大容量硬盘上，保证图像清晰度、可靠性和长期性。

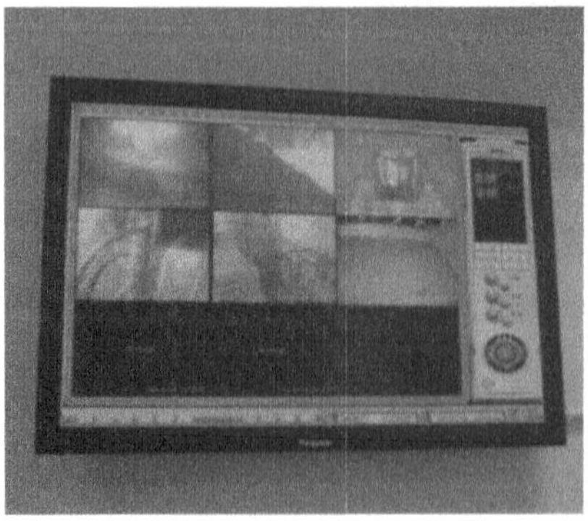

图 14-46　视频监控系统

图 14-47　控制室

4）摄像机的分辨率为 600 线以上。

5）摄像机位置：离心机转臂上 5 路，分别监视吊篮、模型箱和动态模型试验；离心机上仪器舱 1 路，监视测量设备运行情况；地下室 1 路，监视传动系统和旋转接头工作情况；离心机主机室 1 路，监视离心机转臂系统工作情况。

（5）数据处理系统

基于 Windows XP 的后期处理软件，数据处理可在计算机上进行。软件的主要功能包括基本数据处理与转换；各个传感器数据实时处理、实时监控及其图像动态显示；数据储存、编辑功能与作图等。软件具有人机对话的交互式功能。

目前大部分离心模型试验均采用人工制备土料制作模型。模型土料的制备是一个至关重要的问题。模型制备中有两个主要问题应当考虑：一是如何使制备的模型土样达到设计要求的物理力学指标；二是如何保持不同模型之间土样物理力学指标的一致性。

14.3.4　试验步骤

若采用相似材料模型，步骤可参考 14.2.4 节。本节以开展灌溉诱发型黄土滑坡试验进行试验步骤说明。

1. 模型制作

（1）现场取样

1）开挖雏形：在取样层位上人工开挖出非扰动土样的雏形，每件土样的尺寸为 70cm×60cm× 40cm，开挖后的土块如图 14-48 所示。

2）四面捆绑：用软薄膜包裹试样的五个面，并用胶带严紧捆绑。

3）分离底面：人工开挖底面，用钢锯条将底面锯断。

4）反转包裹：底面锯断后，用定制的模板支撑土样一面，然后翻转底面 90°，修整底面平整后，用胶布将试样整体满裹缠紧。

5）装箱密封：将试样放平，套上定制的木箱，四周塞满泡沫板，盖上顶板和底板，上紧螺栓封箱，如图 14-49 所示。

图 14-48　现场取样照片

图 14-49　现场取回的封装好的试样

6）运回：用叉车将木箱装入铺有泡沫板的货车中，固定好后，将试样运回实验室。

（2）确定比例

根据试验所用的吊斗的尺寸、承载能力、模型箱的尺寸以及试验选取的地质原型参数，确定试验模型与原型之间的几何比尺，从而确定离心机模型试验的重力比尺。以滑坡地质原型的三维地质结构为基础，采用配比试验得到的相似材料进行离心模型的设计。

（3）模型制作

1）打开模型箱有机玻璃侧板，在模型箱内壁上严格按照模型尺寸在模型箱上画线，为下一步制模做准备。

2）放入排水挡板，排水挡板与模型箱之间的裂隙涂上玻璃胶用来隔水。

3）按照模型箱上划的尺寸线，在排水挡板两侧用红砖、砂浆、石膏、水泥等材料堆砌基岩层。

4）基岩层堆砌好之后，在其顶部用水泥磨平，然后在上部再均匀铺一层3mm的堵漏剂，用来隔水防漏。在堵漏剂和模型箱、隔水板的接触部位打上玻璃胶。

5）对于原状黄土层制作，首先把现场取回的70cm×60cm×40cm规格的试样削成50cm×60cm×60cm，然后放到一块光滑木板之上，再用地板膜和胶带将四周缠好。

6）按照试验方案在模型制备过程中安置相应的传感器。

7）安置好传感器之后，在上面铺一个带把手的光滑铁皮。

8）然后将安置原状土样的光滑木板抬到底座的边缘与铁皮持平，将原状土样推到铁皮之上，原状土样和隔水板、模型箱之间保留1cm的间隙。

9）原状土样放置好之后，将底下的铁皮抽出，拆掉土样四周包裹的胶布和膜，原状土样与隔水板、模型箱之间的间隙用10%含水率的黄土塞填，干密度控制在1.45g/cm^3，这样做主要为了使土样与模型箱充分接触，防止试验过程中漏水。

10）将原状土样按照坡形尺寸削好，之后在坡顶用电钻打洞，安装传感器（图14-50），并在模型侧面打上网格标志线和标志点，另外在侧面涂上一层玻璃胶（图14-51），涂好之后安装有机玻璃侧板。

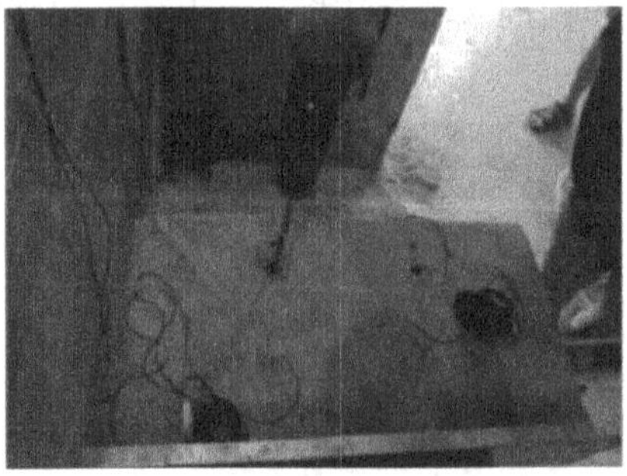

图14-50　在原状样黄土上安装传感器

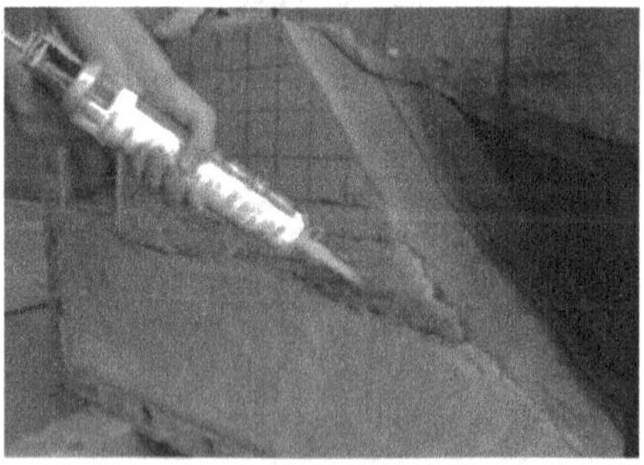

图14-51　原状样黄土隔水措施

11）对于水箱部分，有机玻璃侧板装上之后，在基岩上顶部用水泥磨平，然后在上部均匀铺一层1cm的堵漏剂，用来隔水防漏。在堵漏剂与模型箱、隔水板接触的四周打上玻璃胶，然后在靠近隔水板侧面底部加装两块透水石，用来调节加载过程中水的渗透速率，避免出现水柱直接击打在黄土上的情况。

2. 操作步骤

1）模型养护完成后，将传感器连接到数据采集仪上，再将数据采集仪与控制计算机连接，并架设好监测仪器，启动振动台仪器，按照试验方案开始离心模型试验。

2）试验结束后，拆除模型并整理收纳各个传感器，以便于下次试验使用。

14.3.5　试验成果

离心模型试验结束后，对试验模型拍照记录模型变形破坏特征，将监测仪器数据和传感器数据导出并进行分析。

通过监测仪器图片、视频等分析试验加载过程中模型的宏观变形特征；通过土压力、孔隙水压力、加速度等类型的传感器数据分析得到模型的动力响应特征。

14.3.6　实例——灌溉诱发黑方台焦家崖头 13 号滑坡模拟试验

1. 试验背景

立足于灌溉诱发型黄土滑坡形成机理研究，以黑方台焦家崖头 13 号滑坡为地质原型，采用离心模拟技术再现灌溉诱发型黄土滑坡变形破坏全过程，查明滑坡启动机理、运动特征及致灾范围。揭示不同灌溉条件下滑坡变形发展过程、滑坡破坏过程中位移场演化趋势、滑坡体内部应力-应变变化规律及孔压增长模式等关键性问题。

2. 试验方案

（1）试验仪器及试验模型

本次试验采用成都理工大学地质灾害防治与地质环境保护国家重点实验室与中国工程物理研究院总体工程研究所联合研制的 TLJ-500 型土工离心机。试验采用刚性模型箱，模型箱内径长 1.0m、宽 0.6m、高 1.0m，前后、左右四侧边界采用可透视材料。根据现场所取得原状样品尺寸并结合模型比尺 n=200，选定原型斜坡的长×宽×高=145m×150m×100m，模型规格为长×宽×高=0.5m×0.6m×0.3m，如图 14-52 所示。

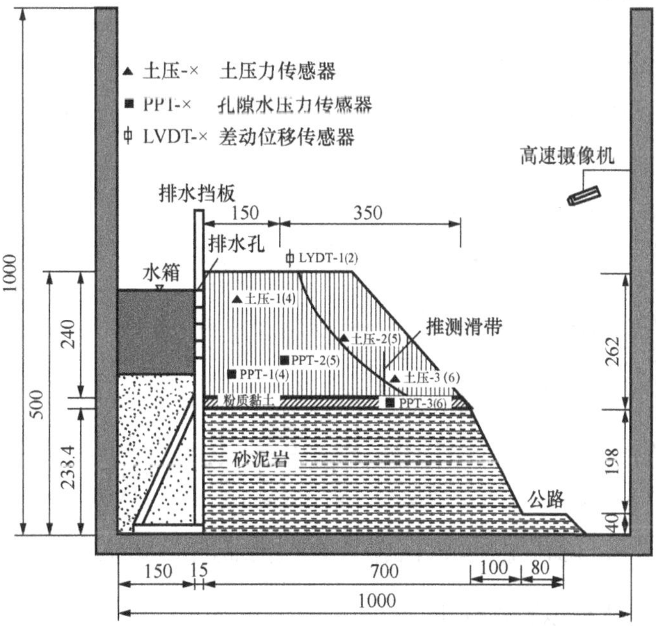

图 14-52　原状土试样离心模拟尺寸示意图（单位：mm）

表层坡顶黄土段长度 0.15m，黄土层与粉质黏土层接触面长度为 0.50m，黄土层厚度为 0.20～0.24m，黄土段平均坡度为 35°。粉质黏土层段长度为 0.52m，厚度为 0.02m，倾向与坡向一致，倾角为 5°。砂泥岩互层底面长度为 0.70m，取最大厚度 0.28m，基岩段坡脚为 70°。

（2）传感器布置

本次离心模型试验拟在黄土层内及黄土层表面埋设传感器 14 个。其中差动位移传感器 2 个，土压力传感器 6 个，孔隙水压力传感器 6 个。详细布置如图 14-53 和图 14-54 所示。安置传感器时，为了不使多个传感器之间相互影响和扰动，传感器和传感器之间需要保持一定的间距。本次试验安置传感器过程中传感器之间都至少保持了 6*R* 的距离（*R* 为传感器的直径）。另外为了减小误差，本次试验的传感器全部布置在中间完全对称的两个剖面上，两个剖面上传感器布置位置也完全相同。

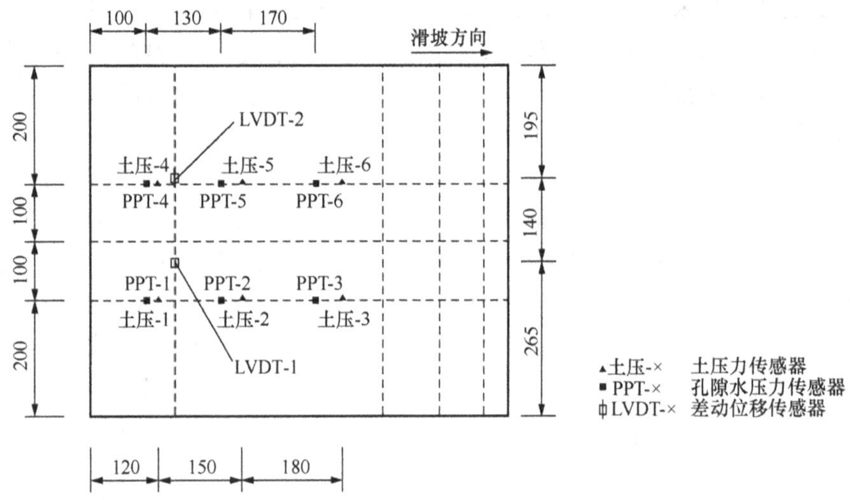

图 14-53 原状样黄土试样传感器平面布置图（单位：mm）

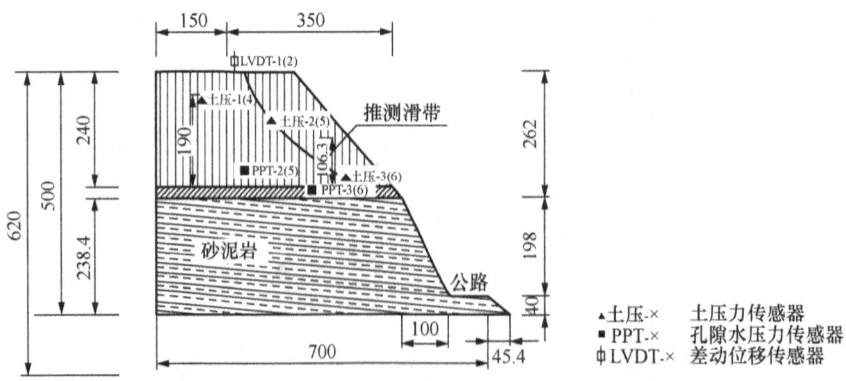

图 14-54 原状样黄土试验传感器剖面布置图（单位：mm）

（3）灌溉地下水模拟装置设计

黑方台焦家崖头滑坡属于典型的由于灌溉诱发的高速远程黄土滑坡，灌溉作用直接影响地下水位升降，而地下水的变化将会对滑坡体稳定性产生重要的影响，因此水的控制是灌溉诱发黄土滑坡离心模型试验的关键内容之一。为了模拟地下水的作用，在模型坡体后安置了一个排水挡板和一个临时水箱(图 14-55)。排水挡板上方设置了 5 排 2.5mm 直径的排水孔，排水挡板尺寸如图 14-56 所示。在试验前按照不同灌溉程度在水箱里加不同深度的水来模拟地下水高度变化。

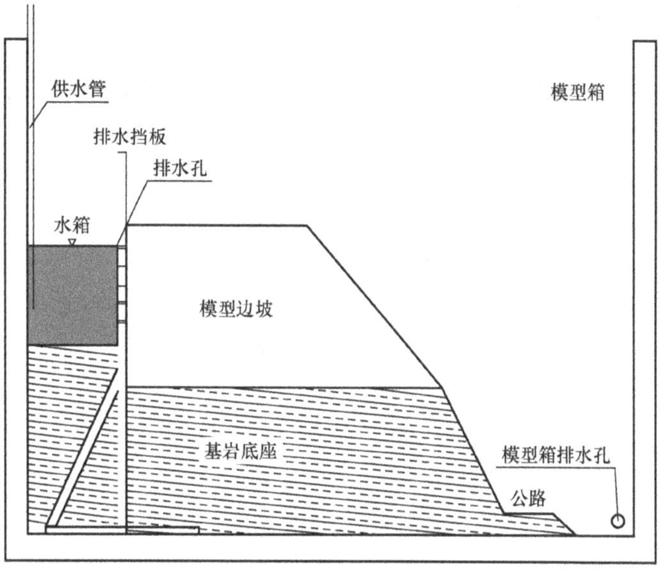

图 14-55　地下水施加系统剖面布置图（单位：mm）

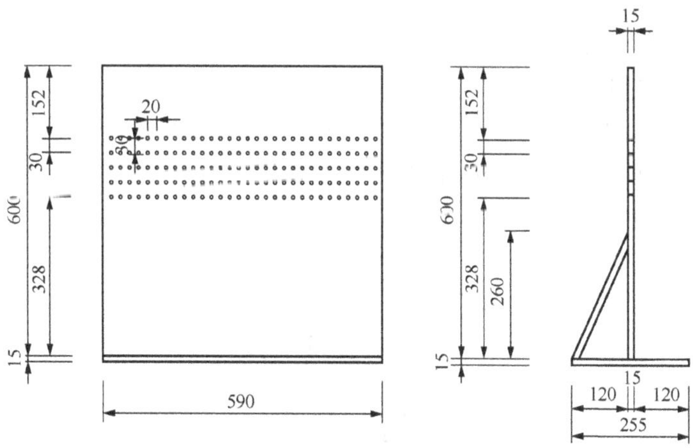

图 14-56　排水挡板尺寸示意图（单位：mm）

注：设置 5 排行间距 30mm，列间距 20mm，直径 2.5mm 的排水孔。

（4）试验加载方案

在试验进行之前设计了一套离心机加速度加载方案，整个试验过程分为两个阶段。

1）不加水固结阶段。

加载方式：试样经过 5min 达到 50g，当顶部位移传感器监测到的变形值趋于稳定后停机（预计 10min）。

目的：一是让原状黄土和下部粉质黏土层充分接触，减小两者间微小缝隙，二是让原状黄土产生固结。

2）加水试验阶段。

① 试验前在水槽内加满水。

② 模型经过 15min 达到 150g，所有孔压传感器的监测值都趋于稳定后（预计 5min），进入下一步。

③ 经过 5min 离心加速加到 200g，再进行一次固结，待位移传感器监测数据稳定后（预计 15min），进入下一步。

④ 如果模型发生破坏，则在其破坏状态不随时间变化后再停机；若模型达到稳定状态且未发生破坏则停机。重新加水之后进行试验。

在试验进行之前应设计一套加速度加载方案（图 14-57）。

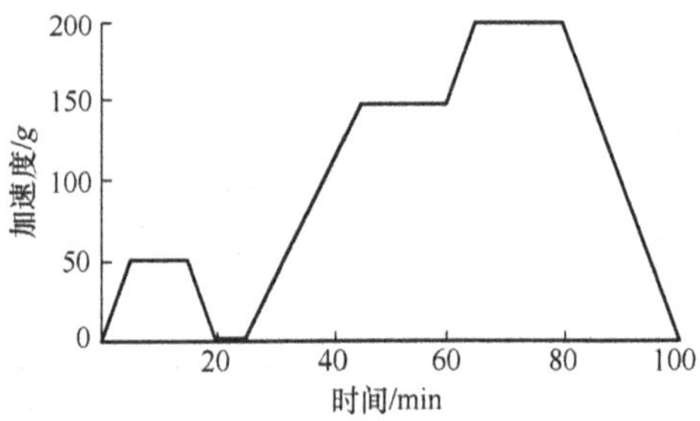

图 14-57　分级加载方案预计加载历时曲线

3. 试验结果与讨论

（1）变形破坏过程特征

试验过程中，滑坡发生了明显的滑动破坏，滑坡主要受黄土层底部饱和黄土带及上部黄土层中垂直节理控制，滑动后呈现出明显的灌溉型黄土滑坡的破坏特征，破坏后的特征如图 14-58～图 14-60 所示。

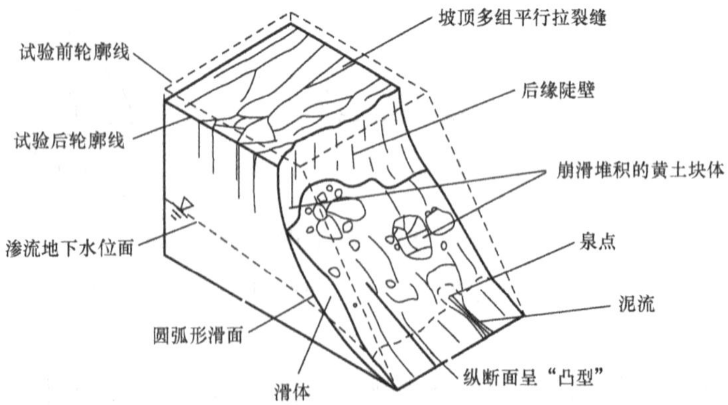

图 14-58　试验后滑坡形态特征图

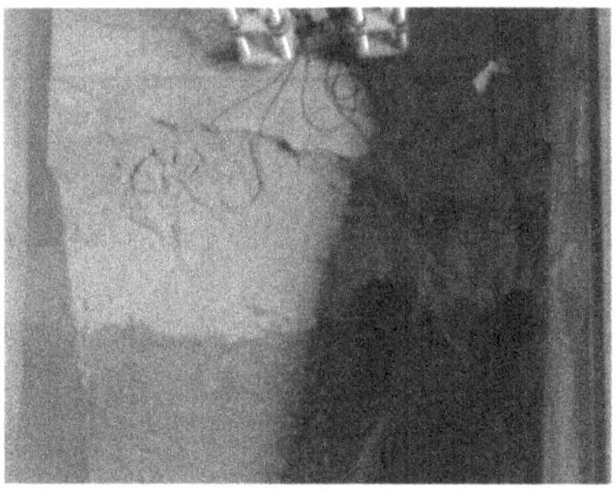

图 14-59　试验后模型正面照片

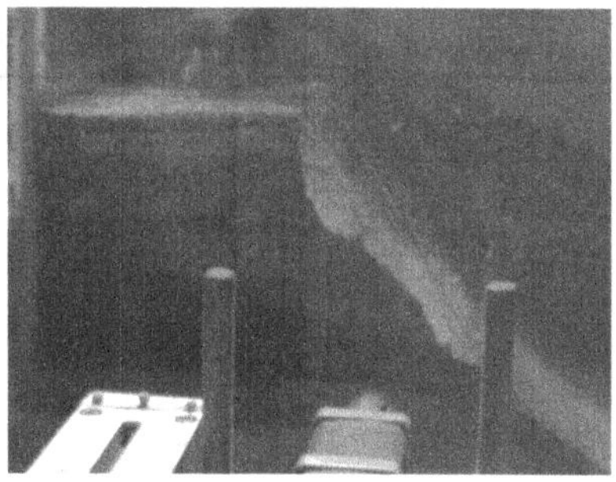

图 14-60　试验后模型侧面照片

通过侧面安装的监控摄像头监测到的模型破坏过程见表 14-24。

表 14-24　模型破坏过程

破坏流程示意图	破坏现象
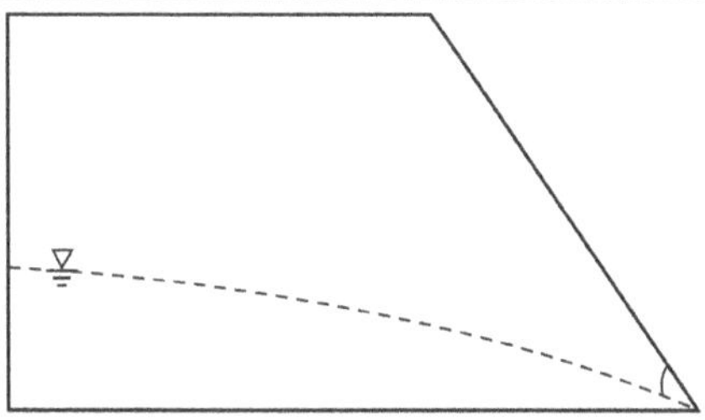	地下水渗入到坡脚处后，坡脚前断面表层开始产生裂缝
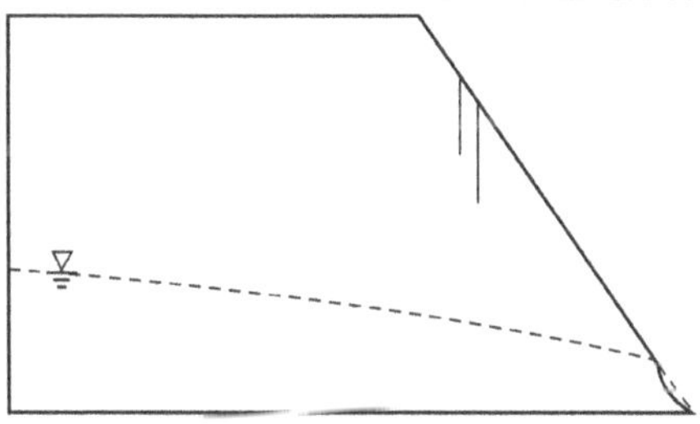	坡脚首先产生滑动，破坏后形成更大的临空面，后缘在自重作用下开始产生拉张裂隙
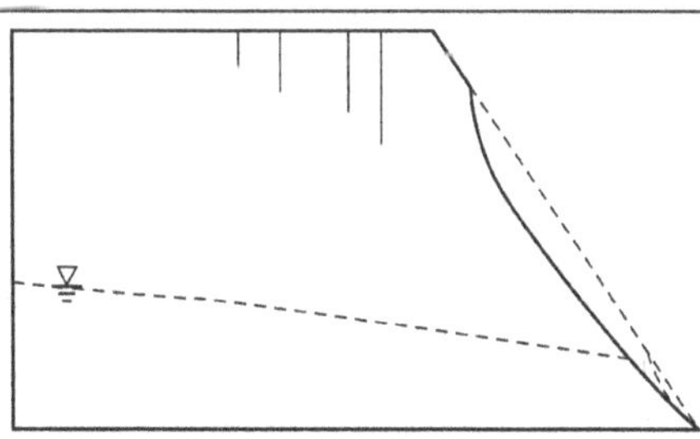	随着后缘拉张裂缝的进一步扩展，形成贯通的剪切破坏面，滑坡产生第一次主要滑动
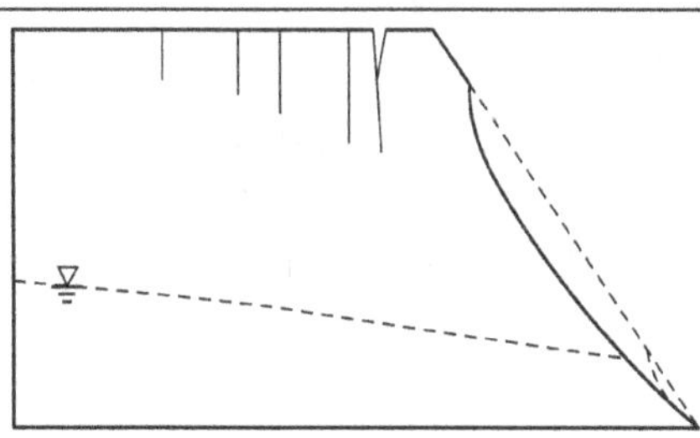	第一次滑动过后，随着地下水的渗流，顶部的多条拉张裂缝进一步扩展

续表

破坏流程示意图	破坏现象
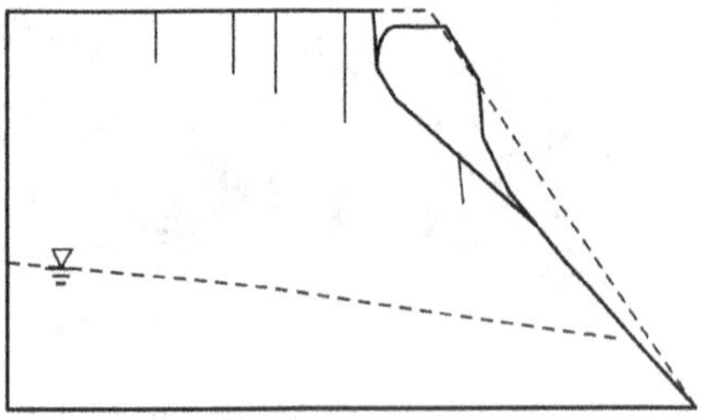	顶部坡体在自重作用及后缘拉裂缝的控制下，产生崩滑，形成第二次滑动
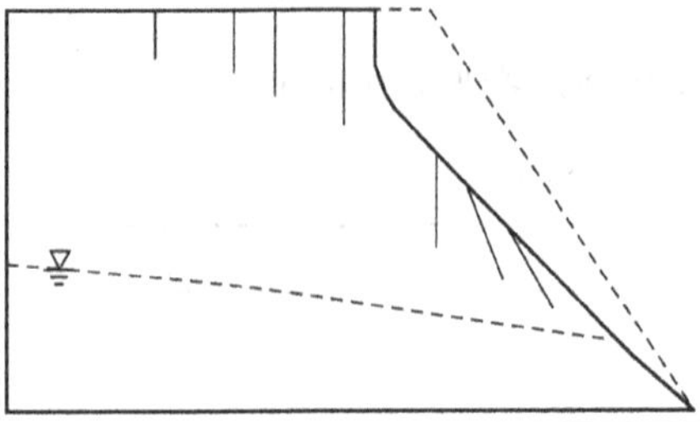	坡体中部开始产生拉裂缝
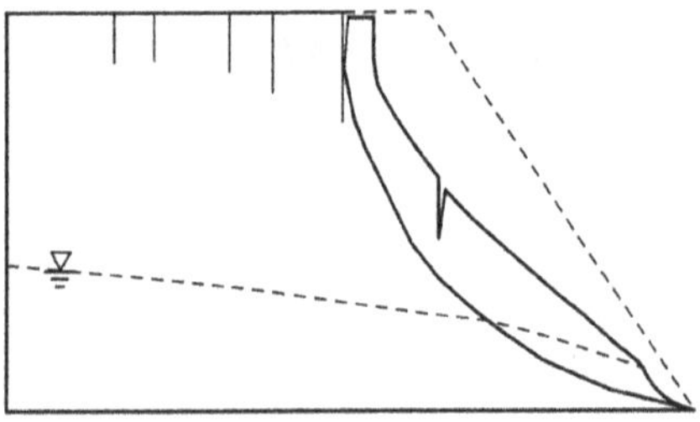	中部及后缘拉裂缝进一步扩展，顶部产生明显竖向位移
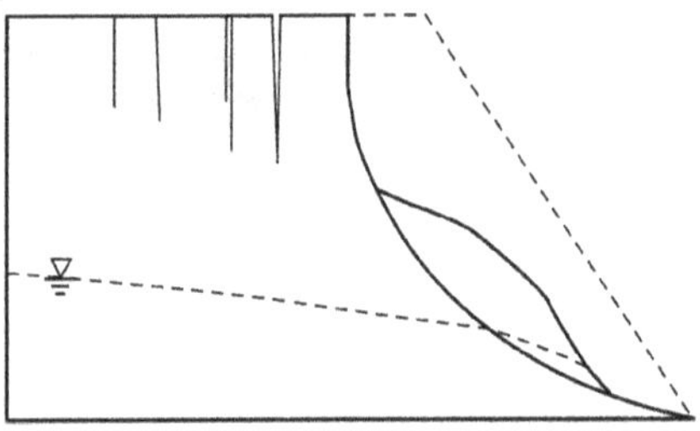	形成贯通的滑动面，滑坡产生第三次主要滑动

（2）变形特征分析

1）坡顶沉降分析。此次试验中，由于模型箱内部空间所限，只在坡顶位置安置了位移传感器，均布置在坡顶位置，两个传感器布置在一条线上，传感器与左右两侧的距离分别为 265mm 和 195mm。通过位移传感器检测到了坡顶的沉降过程，根据试验数据绘制了坡顶沉降位移随时间及加速度变化图（图 14-61）。

从图 14-61 中可以看出，坡顶沉降随着加速度的增加，沉降速度不断增加，两个传感器检测到的位移变化基本上是同步的，说明坡体沉降比较均匀。在 150g 和 200g 加速度稳定的条件下坡体仍然有比较稳定的沉降，位移慢慢增长。其中坡顶的最大沉降为 25mm，停机之后降到了 23mm。

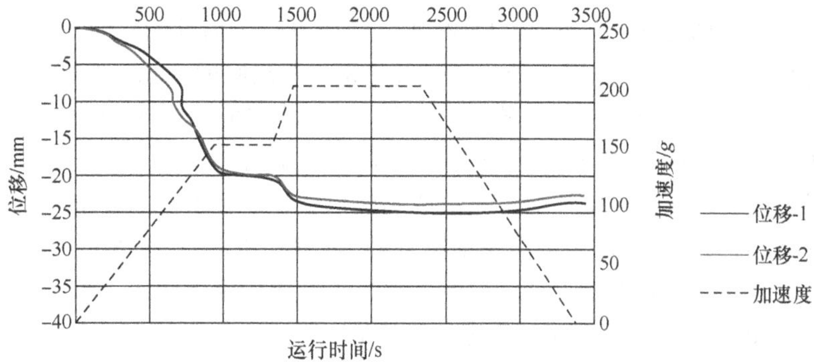

图 14-61　坡顶沉降位移随时间及加速度变化图

2）坡体应力变化特征。图 14-62 中 3 根黑色的点划线代表侧面玻璃上看到的 3 次主要滑动的时间点。由于土压-3 和土压-6 传感器位于最前端，埋置深度也最深，所以监测到的土压力最大，变化幅度也较大。从图 14-62 中可以看出，在第一次滑动之前，坡体的前缘土压-3 和土压-6 传感器的监测数据在 900s 加速度刚刚达到 150g 时都有一次明显的下降过程，说明之前坡脚已经发生了一次变形；在 1100s 发生第一次大的滑动时土压-3、土压-6 传感器的监测数据又有一次明显降低过程，说明是整个坡体前缘发生的滑动。第二次大的滑动发生在 150g 到 200g 加速过程中，滑动范围是顶部一大块黄土体崩解下来，土压-2、土压-3、土压-6 传感器土压力数据均有明显的升高，特别是中部的土压-2 传感器数值突然升高。第三次大的滑动发生在加速度恒定 200g 时，是中部崩滑堆积物沿圆弧面向下滑动，在这个过程中中间的土压力减小，底部前缘土压力上升，这也就是土压-2 和土压-3 传感器监测到的过程。由于土压-1 传感器埋置在坡体后部，该部位并未发生滑动，所以整个滑动过程中数值除了随加速度呈比例升降外，并无起伏，也说明这部分没有破坏。

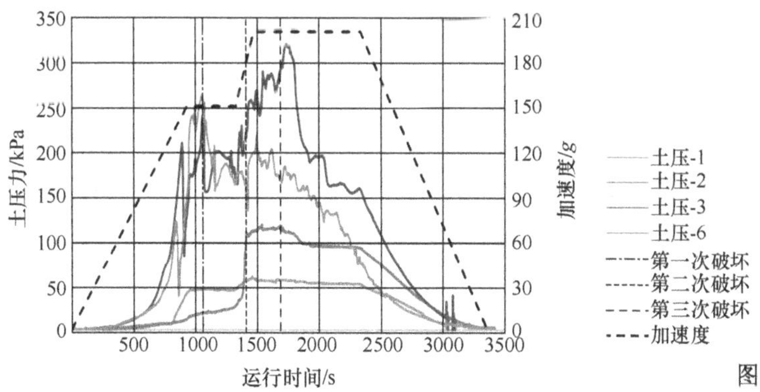

图 14-62（彩图）

图 14-62　第三次试验土压力随时间及加速度变化曲线

通过这个过程不难看出整个滑坡的滑动过程，首先发生变形的是坡脚部分，然后坡体前缘发生第一次滑动，紧接着滑坡后缘拉裂缝出现，滑坡上部一大块崩滑下来，然后是形成贯通的圆弧形滑面，崩滑下来的土块沿滑面滑动下去，后缘形成陡壁状。

3）孔隙水压力变化特征。孔压-1、孔压-4 传感器位于后部的底面，孔压-3、孔压-6 位于前缘底部，而孔压-2、孔压-5 位于滑坡体中部，距离底面 5cm。根据图 14-63，随着加速度从 0 到 150*g*，所有传感器监测到的孔隙水压力值均随之不断升高；当加速度稳定在 150*g* 时中后部的两组传感器均有稳定的下降，这是由于离心机转动过程中，地下水只能提前加到水箱中，无法实现补给，无法达到模拟稳定地下水位的要求，所以随着水不断向前部渗流，后部的孔隙水压力是逐渐降低的。前端孔压-3、孔压-6 传感器在达到 150*g* 时，孔隙水压力值随时间不断上升，说明渗流还未形成稳定水位面，水还在不断地向前渗流。在达到 200*g* 时，已经形成了稳定的渗流面，随着时间增长，所有位置孔隙水压力均有稳定的降低，说明随着水不断从前缘流出，坡体内的水位线不断降低。

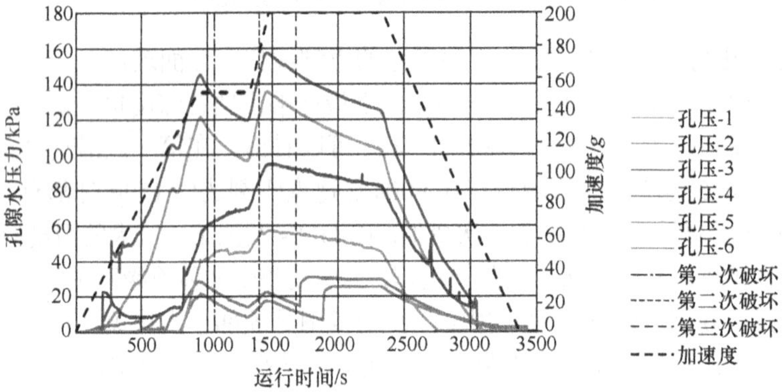

图 14-63（彩图）

图 14-63　第三次试验孔隙水压力随时间及加速度变化曲线

前两次发生破坏的过程中，对应的孔压传感器并未有明显变化。第三次大的滑动后，中部的孔压-2、孔压-5 传感器监测值均有一个明显的升高，也可以印证滑坡中部发生了滑动。

参考文献

蔡国军，等，2008. 反倾向边坡开挖变形破裂响应的物理模拟研究[J]. 岩石力学与工程学报（4）：811-817.

常福来，2020. 新近沉积粉质黏土非饱和土三轴试验研究[D]. 吉林：吉林建筑大学.

陈国兴，2007. 岩土地震工程学[M]. 北京：科学出版社.

陈林万，等，2021. 降雨诱发直线型黄土填方边坡失稳模型试验[J]. 水文地质工程地质，48（6）：151-160.

陈林万，等，2022. 不同压实度下黄土填方边坡失稳的模型试验研究[J]. 水文地质工程地质，49（2）：137-147.

陈林万，等，2022. 压实度对黄土填方边坡变形破坏特征的影响及细微观试验研究[J]. 科学技术与工程，22（21）：9274-9280.

陈正发，于玉贞，2006. 土工动力离心模型试验研究进展[J]. 岩石力学与工程学报，S2：4026-4033.

陈正汉，郭楠，2019. 非饱和土与特殊土力学及工程应用研究的新进展[J]. 岩土力学，40（1）：1-54.

崔圣华，2017. 强震过程软弱层带地震动响应及大型滑坡启动机理研究[D]. 四川：成都理工大学.

崔圣华，2018. 强震过程软弱层带地震动响应及大型滑坡启动机制研究[J]. 岩石力学与工程学报，37（6）：1.

崔圣华，裴向军，黄润秋，2019. 大光包滑坡启动机制：强震过程滑带非协调变形与岩体动力致损[J]. 岩石力学与工程学报，38（2）：17.

崔圣华，裴向军，梁玉飞，等，2019. 模拟含软弱层带斜坡地震动响应的振动台模型试验方法：CN201811493746.5[P/OL].（2020-4-14）[2024-12-30]. http://d:wanfang data.com.cn/patent/CN201811493746.5.

崔雪婷，等，2019. 填方边坡碎石填土配比优化研究[J]. 防灾减灾工程学报，39（3）：508-515.

杜瑞锋，等，2017. 黄土击实试验曲线峰值点的数值方法[J]. 试验室研究与探索，36（8）：44-47.

杜瑞锋，等，2019. 土工击实试验数据处理方法[J]. 试验室研究与探索，38（9）：19-24.